大学生のための
線形代数入門

Introduction to Linear Algebra for College Students

谷川明夫・平嶋洋一 著

共立出版

まえがき

本書は，高校の数学I程度の知識で十分理解できるように，線形代数の基礎知識と考え方を平易に解説した入門書である．そのため本書では，抽象的な命題や結果の網羅的な羅列は避け，扱う内容を精選し，基本的事項をわかりやすい具体例や例題で説明し，数学があまり得意でない読者でも十分に読みこなせるように工夫した．そして，節と章の終わりに多くの問題を設け，それらの解答を詳しく述べた．また，解説から問題への参照指示を設け，本書全体の有機的な活用を促し，自習書としても使えるように配慮した．

線形代数は，"線形性"を基本に据えたすべての数学分野において基礎になるもので，代数ばかりでなく，幾何や解析においても重要な分野である．また，線形代数の基礎理論は，数学に限らず，物理学，工学などの自然科学だけでなく，経済学など社会科学の諸分野にも幅広く応用されている．そして今日，特に統計学や情報科学を通じてほとんどの学問分野において利用されていると言っても過言ではあるまい．

数を一つ一つ考えるのではなく，いくつかの数をひとまとめに考えるのが数ベクトルや行列である．それらの集合（集まり）が抽象化され一般化されたのがベクトル空間であり，ベクトル空間の間の"線形性"を有する写像が線形写像である．数学的理論とその応用を考えると一般のベクトル空間を取り扱うことが理想的であるが，抽象的な記述は初年級学生諸君にとっては習得が困難な場合が多いので，入門書においては好ましいことではない．そこで本書では，ベクトル空間については数ベクトル空間とその部分空間に限り，線形写像としては2つの数ベクトル空間の間の線形写像に限って考察することにした．

第1章では行列の基本演算やいろいろな性質について詳しく解説した．第2

章において，連立１次方程式の掃き出し法による解法や解の構造について述べたが，代表的な具体例について丁寧に説明しただけで，一般の場合についての理論的な説明は行わなかった．というのは，初学者は抽象的な理論に取り組むことから始めるよりも，実際にまず具体例を計算することを通じて基本的事項の理解を深める方が習得への近道だと思われるからである．そして，補章の§6.2 において一般の場合について解説したので，基礎理論に興味がある意欲的な読者は必要に応じて利用されると好都合であろう．

第３章では行列式について述べたが，置換とその符号を用いる標準的な定義によらずに，行列式の多重線形性などの基本性質を列挙することによって行列式を定める方式を採用した．その方が初学者にとって習得しやすいと思われたからである．第４章ではベクトル空間と線形写像について，第５章では行列の対角化について考察するが，３章までに比べるとかなり抽象的で難しい題材である．そこで，扱う内容をできるだけ絞り込み，必要な概念は例を挙げて丁寧に解説し，初学者でも読みこなせるように工夫した．

最後に，本書の原稿を精読され，間違いや不適切な記述について多くのご指摘をいただきました大阪工業大学非常勤講師の桑子和幸氏，尾形尚子氏，そして原稿作成でお世話になりました大阪工業大学の一森哲男氏，斉藤隆氏，真貝寿明氏に深く感謝いたします．また，本書を書く機会をくださいました共立出版株式会社の寿日出男氏と，編集で大変お世話になりました中川暢子氏に心よりお礼を申し上げます．

2012 年 2 月

著　者

目　次

第 1 章

行　列

1.1　行列，行列の和と定数倍

複数個の数を表の形にまとめたものが行列である．

行列　$m \times n$ 個の数 $a_{ij}\,(i = 1, 2, \ldots, m;\ j = 1, 2, \ldots, n)$ を長方形の形に並べて (　) でくくったものを m **行** n **列の行列**，$m \times n$ **行列**，(m, n) **行列**などといい，A（などの大文字のアルファベット）で表す：

$$A = \begin{pmatrix} a_{11} & a_{12} & \cdots & a_{1n} \\ a_{21} & a_{22} & \cdots & a_{2n} \\ \cdots & \cdots & \cdots & \cdots \\ a_{m1} & a_{m2} & \cdots & a_{mn} \end{pmatrix}$$

このとき，(m, n) を行列 A の**型**という．

行列を構成する個々の数（または文字や関数でもよい）を行列の**成分**といい，成分の横の並びを**行**，縦の並びを**列**という．また，i 行目で j 列目の成分 a_{ij} を行列 A の (i, j) **成分**という．そして，行列 A を表すのに簡単に $A = (a_{ij})$ とも書く．

例 1　$A = \begin{pmatrix} 1 & 2 & 3 \\ 4 & 5 & 6 \end{pmatrix}$ とすると，$a_{11} = 1$, $a_{12} = 2$, $a_{13} = 3, a_{21} = 4$, $a_{22} = 5$, $a_{23} = 6$ である．■

行列の相等　2つの行列 A, B が同じ型であって，対応する成分がすべて一致するとき，

$$A = B$$

と記し，A と B は**等しい**という．

$$A = \begin{pmatrix} a_{11} & a_{12} & \cdots & a_{1n} \\ a_{21} & a_{22} & \cdots & a_{2n} \\ \cdots & \cdots & \cdots & \cdots \\ a_{m1} & a_{m2} & \cdots & a_{mn} \end{pmatrix} = \begin{pmatrix} a_{11} & a_{12} & \cdots & a_{1n} \\ a_{21} & a_{22} & \cdots & a_{2n} \\ \cdots & \cdots & \cdots & \cdots \\ a_{m1} & a_{m2} & \cdots & a_{mn} \end{pmatrix} \begin{matrix} \text{第 } 1 \text{ 行} \\ \text{第 } 2 \text{ 行} \\ \vdots \\ \text{第 } m \text{ 行} \end{matrix}$$

$$= \begin{pmatrix} a_{11} & a_{12} & \cdots & a_{1n} \\ a_{21} & a_{22} & \cdots & a_{2n} \\ \vdots & \vdots & & \vdots \\ a_{m1} & a_{m2} & \cdots & a_{mn} \end{pmatrix}$$

$$\begin{matrix} \text{第} & \text{第} & & \text{第} \\ 1 & 2 & \cdots & n \\ \text{列} & \text{列} & & \text{列} \end{matrix}$$

零行列　すべての成分が0であるような行列を**零行列**と呼び，O と書く．すなわち，

$$O = \begin{pmatrix} 0 & 0 & \cdots & 0 \\ 0 & 0 & \cdots & 0 \\ \cdots & \cdots & \cdots & \cdots \\ 0 & 0 & \cdots & 0 \end{pmatrix}$$

である．

正方行列　行の個数と列の個数が等しい行列を**正方行列**という．また，$n \times n$ 行列を n 次の正方行列という．そして，1×1 行列は数と同一視することが多く，1×1 行列 (a) はかっこを省いて a と書き表すことが多い．

例 2　$A = \begin{pmatrix} 1 & 2 & 3 \\ 4 & 5 & 6 \end{pmatrix}$, $B = \begin{pmatrix} 1 & 2 & 3 \\ 4 & 5 & 6 \\ 7 & 8 & 9 \end{pmatrix}$ とすると，A は 2×3 行列，B は 3×3 行列である．また，A は正方行列ではなく，B は 3 次の正方行列である．■

行列の和と差　A と B を同じ型の行列とする．対応する各成分の和からつくられる行列を A と B の**和**といい，$A + B$ と表す．同様に，A と B の**差** $A - B$ も定義する．すなわち，$A = (a_{ij})$, $B = (b_{ij})$ のとき，次のようになる．

$$A \pm B = \begin{pmatrix} a_{11} \pm b_{11} & \cdots & a_{1j} \pm b_{1j} & \cdots & a_{1n} \pm b_{1n} \\ \vdots & & \vdots & & \vdots \\ a_{i1} \pm b_{i1} & \cdots & a_{ij} \pm b_{ij} & \cdots & a_{in} \pm b_{in} \\ \vdots & & \vdots & & \vdots \\ a_{m1} \pm b_{m1} & \cdots & a_{mj} \pm b_{mj} & \cdots & a_{mn} \pm b_{mn} \end{pmatrix}$$

行列のスカラー倍（定数倍）　行列や後述するベクトルに対比して，数のことを**スカラー**ともいう．A が行列で c がスカラー（数）のとき，A の各成分に c を掛けて得られる行列を cA と表す．すなわち，$A = (a_{ij})$ のとき，次のようになる．

$$cA = \begin{pmatrix} ca_{11} & \cdots & ca_{1j} & \cdots & ca_{1n} \\ \vdots & & \vdots & & \vdots \\ ca_{i1} & \cdots & ca_{ij} & \cdots & ca_{in} \\ \vdots & & \vdots & & \vdots \\ ca_{m1} & \cdots & ca_{mj} & \cdots & ca_{mn} \end{pmatrix}$$

特に，$(-1)A$ を $-A$ とも書くが，次の等式が成り立つ．

$$A + (-A) = O$$

行列の演算規則 (1)　A, B, C を同じ型の行列とし，a, b をスカラー（数）とするとき，次の等式が成立する．

$$
\begin{aligned}
A+B &= B+A & &\text{(交換法則)}\\
(A+B)+C &= A+(B+C) & &\text{(結合法則)}\\
A+O &= A & &\\
(ab)A &= a(bA) & &\\
a(A+B) &= aA+aB & &\text{(分配法則)}\\
(a+b)A &= aA+bA & &\text{(分配法則)}
\end{aligned}
$$

例題 1　次の計算をせよ．

(1) $\begin{pmatrix} 3 & 5 & 7 \\ 2 & 4 & 6 \end{pmatrix} + \begin{pmatrix} 1 & 2 & 3 \\ 3 & 2 & 1 \end{pmatrix}$　(2) $3\begin{pmatrix} 1 & -2 & 3 \\ 4 & -5 & 6 \end{pmatrix}$

(3) $2\begin{pmatrix} 3 & 5 \\ -2 & 1 \end{pmatrix} - \begin{pmatrix} 1 & 3 \\ 4 & 2 \end{pmatrix}$

[解]　(1) $\begin{pmatrix} 3 & 5 & 7 \\ 2 & 4 & 6 \end{pmatrix} + \begin{pmatrix} 1 & 2 & 3 \\ 3 & 2 & 1 \end{pmatrix} = \begin{pmatrix} 4 & 7 & 10 \\ 5 & 6 & 7 \end{pmatrix}$

(2) $3\begin{pmatrix} 1 & -2 & 3 \\ 4 & -5 & 6 \end{pmatrix} = \begin{pmatrix} 3\cdot 1 & 3\cdot(-2) & 3\cdot 3 \\ 3\cdot 4 & 3\cdot(-5) & 3\cdot 6 \end{pmatrix} = \begin{pmatrix} 3 & -6 & 9 \\ 12 & -15 & 18 \end{pmatrix}$

(3)
$$
\begin{aligned}
2\begin{pmatrix} 3 & 5 \\ -2 & 1 \end{pmatrix} - \begin{pmatrix} 1 & 3 \\ 4 & 2 \end{pmatrix} &= \begin{pmatrix} 2\cdot 3 & 2\cdot 5 \\ 2\cdot(-2) & 2\cdot 1 \end{pmatrix} + \begin{pmatrix} (-1)\cdot 1 & (-1)\cdot 3 \\ (-1)\cdot 4 & (-1)\cdot 2 \end{pmatrix}\\
&= \begin{pmatrix} 6 & 10 \\ -4 & 2 \end{pmatrix} + \begin{pmatrix} -1 & -3 \\ -4 & -2 \end{pmatrix} = \begin{pmatrix} 5 & 7 \\ -8 & 0 \end{pmatrix}
\end{aligned}
$$

■

問題 1-1

1.　次の計算をせよ．

(1) $4\begin{pmatrix} 2 & 5 \\ 3 & -2 \end{pmatrix} - 3\begin{pmatrix} 1 & -3 \\ -2 & 4 \end{pmatrix}$　(2) $3\begin{pmatrix} 3 & 1 & 5 \\ 4 & 2 & 6 \end{pmatrix} - 2\begin{pmatrix} 3 & -4 & 5 \\ 2 & -3 & 4 \end{pmatrix}$

2.　$A = \begin{pmatrix} 1 & 2 & -3 \\ 2 & 1 & 0 \end{pmatrix}$, $B = \begin{pmatrix} 3 & 4 & 5 \\ 1 & -2 & 3 \end{pmatrix}$ のとき，$3(X-A) = 2(X+B)$ を満たす行列 X を求めよ．

1.2 行列の積

行列 A と B の積は，<u>A の列の個数</u> と <u>B の行の個数</u> が等しいときにのみ定義される．

行列の積 $A = (a_{ij})$ が $m \times \boxed{n}$ 行列，$B = (b_{jk})$ が $\boxed{n} \times \ell$ 行列のとき，$C = (c_{ik})$ の成分 c_{ik} は，A の第 i 行と B の第 k 列の対応する成分の積の和として次のようにして定義される．

$$c_{ik} = a_{i1}b_{1k} + a_{i2}b_{2k} + \cdots + a_{in}b_{nk}$$

$$\underset{C}{i\begin{pmatrix} & \overset{k}{\vdots} & \\ \cdots & c_{ik} & \cdots \\ & \vdots & \end{pmatrix}} = \underset{A}{i\begin{pmatrix} & \vdots & & \\ a_{i1} & a_{i2} & \cdots & a_{in} \\ & \vdots & & \end{pmatrix}} \underset{B}{\begin{pmatrix} & \overset{k}{b_{1k}} & \\ & b_{2k} & \\ \cdots & \vdots & \cdots \\ & b_{nk} & \end{pmatrix}}$$

行列 $C = (c_{ik})$ を AB と表し，A と B の**積**という．積 AB は $m \times \ell$ 行列である．

例 1

(1) $\begin{pmatrix} 1 & 2 & 3 \end{pmatrix} \begin{pmatrix} 4 \\ 5 \\ 6 \end{pmatrix} = 1 \cdot 4 + 2 \cdot 5 + 3 \cdot 6 = 32$

(2) $\begin{pmatrix} 1 & 3 \\ 5 & 7 \end{pmatrix} \begin{pmatrix} 2 & -4 \\ -6 & 8 \end{pmatrix} = \begin{pmatrix} 1 \cdot 2 + 3 \cdot (-6) & 1 \cdot (-4) + 3 \cdot 8 \\ 5 \cdot 2 + 7 \cdot (-6) & 5 \cdot (-4) + 7 \cdot 8 \end{pmatrix}$
$= \begin{pmatrix} -16 & 20 \\ -32 & 36 \end{pmatrix}$

例題 2 次の計算をせよ．

(1) $\begin{pmatrix} 1 & 3 & 5 \\ 2 & 4 & 6 \end{pmatrix}\begin{pmatrix} 1 & -4 \\ -2 & 5 \\ 3 & -6 \end{pmatrix}$　　(2) $\begin{pmatrix} a & b \\ c & d \end{pmatrix}\begin{pmatrix} d & -b \\ -c & a \end{pmatrix}$

(3) $\begin{pmatrix} 1 & 2 & 3 \\ 4 & 5 & 6 \end{pmatrix}\begin{pmatrix} 7 & 8 & 9 \\ -1 & -2 & -3 \end{pmatrix}$

[解]

(1) $\begin{pmatrix} 1 & 3 & 5 \\ 2 & 4 & 6 \end{pmatrix}\begin{pmatrix} 1 & -4 \\ -2 & 5 \\ 3 & -6 \end{pmatrix}$

$$= \begin{pmatrix} 1\cdot 1 + 3\cdot(-2) + 5\cdot 3 & 1\cdot(-4) + 3\cdot 5 + 5\cdot(-6) \\ 2\cdot 1 + 4\cdot(-2) + 6\cdot 3 & 2\cdot(-4) + 4\cdot 5 + 6\cdot(-6) \end{pmatrix} = \begin{pmatrix} 10 & -19 \\ 12 & -24 \end{pmatrix}$$

(2) $\begin{pmatrix} a & b \\ c & d \end{pmatrix}\begin{pmatrix} d & -b \\ -c & a \end{pmatrix} = \begin{pmatrix} ad-bc & -ab+ab \\ cd-cd & ad-bc \end{pmatrix} = (ad-bc)\begin{pmatrix} 1 & 0 \\ 0 & 1 \end{pmatrix}$

(3)　2×3 行列どうしの積は計算できない.　■

注　この行列の積の定義が自然なものであることは，例えば次のような理由からわかる．2つの変数 x_1, x_2 から連立1次式

$$y_1 = a_{11}x_1 + a_{12}x_2$$
$$y_2 = a_{21}x_1 + a_{22}x_2$$

により，変数 y_1, y_2 を定める．これを行列とベクトルを用いて

$$\begin{pmatrix} y_1 \\ y_2 \end{pmatrix} = \begin{pmatrix} a_{11} & a_{12} \\ a_{21} & a_{22} \end{pmatrix}\begin{pmatrix} x_1 \\ x_2 \end{pmatrix} \quad \text{すなわち} \quad \boldsymbol{y} = A\boldsymbol{x}$$

と表す．（ベクトルは p.9 を参照.）次に変数 y_1, y_2 から連立1次式

$$z_1 = b_{11}y_1 + b_{12}y_2$$
$$z_2 = b_{21}y_1 + b_{22}y_2$$

により，変数 z_1, z_2 を定める．これを行列とベクトルを用いて

$$\begin{pmatrix} z_1 \\ z_2 \end{pmatrix} = \begin{pmatrix} b_{11} & b_{12} \\ b_{21} & b_{22} \end{pmatrix}\begin{pmatrix} y_1 \\ y_2 \end{pmatrix} \quad \text{すなわち} \quad \boldsymbol{z} = B\boldsymbol{y}$$

と表す．こうして，x_1, x_2 から 2 段階のプロセスにより変数 z_1, z_2 が定まるが，それらの直接の関係は

$$
\begin{aligned}
z_1 &= b_{11}y_1 + b_{12}y_2 = b_{11}(a_{11}x_1 + a_{12}x_2) + b_{12}(a_{21}x_1 + a_{22}x_2) \\
&= (b_{11}a_{11} + b_{12}a_{21})x_1 + (b_{11}a_{12} + b_{12}a_{22})x_2 \\
z_2 &= b_{21}y_1 + b_{22}y_2 = b_{11}(a_{11}x_1 + a_{12}x_2) + b_{12}(a_{21}x_1 + a_{22}x_2) \\
&= (b_{21}a_{11} + b_{22}a_{21})x_1 + (b_{21}a_{12} + b_{22}a_{22})x_2
\end{aligned}
$$

したがって，

$$
\begin{pmatrix} z_1 \\ z_2 \end{pmatrix} = \begin{pmatrix} b_{11}a_{11} + b_{12}a_{21} & b_{11}a_{12} + b_{12}a_{22} \\ b_{21}a_{11} + b_{22}a_{21} & b_{21}a_{12} + b_{22}a_{22} \end{pmatrix} \begin{pmatrix} x_1 \\ x_2 \end{pmatrix}
$$

$$
\text{すなわち} \quad \begin{pmatrix} z_1 \\ z_2 \end{pmatrix} = BA \begin{pmatrix} x_1 \\ x_2 \end{pmatrix}
$$

と積 BA を用いて表すことができる．なお，この等式は

$$
\boldsymbol{z} = B\boldsymbol{y} = B(A\boldsymbol{x}) = (BA)\boldsymbol{x}
$$

が成り立つことを表している． ■

例 2 $A = \begin{pmatrix} 1 & 1 \\ 0 & 0 \end{pmatrix}$, $B = \begin{pmatrix} 0 & 0 \\ 1 & 1 \end{pmatrix}$ とすると，

$$
AB = \begin{pmatrix} 1\cdot 0 + 1\cdot 1 & 1\cdot 0 + 1\cdot 1 \\ 0\cdot 0 + 0\cdot 1 & 0\cdot 0 + 0\cdot 1 \end{pmatrix} = \begin{pmatrix} 1 & 1 \\ 0 & 0 \end{pmatrix}
$$

$$
BA = \begin{pmatrix} 0\cdot 1 + 0\cdot 0 & 0\cdot 1 + 0\cdot 0 \\ 1\cdot 1 + 1\cdot 0 & 1\cdot 1 + 1\cdot 0 \end{pmatrix} = \begin{pmatrix} 0 & 0 \\ 1 & 1 \end{pmatrix}
$$

となるので，$AB \neq BA$ である．このとき，行列 A と B は**可換でない**という．もし $AB = BA$ を満たすならば，A と B は**可換**であるという． ■

行列の演算規則 (2)

A, B, C をそれぞれ $m \times n$, $n \times \ell$, $\ell \times r$ 行列とすると，次の等式が成り立つ．

$$(AB)C = A(BC) \qquad\qquad \text{（結合法則）}$$

A を $m \times n$ 行列，B, C を $n \times \ell$ 行列とすると，次の等式が成り立つ．

$$A(B+C) = AB + AC \qquad\qquad \text{（分配法則）}$$

A, B を $m \times n$ 行列，C を $n \times \ell$ 行列とすると，次の等式が成り立つ．

$$(A+B)C = AC + BC \qquad\qquad \text{（分配法則）}$$

結合法則により，行列の積がかっこのつけ方によらないことがわかるので，かっこをはずして ABC のように書いてもよい．

A が正方行列であれば，A どうしの積が可能であり，結合法則から

$$A^2 = AA, \quad A^3 = A^2A = AA^2, \quad \cdots$$

によって**べき乗**を定めることができる．

例 3　$A = \begin{pmatrix} a & 1 \\ 0 & a \end{pmatrix}$ に対して，A^n を計算してみよう．まず，

$$A^2 = \begin{pmatrix} a & 1 \\ 0 & a \end{pmatrix}\begin{pmatrix} a & 1 \\ 0 & a \end{pmatrix} = \begin{pmatrix} a^2 & 2a \\ 0 & a^2 \end{pmatrix}$$

$$A^3 = \begin{pmatrix} a & 1 \\ 0 & a \end{pmatrix}\begin{pmatrix} a^2 & 2a \\ 0 & a^2 \end{pmatrix} = \begin{pmatrix} a^3 & 3a^2 \\ 0 & a^3 \end{pmatrix}$$

そして，$A^{n-1} = \begin{pmatrix} a^{n-1} & (n-1)a^{n-2} \\ 0 & a^{n-1} \end{pmatrix}$ とすると，

$$A^n = \begin{pmatrix} a & 1 \\ 0 & a \end{pmatrix} A^{n-1} = \begin{pmatrix} a & 1 \\ 0 & a \end{pmatrix}\begin{pmatrix} a^{n-1} & (n-1)\,a^{n-2} \\ 0 & a^{n-1} \end{pmatrix} = \begin{pmatrix} a^n & n\,a^{n-1} \\ 0 & a^n \end{pmatrix}$$

を得る．

列ベクトル，行ベクトル　行列のなかで特に $m \times 1$ 行列

$$\begin{pmatrix} a_1 \\ a_2 \\ \vdots \\ a_m \end{pmatrix}$$

を m 次の**列ベクトル**，$1 \times n$ 行列

$$(b_1 \quad b_2 \quad \cdots \quad b_n)$$

を n 次の**行ベクトル**という．そして，列ベクトルと行ベクトルをあわせて**数ベクトル**（また単に**ベクトル**）という．数ベクトルであることを強調するために

$$\boldsymbol{a},\ \boldsymbol{b},\ \boldsymbol{c},\ \ldots,\ \boldsymbol{x},\ \boldsymbol{y},\ \boldsymbol{z}$$

などの小文字の太字で表すことが多い．特に，成分がすべて 0 である数ベクトルを**零ベクトル**といい，$\mathbf{0}$ で表す．

$m \times n$ 行列

$$A = \begin{pmatrix} a_{11} & a_{12} & \cdots & a_{1n} \\ a_{21} & a_{22} & \cdots & a_{2n} \\ \cdots & \cdots & \cdots & \cdots \\ a_{m1} & a_{m2} & \cdots & a_{mn} \end{pmatrix}$$

に対し，列ベクトル $\boldsymbol{a}_1, \boldsymbol{a}_2, \ldots, \boldsymbol{a}_n$ を

$$\boldsymbol{a}_1 = \begin{pmatrix} a_{11} \\ a_{21} \\ \vdots \\ a_{m1} \end{pmatrix},\ \boldsymbol{a}_2 = \begin{pmatrix} a_{12} \\ a_{22} \\ \vdots \\ a_{m2} \end{pmatrix},\ \ldots\ ,\ \boldsymbol{a}_n = \begin{pmatrix} a_{1n} \\ a_{2n} \\ \vdots \\ a_{mn} \end{pmatrix}$$

で定義すると，

$$A = (\boldsymbol{a}_1 \quad \boldsymbol{a}_2 \quad \cdots \quad \boldsymbol{a}_n)$$

と表すことができる．同様に，行ベクトル $\boldsymbol{a}_1{}^*, \boldsymbol{a}_2{}^*, \ldots, \boldsymbol{a}_m{}^*$ を

$$\boldsymbol{a}_1{}^* = (a_{11} \quad a_{12} \quad \cdots \quad a_{1n})$$
$$\boldsymbol{a}_2{}^* = (a_{21} \quad a_{22} \quad \cdots \quad a_{2n})$$

$$\cdots\cdots\cdots\cdots\cdots$$

$$\boldsymbol{a}_m{}^* = (a_{m1} \quad a_{m2} \quad \cdots \quad a_{mn})$$

で定義すると，A を次のように行ベクトルで表すこともできる．

$$A = \begin{pmatrix} \boldsymbol{a}_1{}^* \\ \boldsymbol{a}_2{}^* \\ \vdots \\ \boldsymbol{a}_m{}^* \end{pmatrix}$$

例 4　A が $m \times n$ 行列，B が $n \times \ell$ 行列とすると，積 AB が定まる．ここで，B を列ベクトル $\boldsymbol{b}_1, \boldsymbol{b}_2, \ldots, \boldsymbol{b}_\ell$ で

$$B = (\boldsymbol{b}_1 \quad \boldsymbol{b}_2 \quad \cdots \quad \boldsymbol{b}_\ell)$$

と表すと，積 AB は

$$AB = A\,(\boldsymbol{b}_1 \quad \boldsymbol{b}_2 \quad \cdots \quad \boldsymbol{b}_\ell) = (A\boldsymbol{b}_1 \quad A\boldsymbol{b}_2 \quad \cdots \quad A\boldsymbol{b}_\ell)$$

となる．例えば，$A = \begin{pmatrix} a_{11} & a_{12} \\ a_{21} & a_{22} \end{pmatrix}$，$B = \begin{pmatrix} b_{11} & b_{12} \\ b_{21} & b_{22} \end{pmatrix}$ のとき，

$$B = (\boldsymbol{b}_1 \quad \boldsymbol{b}_2), \quad \boldsymbol{b}_1 = \begin{pmatrix} b_{11} \\ b_{21} \end{pmatrix}, \quad \boldsymbol{b}_2 = \begin{pmatrix} b_{12} \\ b_{22} \end{pmatrix}$$

であるので，

$$A\boldsymbol{b}_1 = \begin{pmatrix} a_{11}b_{11} + a_{12}b_{21} \\ a_{21}b_{11} + a_{22}b_{21} \end{pmatrix}, \quad A\boldsymbol{b}_2 = \begin{pmatrix} a_{11}b_{12} + a_{12}b_{22} \\ a_{21}b_{12} + a_{22}b_{22} \end{pmatrix}$$

より

$$(A\boldsymbol{b}_1 \quad A\boldsymbol{b}_2) = \begin{pmatrix} a_{11}b_{11} + a_{12}b_{21} & a_{11}b_{12} + a_{12}b_{22} \\ a_{21}b_{11} + a_{22}b_{21} & a_{21}b_{12} + a_{22}b_{22} \end{pmatrix} = AB$$

が確かに成り立つ．　■

問題 1-2

1. 次の計算をせよ．

(1) $\begin{pmatrix} 4 & -1 \\ 3 & -2 \end{pmatrix}\begin{pmatrix} 1 & -3 \\ -2 & 4 \end{pmatrix}$　(2) $\begin{pmatrix} 3 & -1 & 5 \\ 4 & 0 & -2 \end{pmatrix}\begin{pmatrix} 2 & -4 \\ 3 & 5 \\ 1 & 0 \end{pmatrix}$

(3) $\begin{pmatrix} 4 \\ 5 \\ 6 \end{pmatrix}\begin{pmatrix} 1 & 2 & 3 \end{pmatrix}$　(4) $\begin{pmatrix} 3 & -1 & 1 \\ 0 & 2 & -1 \\ 0 & 0 & 1 \end{pmatrix}\begin{pmatrix} 1 & 0 & 0 \\ -1 & 2 & 0 \\ 1 & -1 & 3 \end{pmatrix}$

2. 行列 A, B, C が次式で与えられるとき，積 AB, AC, BC, BA, CA, CB のうちで定まるものを計算せよ．

$$A = \begin{pmatrix} 1 & 2 \\ 3 & 4 \end{pmatrix}, \quad B = \begin{pmatrix} 1 & 3 & 1 \\ 4 & 2 & 0 \end{pmatrix}, \quad C = \begin{pmatrix} 1 & 0 \\ 3 & 2 \\ 5 & 4 \end{pmatrix}$$

3. 次の (1), (2) が正しいかどうかを調べ，証明または反例をあげて答えよ．ただし，c, d は実数とし，E は単位行列とする（p.12 を参照）．

(1) A が正方行列ならば，$A^2 + (c+d)A + cdE = (A+cE)(A+dE)$.

(2) A, B が同じ次数の正方行列ならば，$(A+B)^2 = A^2 + 2AB + B^2$.

1.3　いろいろな行列

ここでは，よく使われる定義や特別な名称のつけられた行列の例をあげる．

対角行列　n 次の正方行列（すなわち $n \times n$ 行列）

$$A = \begin{pmatrix} a_{11} & a_{12} & \cdots & a_{1n} \\ a_{21} & a_{22} & \cdots & a_{2n} \\ \cdots & \cdots & \cdots & \cdots \\ a_{n1} & a_{n2} & \cdots & a_{nn} \end{pmatrix}$$

の成分のうち，左上から右下への対角線上に並ぶ成分 $a_{11}, a_{22}, \ldots, a_{nn}$ を A の**対角成分**といい，対角成分以外の成分がすべて 0 である行列を**対角行列**という．対角行列は次のように表す．

$$\begin{pmatrix} a_{11} & 0 & \cdots & 0 \\ 0 & a_{22} & \ddots & \vdots \\ \vdots & \ddots & \ddots & 0 \\ 0 & \cdots & 0 & a_{nn} \end{pmatrix} \quad \text{あるいは} \quad \begin{pmatrix} a_{11} & & & O \\ & a_{22} & & \\ & & \ddots & \\ O & & & a_{nn} \end{pmatrix}$$

例 1　次の (1), (2) の行列は対角行列であるが，(3) の行列は対角行列ではない．

$$(1)\ \begin{pmatrix} 1 & 0 & 0 \\ 0 & -2 & 0 \\ 0 & 0 & 3 \end{pmatrix} \qquad (2)\ \begin{pmatrix} 3 & 0 & 0 \\ 0 & 0 & 0 \\ 0 & 0 & -1 \end{pmatrix} \qquad (3)\ \begin{pmatrix} 0 & 0 & 1 \\ 0 & 2 & 0 \\ 3 & 0 & 0 \end{pmatrix}$$

■

単位行列　対角成分がすべて1で，それ以外の成分がすべて0である正方行列を**単位行列**といい E と表す．特に，行列の次数を明示したいときには，n 次の単位行列を E_n とも表す．

例 2　2次，3次の単位行列は次のようになる．

$$E_2 = \begin{pmatrix} 1 & 0 \\ 0 & 1 \end{pmatrix}, \qquad E_3 = \begin{pmatrix} 1 & 0 & 0 \\ 0 & 1 & 0 \\ 0 & 0 & 1 \end{pmatrix}$$

■

例 3　$A = \begin{pmatrix} a_{11} & a_{12} & a_{13} \\ a_{21} & a_{22} & a_{23} \\ a_{31} & a_{32} & a_{33} \end{pmatrix}$ とするとき，等式

$$AE_3 = E_3A = A$$

が成り立つ．（各自確かめよ．）一般に，n 次正方行列 A に対して，等式

$$AE_n = E_nA = A$$

が成り立つ．■

逆行列　A を n 次正方行列とする．n 次正方行列 B が

$$AB = BA = E$$

を満たすとき，B を A の**逆行列**という．ここで，n 次正方行列 C も

$$AC = CA = E$$

を満たすとすると

$$B = BE = B(AC) = (BA)C = EC = C$$

となり，B と C は一致する．つまり，逆行列はただ1つ定まる．そこで，A の逆行列を

$$A^{-1}$$

と表し，逆行列をもつ行列 A を**正則行列**という．

例 4　$A = \begin{pmatrix} a & b \\ c & d \end{pmatrix}$ とし，$ad - bc \neq 0$ とする．このとき，行列 B

$$B = \frac{1}{ad - bc}\begin{pmatrix} d & -b \\ -c & a \end{pmatrix}$$

は，例題 2(2)（p.6）より $AB = E$ を満たす．$BA = E$ を満たすことも容易にわかるので，B は A の逆行列 A^{-1} であり，A は正則行列である．また，このことの応用として，係数行列が A である連立1次方程式

$$A\boldsymbol{x} = \boldsymbol{b}$$

に対し，A の逆行列 A^{-1} を左から掛けることにより，解の公式

$$\boldsymbol{x} = A^{-1}\boldsymbol{b}$$

の具体的な形が得られる．（詳しくは p.39 を参照．）　■

逆行列の基本性質

(1) A を n 次正則行列とすると，その逆行列 A^{-1} も n 次正則行列であり，

$$\left(A^{-1}\right)^{-1} = A$$

である．

(2) A, B を n 次正則行列とすると，それらの積 AB, BA も n 次正則行列であり，逆行列 $(AB)^{-1}, (BA)^{-1}$ はそれぞれ次の形になる．

$$(AB)^{-1} = B^{-1}A^{-1}, \qquad (BA)^{-1} = A^{-1}B^{-1}$$

ここで，(1) は逆行列の定義から明らかであり，(2) は章末問題 1 の 10 を参照．

転置行列　行列 A の行と列を入れかえた行列を A の**転置行列**といい，A^T または ${}^tA$ と表す．A が $m \times n$ 行列ならば，A^T は $n \times m$ 行列である．成分で表すと

$$A = \begin{pmatrix} a_{11} & a_{12} & \cdots & a_{1n} \\ a_{21} & a_{22} & \cdots & a_{2n} \\ \cdots & \cdots & \cdots & \cdots \\ a_{m1} & a_{m2} & \cdots & a_{mn} \end{pmatrix} \quad \text{ならば} \quad A^T = \begin{pmatrix} a_{11} & a_{21} & \cdots & a_{m1} \\ a_{12} & a_{22} & \cdots & a_{m2} \\ \cdots & \cdots & \cdots & \cdots \\ a_{1n} & a_{2n} & \cdots & a_{mn} \end{pmatrix}$$

である．転置行列に関する次の性質は明らかである：

$$\left(A^T\right)^T = A, \qquad (A+B)^T = A^T + B^T$$

そして，2 つの行列 A, B に対して積 AB が定義されるとき，

$$(AB)^T = B^T A^T$$

が成立する．（章末問題 1 の 11 を参照．）

対称行列　正方行列 A が $A^T = A$ を満たすとき，A を**対称行列**という．

例 5　次はいずれも対称行列である．

$$(1)\ \begin{pmatrix} 3 & 4 & 1 \\ 4 & 7 & 6 \\ 1 & 6 & -1 \end{pmatrix} \qquad (2)\ \begin{pmatrix} 5 & 1 & 0 \\ 1 & 2 & -2 \\ 0 & -2 & 3 \end{pmatrix} \qquad (3)\ \begin{pmatrix} 1 & 0 & -3 \\ 0 & 2 & 0 \\ -3 & 0 & 0 \end{pmatrix}$$

■

例題 3 次の行列の転置行列を求めよ.

$$(1)\quad A=\begin{pmatrix} 1 & 2 & 3 \\ -4 & 5 & 6 \\ -7 & -8 & 9 \end{pmatrix} \qquad (2)\quad B=\begin{pmatrix} 1 & 8 \\ 2 & 7 \\ 3 & 6 \\ 4 & 5 \end{pmatrix}$$

[**解**]

$$(1)\quad A^T=\begin{pmatrix} 1 & -4 & -7 \\ 2 & 5 & -8 \\ 3 & 6 & 9 \end{pmatrix} \qquad (2)\quad B^T=\begin{pmatrix} 1 & 2 & 3 & 4 \\ 8 & 7 & 6 & 5 \end{pmatrix}$$

問題 1-3

1. $A=\begin{pmatrix} 1 & 2 \\ 0 & 3 \end{pmatrix}$, $B=\begin{pmatrix} 3 & 2 \\ 0 & 1 \end{pmatrix}$ とするとき，次の行列の逆行列を求めよ.

(1) A (2) B (3) AB (4) BA

2. (1) $A=\begin{pmatrix} 1 & -2 & 3 \\ 3 & 1 & -4 \end{pmatrix}$ とするとき，その転置行列 A^T を求めよ.

(2) (1) の行列 A について A^TA を計算し，それが対称行列であることを確かめよ.

3. 行列 $A=\begin{pmatrix} 1 & 2 \\ 0 & 1 \end{pmatrix}$, $B=\begin{pmatrix} 2 & 3 & -1 \\ 1 & 0 & -2 \end{pmatrix}$, $C=\begin{pmatrix} 1 & 1 \\ -1 & 3 \\ 0 & -1 \end{pmatrix}$ について，次のものが定まるかどうかを述べ，定まるものについてはそれを求めよ.

(1) A^3 (2) AB (3) AC (4) BC (5) BA (6) B^TA (7) AC^T

章末問題●1

1. $A=\begin{pmatrix} 2 & -3 \\ 4 & 5 \\ 3 & -2 \end{pmatrix}$, $B=\begin{pmatrix} 3 & 4 \\ -2 & 1 \\ 5 & 0 \end{pmatrix}$, $C=\begin{pmatrix} 2 & -3 \\ 0 & 1 \end{pmatrix}$ とするとき，次の行列を計算せよ.

(1) AC, BC および $2AC-BC$ (2) $2A-B$ および $(2A-B)C$

2.　次の 2 つの方程式を満たす行列 X, Y を求めよ．

$$X+Y=\begin{pmatrix} 4 & -3 & 4 \\ 5 & 3 & -1 \end{pmatrix}, \quad X-2Y=\begin{pmatrix} 1 & -3 & -2 \\ -4 & 3 & 5 \end{pmatrix}$$

3.　次の等式を満たす a, b, c, d を求めよ．

(1) $\begin{pmatrix} 3 & 4 \\ 2 & 1 \end{pmatrix}\begin{pmatrix} a & 3 \\ b & -2 \end{pmatrix}=\begin{pmatrix} 1 & c \\ 4 & d \end{pmatrix}$ (2) $\begin{pmatrix} 1 & 3 \\ 2 & -2 \end{pmatrix}\begin{pmatrix} 3 & a \\ -2 & b \end{pmatrix}=\begin{pmatrix} c & 5 \\ d & 6 \end{pmatrix}$

4.　$A=\begin{pmatrix} 2 & 1 \\ 1 & 4 \end{pmatrix}$, $B=\begin{pmatrix} 1 & 3 & -2 \\ 2 & -1 & 4 \end{pmatrix}$, $C=\begin{pmatrix} 3 & 3 \\ 2 & -2 \\ 1 & 3 \end{pmatrix}$ について，次のものが定まるかどうかを述べ，定まるものについてはそれを求めよ．

(1) AB　(2) AC　(3) BC　(4) BA　(5) CA　(6) CB

5.　$A=\begin{pmatrix} 1 \\ -3 \\ 5 \end{pmatrix}$, $B=\begin{pmatrix} 2 & 4 & -2 \end{pmatrix}$, $C=\begin{pmatrix} 1 & 0 & 1 \\ 0 & 1 & 0 \\ 1 & 0 & 1 \end{pmatrix}$ について，次のものが定まるかどうかを述べ，定まるものについてはそれを求めよ．

(1) AB　(2) BA　(3) AC　(4) A^TB^T　(5) ABC　(6) A^TCB^T

6.　行列 $A=\begin{pmatrix} 0 & 1 & 2 & 3 \\ 0 & 0 & 1 & 2 \\ 0 & 0 & 0 & 1 \\ 0 & 0 & 0 & 0 \end{pmatrix}$ とするとき，A^2, A^3, A^4 を計算せよ．

7.　次の行列 A に対し，A^n を計算せよ．

(1) $A=\begin{pmatrix} a & 0 & 0 \\ 0 & b & 0 \\ 0 & 0 & c \end{pmatrix}$　(2) $A=\begin{pmatrix} a & 1 & 0 \\ 0 & a & 1 \\ 0 & 0 & a \end{pmatrix}$

8.　次の行列の組は可換かどうか調べよ．ただし，$a \neq b$ とする．

(1) $\begin{pmatrix} a & 1 & 0 \\ 0 & a & 1 \\ 0 & 0 & a \end{pmatrix}, \begin{pmatrix} 0 & 0 & 0 \\ 1 & 0 & 0 \\ 0 & 1 & 0 \end{pmatrix}$　(2) $\begin{pmatrix} a & 0 & 0 \\ 0 & c & 0 \\ 0 & 0 & b \end{pmatrix}, \begin{pmatrix} 0 & 0 & 1 \\ 0 & 1 & 0 \\ 1 & 0 & 0 \end{pmatrix}$

(3) $\begin{pmatrix} 1 & 1 & 1 \\ 0 & 1 & 1 \\ 0 & 0 & a \end{pmatrix}$, $\begin{pmatrix} 1 & 1 & 1 \\ 0 & 1 & 1 \\ 0 & 0 & b \end{pmatrix}$

9. $A = \begin{pmatrix} 1 & a \\ 0 & 1 \end{pmatrix}$, $B = \begin{pmatrix} 1 & 0 \\ b & 1 \end{pmatrix}$ （ただし，$ab \neq 0$）とするとき，次の問いに答えよ．

(1) §1.3 の例 4 を用いて，A^{-1} および B^{-1} を求めよ．

(2) AB, BA を計算し，$(AB)^{-1}$ および $(BA)^{-1}$ を求めよ．

(3) (1),(2) の結果より，

$$(AB)^{-1} = B^{-1}A^{-1}, \qquad (BA)^{-1} = A^{-1}B^{-1}$$

が成立することを確かめよ．

10. A, B を n 次正則行列とすると，それらの積 AB, BA も n 次正則行列であり，逆行列 $(AB)^{-1}$, $(BA)^{-1}$ はそれぞれ次の形になること（逆行列の基本性質 (2)）を証明せよ．

$$(AB)^{-1} = B^{-1}A^{-1}, \qquad (BA)^{-1} = A^{-1}B^{-1}$$

11. 2 つの行列 A, B に対して積 AB が定義されるとき，

$$(AB)^T = B^T A^T$$

が成り立つことを証明せよ．

12. A を任意の正方行列とするとき，次の行列は対称行列であることを示せ．

(1) $A + A^T$ (2) $A^T A$ (3) AA^T

13. 対称行列 A, B の積 AB が対称行列であるための必要十分条件は $AB = BA$ であることを示せ．

14. A を正則行列とするとき，A^T も正則行列で

$$\left(A^T\right)^{-1} = \left(A^{-1}\right)^T$$

が成り立つことを証明せよ．

15. 行列 $A = \begin{pmatrix} a & 0 \\ 0 & b \end{pmatrix}$ $(a \neq b)$ と可換な 2 次正方行列をすべて求めよ.

16. 行列 $A = \begin{pmatrix} 1 & 1 \\ 0 & 1 \end{pmatrix}$ と可換な 2 次正方行列をすべて求めよ.

第2章

連立1次方程式

2.1　基本変形

連立1次方程式を系統だった方法で解こう.

連立1次方程式の基本変形　連立1次方程式の解法を復習してみよう. 以下では, ①, ②, $\cdots$ はその1つ前の連立方程式の第1式, 第2式, $\cdots$ を意味する.

例1　連立1次方程式

$$\begin{cases} 4x_1 + 3x_2 = -1 \\ 2x_1 + x_2 = 1 \end{cases}$$

に式の加減, 入れ替え等を行い,

$$\longrightarrow \begin{cases} x_2 = -3 & (① + ② \times (-2)) \\ 2x_1 + x_2 = 1 \end{cases}$$

$$\longrightarrow \begin{cases} x_2 = -3 \\ 2x_1 = 4 & (② + ① \times (-1)) \end{cases}$$

$$\longrightarrow \begin{cases} 2x_1 = 4 & (② \text{ を入れ替え}) \\ x_2 = -3 & (① \text{ を入れ替え}) \end{cases}$$

$$\longrightarrow \begin{cases} x_1 = 2 & (① \times (1/2)) \\ x_2 = -3 \end{cases}$$

などと解くことができる.　■

例1で用いられた変形は次の3つであり，**連立1次方程式の基本変形**と呼ばれている．

(1) 1つの式を $k\,(\neq 0)$ 倍する．
(2) 2つの式を入れ替える．
(3) 1つの式に他の式の k 倍を加える．

注　例1における一連の基本変形は，逆向きの基本変形でたどれることを確かめよ．すなわち，例1の変形は同値な変形である．■

行列の基本変形　例1において大事なのは，文字 x_1, x_2 や等号 $=$ ではなく，係数や定数項であり，それらを順に並べた行列をつくると，

$$\left(\begin{array}{cc|c} 4 & 3 & -1 \\ 2 & 1 & 1 \end{array}\right)$$

となる．ただし，点線は左辺と右辺の区切りを表し，この行列を拡大係数行列という．（§2.3を参照．）例1で行った変形を行列で表すと，

$$\left(\begin{array}{cc|c} 4 & 3 & -1 \\ 2 & 1 & 1 \end{array}\right) \longrightarrow \left(\begin{array}{cc|c} 0 & 1 & -3 \\ 2 & 1 & 1 \end{array}\right) \longrightarrow \left(\begin{array}{cc|c} 0 & 1 & -3 \\ 2 & 0 & 4 \end{array}\right)$$
$$\longrightarrow \left(\begin{array}{cc|c} 2 & 0 & 4 \\ 0 & 1 & -3 \end{array}\right) \longrightarrow \left(\begin{array}{cc|c} 1 & 0 & 2 \\ 0 & 1 & -3 \end{array}\right)$$

となる．この最後の行列を連立1次方程式に直すと

$$\begin{pmatrix} 1 & 0 \\ 0 & 1 \end{pmatrix}\begin{pmatrix} x_1 \\ x_2 \end{pmatrix} = \begin{pmatrix} 2 \\ -3 \end{pmatrix}$$

となり，解は $\begin{pmatrix} x_1 \\ x_2 \end{pmatrix} = \begin{pmatrix} 2 \\ -3 \end{pmatrix}$ である．このように最後の拡大係数行列の（点線より）左側部分（左側の**小行列**と呼ぶ）が単位行列になるように変形するのが**基本方針**である．しかし，単位行列にできない場合もあり，§2.2で述べるように一般には階段行列と呼ばれる行列になるように変形する．

上記の行列に関する変形は次の3つであるが，**行列の基本変形**と呼ばれている．

(1) 1つの行を $k\,(\neq 0)$ 倍する.
(2) 2つの行を入れ替える.
(3) 1つの行に他の行の k 倍を加える.

もう少し未知数や方程式の数が多い例を見てみよう.

例題 1　次の連立1次方程式を基本変形を用いて解け.

$$\begin{cases} x_1 + 2x_2 + \ \ 3x_3 = 2 \\ 2x_1 + 3x_2 + \ \ 4x_3 = 4 \\ 3x_1 + 7x_2 + 12x_3 = 7 \end{cases}$$

[解]　行列で表し，基本変形を用いると

$$\left(\begin{array}{ccc|c} 1 & 2 & 3 & 2 \\ 2 & 3 & 4 & 4 \\ 3 & 7 & 12 & 7 \end{array}\right) \xrightarrow{②+①\times(-2)} \left(\begin{array}{ccc|c} 1 & 2 & 3 & 2 \\ 0 & -1 & -2 & 0 \\ 3 & 7 & 12 & 7 \end{array}\right)$$

$$\xrightarrow{②\times(-1)} \left(\begin{array}{ccc|c} 1 & 2 & 3 & 2 \\ 0 & 1 & 2 & 0 \\ 3 & 7 & 12 & 7 \end{array}\right) \xrightarrow{③+①\times(-3)} \left(\begin{array}{ccc|c} 1 & 2 & 3 & 2 \\ 0 & 1 & 2 & 0 \\ 0 & 1 & 3 & 1 \end{array}\right)$$

$$\xrightarrow{①+②\times(-2)} \left(\begin{array}{ccc|c} 1 & 0 & -1 & 2 \\ 0 & 1 & 2 & 0 \\ 0 & 1 & 3 & 1 \end{array}\right) \xrightarrow{③+②\times(-1)} \left(\begin{array}{ccc|c} 1 & 0 & -1 & 2 \\ 0 & 1 & 2 & 0 \\ 0 & 0 & 1 & 1 \end{array}\right)$$

$$\xrightarrow{①+③} \left(\begin{array}{ccc|c} 1 & 0 & 0 & 3 \\ 0 & 1 & 2 & 0 \\ 0 & 0 & 1 & 1 \end{array}\right) \xrightarrow{②+③\times(-2)} \left(\begin{array}{ccc|c} 1 & 0 & 0 & 3 \\ 0 & 1 & 0 & -2 \\ 0 & 0 & 1 & 1 \end{array}\right)$$

となり，解 $x_1 = 3,\ x_2 = -2,\ x_3 = 1$ を得る．ここで，基本変形の具体的な形は矢印の上に記した. ■

問題 2-1

1.　次の連立1次方程式を基本変形を用いて解け.

(1) $\begin{cases} 2x_1 - x_2 = 1 \\ x_1 + x_2 = 5 \end{cases}$　　(2) $\begin{cases} 3x_1 + 2x_2 = -1 \\ x_1 - x_2 = 3 \end{cases}$

(3) $\begin{cases} x_1 - 2x_2 + x_3 = 7 \\ x_1 - 3x_3 = -7 \\ x_2 + 2x_3 = 5 \end{cases}$　　(4) $\begin{cases} x_1 - x_2 + x_3 = 6 \\ 2x_1 - x_2 - 3x_3 = 5 \\ x_1 + 2x_2 - 2x_3 = -3 \end{cases}$

2.2　階段行列

解が1つとは限らない，いろいろな連立1次方程式を考察しよう．

いろいろな連立1次方程式　前節では，連立1次方程式を基本変形により解き，1組の解を得た．しかし，一般には解が1組よりもたくさんあることもあり，また解がない場合もある．

例1　連立1次方程式

$$\begin{cases} x_1 - 3x_2 = 1 \\ 2x_1 - 6x_2 = 2 \end{cases}$$

において，第1式と第2式は同じ内容を示すので，方程式は実質的には1つしか与えられていない．そのため，例えば任意の実数tに対して，

$$x_1 = 3t + 1, \qquad x_2 = t$$

がすべてその解である．（解は無数にある！）（図2.1（左）を参照.）■

例2　連立1次方程式

$$\begin{cases} x_1 - 3x_2 = 1 \\ 2x_1 - 6x_2 = 3 \end{cases}$$

において，第2式（$2x_1 - 6x_2 = 3$）と第1式（$\Longleftrightarrow 2x_1 - 6x_2 = 2$）は矛盾する内容を示すので，解はない．（図2.1（右）を参照.）■

例1，例2をそれぞれ行列で表し，基本変形を用いると，

$$\left(\begin{array}{cc:c} 1 & -3 & 1 \\ 2 & -6 & 2 \end{array}\right) \longrightarrow \left(\begin{array}{cc:c} 1 & -3 & 1 \\ 0 & 0 & 0 \end{array}\right)$$

$$\left(\begin{array}{cc:c} 1 & -3 & 1 \\ 2 & -6 & 3 \end{array}\right) \longrightarrow \left(\begin{array}{cc:c} 1 & -3 & 1 \\ 0 & 0 & 1 \end{array}\right)$$

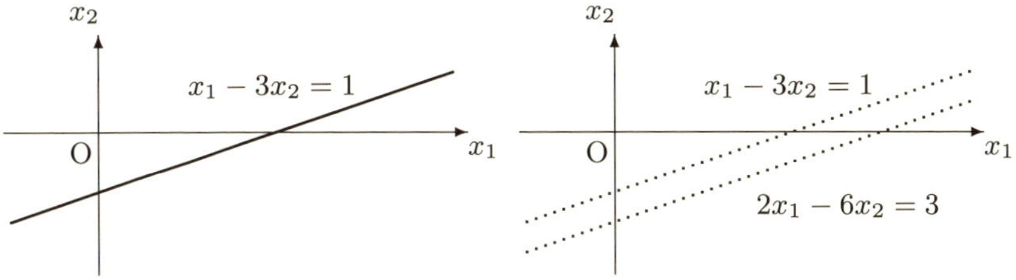

図 2.1 連立 1 次方程式の解

となり，点線の左側の小行列は単位行列にはならない．

そこで，連立 1 次方程式の解を知るのに適した特別な形の行列のクラスを導入しよう．

階段行列 行列の零ベクトルでない行ベクトルについて，0 でないその最初の成分をその行ベクトルの（あるいは行の）**主成分**といい（下の例 3 を参照），次の 4 つの条件を満たす行列を**階段行列**という．

(1) 零ベクトルである行があれば，それらは零ベクトルでない行より下にある．
(2) 零ベクトルでない行の主成分は 1 である．
(3) 零ベクトルでない行の主成分は下の行ほど右に現れる．
(4) ある行の主成分を含む列では，その主成分 1 以外の成分はすべて 0 である．

例 3 （階段行列の例）

$$\begin{pmatrix} \boxed{1} & 0 & 0 & 2 \\ 0 & \boxed{1} & 0 & 3 \\ 0 & 0 & \boxed{1} & 4 \end{pmatrix}, \begin{pmatrix} \boxed{1} & 2 & 0 & 0 & 3 \\ 0 & 0 & \boxed{1} & 0 & 4 \\ 0 & 0 & 0 & \boxed{1} & 5 \end{pmatrix}, \begin{pmatrix} \boxed{1} & 0 & 2 & 3 & 0 & 4 \\ 0 & \boxed{1} & 4 & 5 & 0 & 3 \\ 0 & 0 & 0 & 0 & \boxed{1} & 1 \end{pmatrix},$$

$$\begin{pmatrix} 0 & \boxed{1} & 2 & 0 & 3 \\ 0 & 0 & 0 & \boxed{1} & 2 \\ 0 & 0 & 0 & 0 & 0 \end{pmatrix}, \begin{pmatrix} 0 & \boxed{1} & 3 & 0 & 0 \\ 0 & 0 & 0 & \boxed{1} & 0 \\ 0 & 0 & 0 & 0 & \boxed{1} \\ 0 & 0 & 0 & 0 & 0 \end{pmatrix}, \begin{pmatrix} \boxed{1} & 0 & 3 & 0 & 0 \\ 0 & \boxed{1} & 4 & 0 & 0 \\ 0 & 0 & 0 & \boxed{1} & 0 \\ 0 & 0 & 0 & 0 & \boxed{1} \end{pmatrix}$$

ここで，$\boxed{1}$ が主成分である． ■

階段行列は一般には次のような形である．(ただし，零ベクトルである行と列を含む場合であり，それらがないこともありうる.)

$$
\begin{array}{c}
\qquad\qquad\quad n_1 \qquad\qquad\qquad\quad n_2 \qquad\qquad\quad n_r \\
\begin{pmatrix}
0 & \cdots & 0 & \boxed{1} & * & \cdots & * & 0 & \cdots & * & 0 & * & \cdots & * \\
0 & \cdots & 0 & 0 & 0 & \cdots & 0 & \boxed{1} & \cdots & * & 0 & * & \cdots & * \\
0 & \cdots & 0 & 0 & 0 & \cdots & 0 & 0 & \cdots & \vdots & 0 & * & \cdots & * \\
\vdots & & \vdots & \vdots & \vdots & & \vdots & \vdots & & \vdots & \vdots & \vdots & & \vdots \\
0 & \cdots & 0 & 0 & 0 & \cdots & 0 & 0 & \cdots & 0 & \boxed{1} & * & \cdots & * \\
0 & \cdots & 0 & 0 & 0 & \cdots & 0 & 0 & \cdots & 0 & 0 & 0 & \cdots & 0 \\
\vdots & & \vdots & \vdots & \vdots & & \vdots & \vdots & & \vdots & \vdots & \vdots & & \vdots \\
0 & \cdots & 0 & 0 & 0 & \cdots & 0 & 0 & \cdots & 0 & 0 & 0 & \cdots & 0
\end{pmatrix}
\end{array}
$$

ここで，わかりやすくするため網掛けにした $\boxed{1}$ が主成分であり，$*$ にはどんな数が入ってもよい．

例題 2　次の行列が階段行列でない理由を述べ，基本変形により階段行列に変形せよ．

(1) $\begin{pmatrix} 0 & 0 & 0 & 1 & -3 \\ 0 & 0 & 1 & 0 & 4 \\ 1 & 5 & 0 & 0 & 6 \end{pmatrix}$　(2) $\begin{pmatrix} 0 & 2 & 1 & 0 & 4 \\ 0 & 0 & 0 & 0 & 0 \\ 0 & 0 & 0 & 1 & 3 \end{pmatrix}$

(3) $\begin{pmatrix} 1 & 2 & 3 & 4 & 5 \\ 0 & 0 & 1 & 2 & 1 \\ 0 & 0 & 0 & 0 & 1 \end{pmatrix}$　(4) $\begin{pmatrix} 1 & 3 & 2 & 8 \\ 0 & 0 & 1 & 2 \\ 0 & 0 & 1 & 3 \end{pmatrix}$

[解]　(1)　条件 (3) を満たさない．第1行と第3行を入れ替えて

$$
\longrightarrow \begin{pmatrix} \boxed{1} & 5 & 0 & 0 & 6 \\ 0 & 0 & \boxed{1} & 0 & 4 \\ 0 & 0 & 0 & \boxed{1} & -3 \end{pmatrix}
$$

(2)　条件 (1) と (2) を満たさない．第2行と第3行を入れ替え，さらに第1行を 1/2 倍して

$$\longrightarrow \begin{pmatrix} 0 & \boxed{1} & 1/2 & 0 & 2 \\ 0 & 0 & 0 & \boxed{1} & 3 \\ 0 & 0 & 0 & 0 & 0 \end{pmatrix}$$

(3) 条件 (4) を満たさない．まず，$(1,3)$ 成分を 0 にするため，第 1 行に第 2 行の -3 倍を加えると

$$\longrightarrow \begin{pmatrix} 1 & 2 & 0 & -2 & 2 \\ 0 & 0 & 1 & 2 & 1 \\ 0 & 0 & 0 & 0 & 1 \end{pmatrix}$$

次に，$(1,5)$ 成分と $(2,5)$ 成分を 0 にするため，第 1 行に第 3 行の -2 倍を加え，第 2 行に第 3 行の -1 倍を加えると

$$\longrightarrow \begin{pmatrix} \boxed{1} & 2 & 0 & -2 & 0 \\ 0 & 0 & \boxed{1} & 2 & 0 \\ 0 & 0 & 0 & 0 & \boxed{1} \end{pmatrix}$$

(4) 条件 (3) と (4) を満たさない．まず，$(1,3)$ 成分と $(3,3)$ 成分を 0 にするため，第 1 行に第 2 行の -2 倍を加え，第 3 行に第 2 行の -1 倍を加えると

$$\longrightarrow \begin{pmatrix} 1 & 3 & 0 & 4 \\ 0 & 0 & 1 & 2 \\ 0 & 0 & 0 & 1 \end{pmatrix}$$

次に，$(1,4)$ 成分と $(2,4)$ 成分を 0 にするため，第 1 行に第 3 行の -4 倍を加え，第 2 行に第 3 行の -2 倍を加えると

$$\longrightarrow \begin{pmatrix} \boxed{1} & 3 & 0 & 0 \\ 0 & 0 & \boxed{1} & 0 \\ 0 & 0 & 0 & \boxed{1} \end{pmatrix}$$

■

階段行列への変形　与えられた行列に基本変形を繰り返し用いて階段行列に変形する計算手順を，次の例で説明しよう．

例4　次の行列 A に基本変形を適用して，階段行列に変形しよう．

$$A = \begin{pmatrix} 0 & 0 & 0 & 2 & 4 & 4 \\ 0 & 3 & 9 & -6 & -3 & -3 \\ 0 & 2 & 6 & -4 & -4 & -6 \end{pmatrix}$$

まず，次の手順に従う．

基本手順1-a：行ベクトルのうちで主成分が最も左にあるものを第1行に移動し，主成分を1にする．

そこで，第3行（または第2行）を第1行に移動する．

$$\longrightarrow \begin{pmatrix} 0 & 2 & 6 & -4 & -4 & -6 \\ 0 & 3 & 9 & -6 & -3 & -3 \\ 0 & 0 & 0 & 2 & 4 & 4 \end{pmatrix} \qquad \text{①と③を入れ替え}$$

そして，第1行の主成分を1にする．

$$\longrightarrow \begin{pmatrix} 0 & 1 & 3 & -2 & -2 & -3 \\ 0 & 3 & 9 & -6 & -3 & -3 \\ 0 & 0 & 0 & 2 & 4 & 4 \end{pmatrix} \qquad ① \times (1/2)$$

基本手順1-b：第1行の主成分を含む列（この場合は第2列）の他の成分をすべて0にする．

$$\longrightarrow \begin{pmatrix} 0 & 1 & 3 & -2 & -2 & -3 \\ 0 & 0 & 0 & 0 & 3 & 6 \\ 0 & 0 & 0 & 2 & 4 & 4 \end{pmatrix} \qquad ② + ① \times (-3)$$

基本手順2-a：第2行以下の行ベクトルのうちで主成分が最も左にあるもの（この場合は第3行）を第2行に移動し，主成分を1にする．

$$\longrightarrow \begin{pmatrix} 0 & 1 & 3 & -2 & -2 & -3 \\ 0 & 0 & 0 & 1 & 2 & 2 \\ 0 & 0 & 0 & 0 & 3 & 6 \end{pmatrix}$$

②と③を入れ替えて，新しい② × (1/2)

基本手順 2-b：第 2 行の主成分を含む列（この場合は第 4 列）の他の成分をすべて 0 にする．

$$\longrightarrow \begin{pmatrix} 0 & 1 & 3 & 0 & 2 & 1 \\ 0 & 0 & 0 & 1 & 2 & 2 \\ 0 & 0 & 0 & 0 & 3 & 6 \end{pmatrix}$$

① + ② × 2

基本手順 3-a：第 3 行以下の行ベクトルのうちで主成分が最も左にあるものを第 3 行に移動し（この場合は第 3 行はそのままにし），主成分を 1 にする．

$$\longrightarrow \begin{pmatrix} 0 & 1 & 3 & 0 & 2 & 1 \\ 0 & 0 & 0 & 1 & 2 & 2 \\ 0 & 0 & 0 & 0 & 1 & 2 \end{pmatrix}$$

③ × (1/3)

基本手順 3-b：第 3 行の主成分を含む列（この場合は第 5 列）の他の成分をすべて 0 にする．

$$\longrightarrow \begin{pmatrix} 0 & 1 & 3 & 0 & 0 & -3 \\ 0 & 0 & 0 & 1 & 0 & -2 \\ 0 & 0 & 0 & 0 & 1 & 2 \end{pmatrix}$$

① + ③ × (−2)
② + ③ × (−2)

これは階段行列である．（もしこの行列が階段行列でなければ，以上の計算手順をさらに繰り返せばよい．） ■

注　例 4 における一連の計算手順は**掃き出し法**と呼ばれている． ■

一般の $m \times n$ 行列に対し例 4 における計算手順を実行すると，

k 行目に関する操作「**基本手順** k**-a**」，「**基本手順** k**-b**」の終了後，

$$\begin{cases} k+1 \text{ 行以下がすべて零ベクトルとなる} \\ \text{または} \\ \text{それより下には行ベクトルがない} \end{cases}$$

が成り立つ k が必ず存在し，最後に階段行列が得られる．したがって，次の定理の前半が成立する．定理の後半（の一意性）については第4章（章末問題4の6）で示す．

> **定理 2.1**　任意の行列は，基本変形を繰り返すことにより階段行列にすることができる．また，その階段行列はただ一通りに定まる．

行列の階数　行列 A より定まる階段行列を B とするとき，

$$\mathrm{rank}(A) = B \text{ の零ベクトルでない行の個数}$$

と定義し，rank(A) を A の**階数**という．しかるに，階段行列の零ベクトルでない各行の主成分はすべて異なる列にあるから，

$$\mathrm{rank}(A) = B \text{ の行の主成分を含む列の個数}$$

としてもよい．したがって，次の不等式は明らかである．

> **定理 2.2**　A が $m \times n$ 行列ならば，
>
> $$\mathrm{rank}(A) \leqq m, \qquad \mathrm{rank}(A) \leqq n$$
>
> である．

問題 2-2

1.　次の行列は階段行列かどうか判定せよ．また，階段行列でないものは階段行列に変形せよ．

(1) $\begin{pmatrix} 1 & -2 & 3 \\ 0 & 1 & 1 \\ 0 & 0 & 0 \end{pmatrix}$　(2) $\begin{pmatrix} 0 & 1 & 2 \\ 0 & 0 & 3 \\ 0 & 0 & 1 \end{pmatrix}$　(3) $\begin{pmatrix} 1 & 1 & 0 & 1 \\ 0 & 1 & 1 & 0 \\ 0 & 0 & 1 & 1 \end{pmatrix}$

(4) $\begin{pmatrix} 0 & 1 & 2 & 3 \\ 0 & 0 & 0 & 0 \\ 0 & 0 & 0 & 0 \end{pmatrix}$　(5) $\begin{pmatrix} 0 & 2 & 1 & -1 \\ 0 & 0 & 0 & 1 \\ 1 & 0 & 0 & 1 \end{pmatrix}$　(6) $\begin{pmatrix} 0 & 0 & 1 & 1 \\ 0 & 2 & 0 & 1 \\ 1 & 0 & 1 & 0 \end{pmatrix}$

2. 例 4 の行列 A に対して，基本変形を用いて

$$A \longrightarrow \begin{pmatrix} 0 & 3 & 9 & -6 & -3 & -3 \\ 0 & 0 & 0 & 2 & 4 & 4 \\ 0 & 2 & 6 & -4 & -4 & -6 \end{pmatrix} \quad (①と②を入れ替え)$$

$$\longrightarrow \begin{pmatrix} 0 & 1 & 3 & -2 & -1 & -1 \\ 0 & 0 & 0 & 1 & 2 & 2 \\ 0 & 1 & 3 & -2 & -2 & -3 \end{pmatrix} \quad \begin{matrix} (① \times(1/3)) \\ (② \times(1/2)) \\ (③ \times(1/2)) \end{matrix}$$

と，例 4 とは異なる手順で変形したとする．さらに基本変形を行うことにより階段行列に変形し，例 4 の階段行列に一致することを確かめよ．

3. 次の行列を階段行列に変形せよ．また，各行列の階数を求めよ．

(1) $\begin{pmatrix} 0 & 1 & 0 \\ 1 & -2 & 2 \end{pmatrix}$　(2) $\begin{pmatrix} 1 & 2 & 3 \\ 2 & 3 & 4 \\ 1 & 1 & 1 \end{pmatrix}$　(3) $\begin{pmatrix} 1 & 2 & 3 \\ 2 & 3 & 6 \\ 1 & 1 & 1 \end{pmatrix}$

(4) $\begin{pmatrix} 0 & 0 & 3 & 1 \\ 0 & 1 & 3 & 1 \\ 1 & 0 & 0 & 2 \end{pmatrix}$　(5) $\begin{pmatrix} 0 & 1 & 2 & 1 \\ 2 & 0 & 2 & 2 \\ 1 & 3 & 4 & -2 \end{pmatrix}$　(6) $\begin{pmatrix} 1 & 3 & 2 & 2 \\ 1 & -1 & 2 & -2 \\ 1 & 1 & 2 & 0 \end{pmatrix}$

2.3　連立 1 次方程式の解 − 具体例

連立 1 次方程式を行列で表し，その階段行列への変形を行うことにより解を求めよう．ここでは，いくつかの具体例を考察しよう．

連立 1 次方程式の解法　n 変数の連立 1 次方程式

$$\begin{cases} a_{11}x_1 + a_{12}x_2 + \cdots + a_{1n}x_n = b_1 \\ a_{21}x_1 + a_{22}x_2 + \cdots + a_{2n}x_n = b_2 \\ \cdots\cdots\cdots\cdots \\ a_{m1}x_1 + a_{m2}x_2 + \cdots + a_{mn}x_n = b_m \end{cases}$$

を考える．ここで，係数 a_{ij} と右辺の b_i が既知で，変数 x_i が未知であるとする．これを行列とベクトル

$$A = \begin{pmatrix} a_{11} & a_{12} & \cdots & a_{1n} \\ a_{21} & a_{22} & \cdots & a_{2n} \\ \cdots & \cdots & \cdots & \cdots \\ a_{m1} & a_{m2} & \cdots & a_{mn} \end{pmatrix}, \quad \boldsymbol{b} = \begin{pmatrix} b_1 \\ b_2 \\ \vdots \\ b_m \end{pmatrix}, \quad \boldsymbol{x} = \begin{pmatrix} x_1 \\ x_2 \\ \vdots \\ x_n \end{pmatrix}$$

を用いて

$$A\boldsymbol{x} = \boldsymbol{b}$$

と表すことができる．そして，A を**係数行列**といい，行列 A に列ベクトル $\boldsymbol{b}$ をつけ加えた次の形の $m \times (n+1)$ 行列を，上の連立 1 次方程式の**拡大係数行列**という．

$$(A : \boldsymbol{b}) = \left(\begin{array}{cccc|c} a_{11} & a_{12} & \cdots & a_{1n} & b_1 \\ a_{21} & a_{22} & \cdots & a_{2n} & b_2 \\ \cdots & \cdots & \cdots & \cdots & \vdots \\ a_{m1} & a_{m2} & \cdots & a_{mn} & b_m \end{array}\right)$$

さて，ここで連立 1 次方程式を解く基本的な方針について述べておこう．

[基本方針]

(1) 連立 1 次方程式の拡大係数行列を作成する．

(2) 拡大係数行列に基本変形を行い，階段行列に変形する．

(3) 階段行列を連立 1 次方程式に戻し，解を求める．

そして，最後の (3) に関しては，次の 3 つの場合がある．

(a) 解が 1 つだけある．

(b) 解が無数にある．

(c) 解がない．

それぞれの場合の解法については，次の例題 3 において具体的に述べる．

例題 3　次の連立 1 次方程式を解け．

(1) $\begin{cases} x_1 + 2x_2 + \ \ 3x_3 = 2 \\ x_1 + 3x_2 + \ \ 5x_3 = 2 \\ 3x_1 + 6x_2 + 10x_3 = 7 \end{cases}$　　(2) $\begin{cases} x_1 + 2x_2 + 3x_3 = 2 \\ x_1 + 3x_2 + 5x_3 = 2 \\ 3x_1 + 6x_2 + 9x_3 = 6 \end{cases}$

(3) $\begin{cases} x_1 + 2x_2 + 3x_3 = 2 \\ x_1 + 3x_2 + 5x_3 = 2 \\ 3x_1 + 6x_2 + 9x_3 = 7 \end{cases}$

[解]　(1) 拡大係数行列とその階段行列への変形は次のようになる.

$$\left(\begin{array}{ccc|c} 1 & 2 & 3 & 2 \\ 1 & 3 & 5 & 2 \\ 3 & 6 & 10 & 7 \end{array}\right)$$

$$\longrightarrow \left(\begin{array}{ccc|c} 1 & 2 & 3 & 2 \\ 0 & 1 & 2 & 0 \\ 0 & 0 & 1 & 1 \end{array}\right) \qquad \begin{array}{l} ② + ① \times (-1) \\ ③ + ① \times (-3) \end{array}$$

$$\longrightarrow \left(\begin{array}{ccc|c} 1 & 0 & -1 & 2 \\ 0 & 1 & 2 & 0 \\ 0 & 0 & 1 & 1 \end{array}\right) \qquad ① + ② \times (-2)$$

$$\longrightarrow \left(\begin{array}{ccc|c} 1 & 0 & 0 & 3 \\ 0 & 1 & 0 & -2 \\ 0 & 0 & 1 & 1 \end{array}\right) \qquad \begin{array}{l} ① + ③ \\ ② + ③ \times (-2) \end{array}$$

この最後の行列は階段行列であり，階段行列に対応する連立 1 次方程式の解は

$$\boldsymbol{x} = \begin{pmatrix} x_1 \\ x_2 \\ x_3 \end{pmatrix} = \begin{pmatrix} 3 \\ -2 \\ 1 \end{pmatrix}$$

である.

(2) 拡大係数行列とその階段行列への変形は，(1) と同様にして

$$\left(\begin{array}{ccc|c} 1 & 2 & 3 & 2 \\ 1 & 3 & 5 & 2 \\ 3 & 6 & 9 & 6 \end{array}\right) \longrightarrow \left(\begin{array}{ccc|c} 1 & 2 & 3 & 2 \\ 0 & 1 & 2 & 0 \\ 0 & 0 & 0 & 0 \end{array}\right) \longrightarrow \left(\begin{array}{ccc|c} 1 & 0 & -1 & 2 \\ 0 & 1 & 2 & 0 \\ 0 & 0 & 0 & 0 \end{array}\right)$$

この最後は階段行列であり，階段行列の主成分に対応しない変数 x_3 に値を任意に与えると，主成分に対応する変数 x_1, x_2 の値が決まる．すなわち，$x_3 = t$

とおくと，$x_1 = t+2,\ x_2 = -2t$ であり，連立1次方程式の解は

$$\boldsymbol{x} = \begin{pmatrix} x_1 \\ x_2 \\ x_3 \end{pmatrix} = \begin{pmatrix} t+2 \\ -2t \\ t \end{pmatrix} \qquad (t：任意の実数)$$

である．

(3) 拡大係数行列とその階段行列への変形は，(1) と同様にして

$$\left(\begin{array}{ccc|c} 1 & 2 & 3 & 2 \\ 1 & 3 & 5 & 2 \\ 3 & 6 & 9 & 7 \end{array}\right) \longrightarrow \left(\begin{array}{ccc|c} 1 & 2 & 3 & 2 \\ 0 & 1 & 2 & 0 \\ 0 & 0 & 0 & 1 \end{array}\right) \longrightarrow \left(\begin{array}{ccc|c} 1 & 0 & -1 & 0 \\ 0 & 1 & 2 & 0 \\ 0 & 0 & 0 & 1 \end{array}\right)$$

となる．この階段行列の第3行 $(0\ \ 0\ \ 0 : 1)$ に対応する方程式は

$$0\,x_1 + 0\,x_2 + 0\,x_3 = 1$$

となる．しかし，この方程式を満たす x_1, x_2, x_3 は存在しないので，連立1次方程式は解をもたない． ■

注　例題3(2) における t のような任意定数の個数は，解の**自由度**と呼ばれる．(§6.2 の）定理 6.1 より

$$自由度 = n - \mathrm{rank}(A)$$

で，(2) の場合の自由度は $3-2=1$ である．例題3(3) は，（§6.2 の）定理 6.1 を用いて，次のように解答してもよい．「階段行列の形より，

$$\mathrm{rank}(A) = 2 < 3 = \mathrm{rank}(A : \boldsymbol{b})$$

だから，解はない．」 ■

問題 2-3

1.　次の連立1次方程式を解け．

(1) $\begin{cases} x_1 + 2x_2 - 3x_3 = 2 \\ x_1 + 3x_2 - 5x_3 = 2 \\ 2x_1 + 4x_2 - 5x_3 = 3 \end{cases}$　　(2) $\begin{cases} x_1 + 2x_2 - 3x_3 = 2 \\ x_1 + 3x_2 - 5x_3 = 2 \\ 2x_1 + 4x_2 - 6x_3 = 4 \end{cases}$

(3) $\begin{cases} x_1 + 2x_2 - 3x_3 = 2 \\ x_1 + 3x_2 - 5x_3 = 2 \\ 2x_1 + 4x_2 - 6x_3 = 5 \end{cases}$

2. 次の連立 1 次方程式を解け.

(1) $\begin{cases} x_1 + x_2 - 3x_3 = 2 \\ x_1 + 3x_2 - 5x_3 = 4 \\ 3x_1 + 3x_2 - 8x_3 = 7 \end{cases}$ (2) $\begin{cases} x_1 + x_2 - 3x_3 = 2 \\ x_1 + 3x_2 - 5x_3 = 4 \\ 3x_1 + 3x_2 - 9x_3 = 6 \end{cases}$

(3) $\begin{cases} x_1 + x_2 - 3x_3 = 2 \\ x_1 + 3x_2 - 5x_3 = 4 \\ 3x_1 + 3x_2 - 9x_3 = 5 \end{cases}$

2.4 逆行列の計算

逆行列の計算 行列 A が n 次正則行列として，その逆行列を求めよう．n 次の列ベクトル $\boldsymbol{e}_1, \boldsymbol{e}_2, \cdots, \boldsymbol{e}_n$ を

$$\boldsymbol{e}_1 = \begin{pmatrix} 1 \\ 0 \\ \vdots \\ 0 \end{pmatrix}, \quad \boldsymbol{e}_2 = \begin{pmatrix} 0 \\ 1 \\ \vdots \\ 0 \end{pmatrix}, \quad \cdots, \quad \boldsymbol{e}_n = \begin{pmatrix} 0 \\ \vdots \\ 0 \\ 1 \end{pmatrix}$$

とおく．すなわち，n 次単位行列 E_n の第 j 列を $\boldsymbol{e}_j$ とする．

さて，n 個の連立 1 次方程式

$$A\boldsymbol{x}_1 = \boldsymbol{e}_1, \quad A\boldsymbol{x}_2 = \boldsymbol{e}_2, \quad \cdots, \quad A\boldsymbol{x}_n = \boldsymbol{e}_n$$

を解くことを考えよう．そのために，それぞれの拡大係数行列

$$(A : \boldsymbol{e}_1), \quad (A : \boldsymbol{e}_2), \quad \cdots, \quad (A : \boldsymbol{e}_n)$$

を階段行列に変形することを考えよう．

$1 \leqq i \leqq n$ とする．まず，A が正則行列であるから A^{-1} が存在し，$A\boldsymbol{x}_i = \boldsymbol{e}_i$ の解はただ 1 つ（$A^{-1}\boldsymbol{e}_i$）である（定理 6.4 を参照）．したがって，その拡大係数行列 $(A : \boldsymbol{e}_i)$ の階段行列への変形は，（§6.2 の）定理 6.2 より

$$(A : \boldsymbol{e}_i) \longrightarrow \cdots \longrightarrow (E : \boldsymbol{c}_i)$$

となり，$\boldsymbol{c}_i$ は $A\boldsymbol{x}_i = \boldsymbol{e}_i$ の解である．ここで，左側の $n \times n$ 行列部分

$$A \longrightarrow \cdots \longrightarrow E$$

は，$\boldsymbol{e}_i$ に無関係であり，$\boldsymbol{e}_1, \boldsymbol{e}_2, \cdots, \boldsymbol{e}_n$ について共通である．したがって，それらの変形は同時に次の形で行うことができる．

$$(A : \boldsymbol{e}_1 \ \ \boldsymbol{e}_2 \ \ \cdots \ \ \boldsymbol{e}_n) \longrightarrow \cdots \longrightarrow (E : \boldsymbol{c}_1 \ \ \boldsymbol{c}_2 \ \ \cdots \ \ \boldsymbol{c}_n)$$

そして，得られた行列 $C = (\boldsymbol{c}_1 \ \ \boldsymbol{c}_2 \ \ \cdots \ \ \boldsymbol{c}_n)$ は

$$AC = (A\boldsymbol{c}_1 \ \ A\boldsymbol{c}_2 \ \ \cdots \ \ A\boldsymbol{c}_n) = (\boldsymbol{e}_1 \ \ \boldsymbol{e}_2 \ \ \cdots \ \ \boldsymbol{e}_n) = E$$

を満たす．したがって，章末問題3の5より，行列 C は行列 A の逆行列である．

例題4　行列 $A = \begin{pmatrix} 0 & 1 & 1 \\ 1 & 0 & 1 \\ 1 & 1 & 0 \end{pmatrix}$ の逆行列を求めよ．

[解]　拡大係数行列とその階段行列への変形は次のようになる．

$$\left(\begin{array}{ccc:ccc} 0 & 1 & 1 & 1 & 0 & 0 \\ 1 & 0 & 1 & 0 & 1 & 0 \\ 1 & 1 & 0 & 0 & 0 & 1 \end{array}\right)$$

$$\longrightarrow \left(\begin{array}{ccc:ccc} 1 & 0 & 1 & 0 & 1 & 0 \\ 0 & 1 & 1 & 1 & 0 & 0 \\ 1 & 1 & 0 & 0 & 0 & 1 \end{array}\right) \qquad ① \longleftrightarrow ②$$

$$\longrightarrow \left(\begin{array}{ccc:ccc} 1 & 0 & 1 & 0 & 1 & 0 \\ 0 & 1 & 1 & 1 & 0 & 0 \\ 0 & 1 & -1 & 0 & -1 & 1 \end{array}\right) \qquad ③ + ① \times (-1)$$

$$\longrightarrow \left(\begin{array}{ccc:ccc} 1 & 0 & 1 & 0 & 1 & 0 \\ 0 & 1 & 1 & 1 & 0 & 0 \\ 0 & 0 & -2 & -1 & -1 & 1 \end{array}\right) \qquad ③ + ② \times (-1)$$

$$\longrightarrow \left(\begin{array}{ccc|ccc} 1 & 0 & 1 & 0 & 1 & 0 \\ 0 & 1 & 1 & 1 & 0 & 0 \\ 0 & 0 & 1 & \frac{1}{2} & \frac{1}{2} & -\frac{1}{2} \end{array}\right) \quad ③ \times (-1/2)$$

$$\longrightarrow \left(\begin{array}{ccc|ccc} 1 & 0 & 0 & -\frac{1}{2} & \frac{1}{2} & \frac{1}{2} \\ 0 & 1 & 0 & \frac{1}{2} & -\frac{1}{2} & \frac{1}{2} \\ 0 & 0 & 1 & \frac{1}{2} & \frac{1}{2} & -\frac{1}{2} \end{array}\right) \quad \begin{array}{l} ① + ③ \times (-1) \\ ② + ③ \times (-1) \end{array}$$

よって,

$$A^{-1} = \frac{1}{2}\begin{pmatrix} -1 & 1 & 1 \\ 1 & -1 & 1 \\ 1 & 1 & -1 \end{pmatrix}$$

■

問題 2-4

1. 次の行列の逆行列を求めよ.

(1) $A = \begin{pmatrix} 1 & 0 & 1 \\ 1 & 1 & 0 \\ 0 & 0 & 1 \end{pmatrix}$　　(2) $B = \begin{pmatrix} -1 & 1 & 0 \\ 1 & -1 & 1 \\ 0 & 1 & -1 \end{pmatrix}$

章末問題●2

1. 次の連立1次方程式を解け.

(1) $\begin{cases} x_1 - 2x_2 + x_3 = 0 \\ 3x_1 - 6x_2 + 4x_3 = 0 \end{cases}$　　(2) $\begin{cases} x_1 + x_2 + 2x_3 = 2 \\ 3x_1 + 2x_2 + x_3 = -1 \\ 2x_1 - x_2 - x_3 = 3 \end{cases}$

(3) $\begin{cases} x_1 + x_2 - x_3 = 2 \\ 2x_1 + 3x_2 + x_3 = 3 \\ 3x_1 + 5x_2 + 3x_3 = 5 \end{cases}$　　(4) $\begin{cases} x_1 - x_2 - 3x_3 = 4 \\ 2x_1 - x_2 - 4x_3 = 7 \\ x_1 - 3x_2 - 7x_3 = 6 \end{cases}$

(5) $\begin{cases} 2x_1 - x_2 + 4x_3 = 2 \\ 3x_1 + 2x_2 + x_3 = 1 \\ x_1 + 2x_2 - 3x_3 = 1 \end{cases}$　　(6) $\begin{cases} x_1 + 3x_2 - x_3 = -2 \\ 2x_1 + x_2 - 7x_3 = 1 \\ 3x_1 + 4x_2 - 8x_3 = 4 \end{cases}$

(7) $\begin{cases} x_1 - 3x_2 + 2x_3 = 0 \\ 2x_1 - 6x_2 + 6x_3 = 2 \\ 3x_1 - 9x_2 + 7x_3 = 1 \end{cases}$　　(8) $\begin{cases} x_1 + x_2 + x_3 + x_4 = 0 \\ x_1 + x_2 + x_3 - x_4 = 2 \\ x_1 + x_2 - x_3 + x_4 = -4 \\ x_1 - x_2 + x_3 + x_4 = 4 \end{cases}$

2.　次の連立1次方程式が解をもつための a, b の条件を求めよ．

(1) $\begin{cases} 3x_1 + x_2 = 1 \\ 2x_2 - 3x_3 = a \\ x_1 - x_2 + 2x_3 = b \end{cases}$　　(2) $\begin{cases} x_1 - 2x_2 + x_3 = 1 \\ 2x_1 - 3x_2 + x_3 = 2 \\ -2x_1 + 4x_2 + ax_3 = 3 \end{cases}$

3.　次の行列の逆行列を求めよ．

(1) $\begin{pmatrix} 1 & 0 & -1 \\ 2 & -1 & 0 \\ 2 & -1 & -1 \end{pmatrix}$　　(2) $\begin{pmatrix} 0 & 1 & 1 \\ 2 & 0 & -2 \\ -1 & 1 & 0 \end{pmatrix}$　　(3) $\begin{pmatrix} 1 & 2 & 1 \\ 2 & 3 & 2 \\ 1 & 1 & 2 \end{pmatrix}$

(4) $\begin{pmatrix} 1 & 1 & 1 & 1 \\ 0 & 1 & 1 & 1 \\ 0 & 0 & 1 & 1 \\ 0 & 0 & 0 & 1 \end{pmatrix}$　(5) $\begin{pmatrix} 2 & 0 & 1 & 0 \\ 0 & -1 & 0 & 1 \\ 1 & 1 & 1 & -1 \\ 0 & -2 & 0 & 3 \end{pmatrix}$　(6) $\begin{pmatrix} 0 & 1 & 1 & 1 \\ 1 & 0 & 1 & 1 \\ 1 & 1 & 0 & 1 \\ 1 & 1 & 1 & 0 \end{pmatrix}$

4.　$a \neq 0$ のとき，次の行列の逆行列を求めよ．

(1) $A = \begin{pmatrix} a & 0 & 0 \\ 1 & a & 0 \\ 1 & 1 & a \end{pmatrix}$　　(2) $B = \begin{pmatrix} 1 & -1 & 1-a \\ 2 & -1 & -a \\ 1 & -1 & 1 \end{pmatrix}$

5.　連立1次方程式

$$A\boldsymbol{x} = \boldsymbol{b} \qquad (*)$$

の1つの解を $\boldsymbol{x}_1$ とする．同次形の連立1次方程式（§6.2 を参照）

$$A\boldsymbol{x} = \boldsymbol{0} \qquad (**)$$

の解 $\boldsymbol{x}_0$ に対し，$\boldsymbol{x}_1 + \boldsymbol{x}_0$ は $(*)$ の解であることを示せ．また，$\boldsymbol{x}_1$ を用いて，$(*)$ の解はすべて $\boldsymbol{x}_1 + \boldsymbol{x}_0$ の形に書けることを示せ．

6. 次の行列 A, B, C, D があるとき，AB, AC, AD, BA, CA, DA を計算し，それらが A のある行または列に関する基本変形になっていることを確かめよ．

$$A = \begin{pmatrix} a_{11} & a_{12} & a_{13} \\ a_{21} & a_{22} & a_{23} \\ a_{31} & a_{32} & a_{33} \end{pmatrix}, B = \begin{pmatrix} 1 & 0 & 0 \\ 0 & 1 & 0 \\ 0 & 0 & k \end{pmatrix}, C = \begin{pmatrix} 1 & k & 0 \\ 0 & 1 & 0 \\ 0 & 0 & 1 \end{pmatrix}, D = \begin{pmatrix} 0 & 0 & 1 \\ 0 & 1 & 0 \\ 1 & 0 & 0 \end{pmatrix}$$

注　行に関する基本変形を p.21 において (1)–(3) で与えたが，(1)–(3) における行を列で置き換えたものを列に関する基本変形という．

第 3 章

行列式

3.1　1 次と 2 次の行列式

まず，1 次と 2 次の行列式から学ぼう．

連立 1 次方程式と行列式　行列式は正方行列に対して定まる値で，連立 1 次方程式の解法の研究のなかから生まれた．例えば，次の 2（未知）変数の連立 1 次方程式

$$\begin{cases} ax_1 + bx_2 = e \\ cx_1 + dx_2 = f \end{cases}$$

を解くことを考えよう．行列を用いると，

$$\begin{pmatrix} a & b \\ c & d \end{pmatrix} \begin{pmatrix} x_1 \\ x_2 \end{pmatrix} = \begin{pmatrix} e \\ f \end{pmatrix}$$

と表すことができる．この係数行列 $A = \begin{pmatrix} a & b \\ c & d \end{pmatrix}$ が正則であるとき，A の逆行列 A^{-1} を上の等式の左から掛けると

$$\begin{pmatrix} x_1 \\ x_2 \end{pmatrix} = A^{-1}A \begin{pmatrix} x_1 \\ x_2 \end{pmatrix} = A^{-1} \begin{pmatrix} e \\ f \end{pmatrix} = \frac{1}{ad-bc} \begin{pmatrix} d & -b \\ -c & a \end{pmatrix} \begin{pmatrix} e \\ f \end{pmatrix}$$
$$= \begin{pmatrix} \dfrac{de-bf}{ad-bc} \\ \dfrac{af-ce}{ad-bc} \end{pmatrix}$$

という解が得られる（§1.3 の例 4 を参照）．この公式は §3.4 で学ぶ**クラメルの公式**の $n = 2$ の場合であり，この解の分母にある $ad - bc$ が行列 A の行列式である．

1 次行列式の定義　1 次正方行列 $A = (a)$ に対して，1 次の**行列式** $|A|$ または $|a|$ を

$$|A| = |a| = a$$

と，A の成分 a（の値そのもの）として定義する．しかし，$|a|$ は a の絶対値と同じ記号であり，混同しないようにできるだけ用いない．また，A の行列式を $\det(A)$ で表すこともある．

2 次行列式の定義とその性質　2 次正方行列 $A = \begin{pmatrix} a_{11} & a_{12} \\ a_{21} & a_{22} \end{pmatrix}$ の**行列式** $|A|$ を

$$|A| = \begin{vmatrix} a_{11} & a_{12} \\ a_{21} & a_{22} \end{vmatrix} = a_{11}a_{22} - a_{12}a_{21}$$

で定義する．

例 1　2 次行列式の例をいくつか挙げよう．

(1) $\begin{vmatrix} 1 & 2 \\ 3 & 4 \end{vmatrix} = 1 \cdot 4 - 2 \cdot 3 = -2,$　(2) $\begin{vmatrix} 10 & 20 \\ 3 & 4 \end{vmatrix} = 10 \cdot 4 - 20 \cdot 3 = -20,$

(3) $\begin{vmatrix} 3 & 4 \\ 1 & 2 \end{vmatrix} = 3 \cdot 2 - 4 \cdot 1 = 2,$　(4) $\begin{vmatrix} 1 & 3 \\ 2 & 4 \end{vmatrix} = 1 \cdot 4 - 3 \cdot 2 = -2$ ■

2 次行列式の以下の性質は容易に示すことができる．

命題 3.1　2 次行列式は次の性質をもつ．

性質 [1] ある行が 2 つの行ベクトルの和であれば，行列式も和になる．例えば

$$\begin{vmatrix} a'_{11} + a''_{11} & a'_{12} + a''_{12} \\ a_{21} & a_{22} \end{vmatrix} = \begin{vmatrix} a'_{11} & a'_{12} \\ a_{21} & a_{22} \end{vmatrix} + \begin{vmatrix} a''_{11} & a''_{12} \\ a_{21} & a_{22} \end{vmatrix}$$

性質 [2] 1つの行を c 倍すると，行列式も c 倍になる．例えば

$$\begin{vmatrix} c\,a_{11} & c\,a_{12} \\ a_{21} & a_{22} \end{vmatrix} = c \begin{vmatrix} a_{11} & a_{12} \\ a_{21} & a_{22} \end{vmatrix}$$

性質 [3] 2つの行を入れ替えると，行列式の符号が変わる．

$$\begin{vmatrix} a_{21} & a_{22} \\ a_{11} & a_{12} \end{vmatrix} = - \begin{vmatrix} a_{11} & a_{12} \\ a_{21} & a_{22} \end{vmatrix}$$

性質 [4] 単位行列 $E_2 = \begin{pmatrix} 1 & 0 \\ 0 & 1 \end{pmatrix}$ に対して，$|E_2| = \begin{vmatrix} 1 & 0 \\ 0 & 1 \end{vmatrix} = 1$ である．

[証明]

性質 [1]

$$\begin{aligned} \begin{vmatrix} a'_{11} + a''_{11} & a'_{12} + a''_{12} \\ a_{21} & a_{22} \end{vmatrix} &= (a'_{11} + a''_{11})\,a_{22} - (a'_{12} + a''_{12})\,a_{21} \\ &= a'_{11}a_{22} - a'_{12}a_{21} + a''_{11}a_{22} - a''_{12}a_{21} \\ &= \begin{vmatrix} a'_{11} & a'_{12} \\ a_{21} & a_{22} \end{vmatrix} + \begin{vmatrix} a''_{11} & a''_{12} \\ a_{21} & a_{22} \end{vmatrix} \end{aligned}$$

性質 [2]

$$\begin{aligned} \begin{vmatrix} c\,a_{11} & c\,a_{12} \\ a_{21} & a_{22} \end{vmatrix} &= c\,a_{11}a_{22} - c\,a_{12}a_{21} \\ &= c\,(a_{11}a_{22} - a_{12}a_{21}) = c \begin{vmatrix} a_{11} & a_{12} \\ a_{21} & a_{22} \end{vmatrix} \end{aligned}$$

性質 [3]

$$\begin{aligned} \begin{vmatrix} a_{21} & a_{22} \\ a_{11} & a_{12} \end{vmatrix} &= a_{21}a_{12} - a_{22}a_{11} = -\,(a_{11}a_{22} - a_{12}a_{21}) \\ &= - \begin{vmatrix} a_{11} & a_{12} \\ a_{21} & a_{22} \end{vmatrix} \end{aligned}$$

性質 [4] $|E| = \begin{vmatrix} 1 & 0 \\ 0 & 1 \end{vmatrix} = 1 \cdot 1 - 0 \cdot 0 = 1$

■

命題 3.1 より，次の 2 つの命題が容易に得られる．（証明は問題 3-1 の 2,3 を参照.）

命題 3.2　2 つの行が等しい行列式の値は 0 である．

命題 3.3　ある行に他の行の定数倍を加えても行列式の値は変わらない．例えば

$$\begin{vmatrix} a_{11}+c\,a_{21} & a_{12}+c\,a_{22} \\ a_{21} & a_{22} \end{vmatrix} = \begin{vmatrix} a_{11} & a_{12} \\ a_{21} & a_{22} \end{vmatrix}$$

また，次の命題も容易に得られる．

命題 3.4　2 次正方行列 A とその転置行列 A^T に対して

$$|A^T| = |A|$$

例題 1　次の行列式の値を求めよ．

$$(1)\ \begin{vmatrix} 1 & -2 \\ 3 & -6 \end{vmatrix} \qquad (2)\ \begin{vmatrix} 12 & 8 \\ 24 & 17 \end{vmatrix} \qquad (3)\ \begin{vmatrix} 91 & 92 \\ 93 & 94 \end{vmatrix}$$

[解]　(1) 性質 [2] と命題 3.2 より

$$\begin{vmatrix} 1 & -2 \\ 3 & -6 \end{vmatrix} = \begin{vmatrix} 1 & -2 \\ 3\cdot 1 & 3\cdot(-2) \end{vmatrix} = 3\begin{vmatrix} 1 & -2 \\ 1 & -2 \end{vmatrix} = 0$$

(2) 命題 3.3 (② + ① × (−2)) より

$$\begin{vmatrix} 12 & 8 \\ 24 & 17 \end{vmatrix} = \begin{vmatrix} 12 & 8 \\ 0 & 1 \end{vmatrix} = 12\cdot 1 - 8\cdot 0 = 12$$

(3) 命題 3.3 (② + ① × (−1)) と性質 [2] より

$$\begin{vmatrix} 91 & 92 \\ 93 & 94 \end{vmatrix} = \begin{vmatrix} 91 & 92 \\ 2 & 2 \end{vmatrix} = 2\begin{vmatrix} 91 & 92 \\ 1 & 1 \end{vmatrix} = 2\,(91-92) = -2$$

■

問題 3-1

1. 次の行列式の値を求めよ．

(1) $\begin{vmatrix} 3 & -8 \\ 12 & -32 \end{vmatrix}$　(2) $\begin{vmatrix} 10 & 30 \\ -20 & -70 \end{vmatrix}$　(3) $\begin{vmatrix} 20 & 24 \\ 82 & 100 \end{vmatrix}$

2. 命題 3.2 を証明せよ．

3. 命題 3.3 を証明せよ．

3.2　n 次行列式

n 次行列式の定義　（命題 3.1 における）2 次行列式に関する性質 [1],[2],[3],[4] に対応する以下の性質を用いて，n 次行列式を定義しよう．

命題 3.5　n 次正方行列 $A = (a_{ij})$ に対して，n 次行列式

$$|A| = \begin{vmatrix} a_{11} & a_{12} & \cdots & a_{1n} \\ a_{21} & a_{22} & \cdots & a_{2n} \\ \cdots & \cdots & \cdots & \cdots \\ a_{n1} & a_{n2} & \cdots & a_{nn} \end{vmatrix}$$

を，次の性質 [1],[2],[3],[4] を満たすものとして定義する．

性質 [1] ある行が 2 つの行ベクトルの和であれば，行列式も和になる．

$$\begin{vmatrix} a_{11} & a_{12} & \cdots & a_{1n} \\ \cdots & \cdots & \cdots & \cdots \\ a'_{i1}+a''_{i1} & a'_{i2}+a''_{i2} & \cdots & a'_{in}+a''_{in} \\ \cdots & \cdots & \cdots & \cdots \\ a_{n1} & a_{n2} & \cdots & a_{nn} \end{vmatrix} = \begin{vmatrix} a_{11} & a_{12} \cdots a_{1n} \\ \cdots & \cdots \\ a'_{i1} & a'_{i2} \cdots a'_{in} \\ \cdots & \cdots \\ a_{n1} & a_{n2} \cdots a_{nn} \end{vmatrix} + \begin{vmatrix} a_{11} & a_{12} \cdots a_{1n} \\ \cdots & \cdots \\ a''_{i1} & a''_{i2} \cdots a''_{in} \\ \cdots & \cdots \\ a_{n1} & a_{n2} \cdots a_{nn} \end{vmatrix}$$

性質 [2] 1 つの行を c 倍すると，行列式も c 倍になる．例えば

$$\begin{vmatrix} a_{11} & a_{12} & \cdots & a_{1n} \\ \cdots & \cdots & \cdots & \cdots \\ ca_{i1} & ca_{i2} & \cdots & ca_{in} \\ \cdots & \cdots & \cdots & \cdots \\ a_{n1} & a_{n2} & \cdots & a_{nn} \end{vmatrix} = c \begin{vmatrix} a_{11} & a_{12} & \cdots & a_{1n} \\ \cdots & \cdots & \cdots & \cdots \\ a_{i1} & a_{i2} & \cdots & a_{in} \\ \cdots & \cdots & \cdots & \cdots \\ a_{n1} & a_{n2} & \cdots & a_{nn} \end{vmatrix}$$

性質 [3]　2つの行を入れ替えると，行列式の符号が変わる．

$$\begin{vmatrix} \cdots\cdots\cdots\cdots\cdots \\ a_{j1} \; a_{j2} \; \cdots \; a_{jn} \\ \cdots\cdots\cdots\cdots\cdots \\ a_{i1} \; a_{i2} \; \cdots \; a_{in} \\ \cdots\cdots\cdots\cdots\cdots \end{vmatrix} = - \begin{vmatrix} \cdots\cdots\cdots\cdots\cdots \\ a_{i1} \; a_{i2} \; \cdots \; a_{in} \\ \cdots\cdots\cdots\cdots\cdots \\ a_{j1} \; a_{j2} \; \cdots \; a_{jn} \\ \cdots\cdots\cdots\cdots\cdots \end{vmatrix}$$

性質 [4]　単位行列 E_n に対して，$|E_n| = 1$ である．

n 次行列式の性質　2次行列式と同様に，次の2つの命題が成り立つ．

命題 3.6　2つの行が等しい行列式の値は0である．

命題 3.7　ある行に他の行の定数倍を加えても行列式の値は変わらない．例えば，第 i 行に第 j 行の c 倍を加えても

$$\begin{vmatrix} a_{11} & a_{12} & \cdots & a_{1n} \\ \cdots & \cdots & \cdots & \cdots \\ a_{i1} + c\,a_{j1} & a_{i2} + c\,a_{j2} & \cdots & a_{in} + c\,a_{jn} \\ \cdots & \cdots & \cdots & \cdots \\ a_{j1} & a_{j2} & \cdots & a_{jn} \\ \cdots & \cdots & \cdots & \cdots \\ a_{n1} & a_{n2} & \cdots & a_{nn} \end{vmatrix} = \begin{vmatrix} a_{11} & a_{12} & \cdots & a_{1n} \\ \cdots & \cdots & \cdots & \cdots \\ a_{i1} & a_{i2} & \cdots & a_{in} \\ \cdots & \cdots & \cdots & \cdots \\ a_{j1} & a_{j2} & \cdots & a_{jn} \\ \cdots & \cdots & \cdots & \cdots \\ a_{n1} & a_{n2} & \cdots & a_{nn} \end{vmatrix}$$

また，次の定理は行列式の次数を下げるときに用いられる．（証明は章末問題3の7を参照．）

定理 3.8

$$\begin{vmatrix} a_{11} & a_{12} & \cdots & a_{1n} \\ 0 & a_{22} & \cdots & a_{2n} \\ \vdots & \vdots & & \vdots \\ 0 & a_{n2} & \cdots & a_{nn} \end{vmatrix} = a_{11} \begin{vmatrix} a_{22} & \cdots & a_{2n} \\ \vdots & & \vdots \\ a_{n2} & \cdots & a_{nn} \end{vmatrix}$$

また，これを繰り返すことにより，次式を得る．

$$\begin{vmatrix} a_{11} & a_{12} & a_{13} & \cdots & a_{1n} \\ 0 & a_{22} & a_{23} & \cdots & a_{2n} \\ 0 & 0 & a_{33} & \cdots & a_{3n} \\ \vdots & \vdots & \ddots & \ddots & \vdots \\ 0 & 0 & \cdots & 0 & a_{nn} \end{vmatrix} = a_{11} \begin{vmatrix} a_{22} & a_{23} & \cdots & a_{2n} \\ 0 & a_{33} & \cdots & a_{3n} \\ \vdots & \ddots & \ddots & \vdots \\ 0 & \cdots & 0 & a_{nn} \end{vmatrix} = \cdots = a_{11}\,a_{22}\cdots a_{nn}$$

例題 2　次の行列式の値を求めよ．

$$(1)\ \begin{vmatrix} 1 & 2 & 3 \\ 0 & 4 & 5 \\ 0 & 0 & 6 \end{vmatrix} \qquad (2)\ \begin{vmatrix} 1 & -2 & 3 \\ 2 & -3 & 2 \\ 3 & -4 & 3 \end{vmatrix} \qquad (3)\ \begin{vmatrix} 1 & 2 & 3 \\ 4 & 5 & 6 \\ 7 & 8 & 9 \end{vmatrix} \qquad (4)\ \begin{vmatrix} 1 & 1 & 2 \\ 1 & 1 & 1 \\ 2 & 1 & 1 \end{vmatrix}$$

[解]　(1) 定理 3.8 より

$$\begin{vmatrix} 1 & 2 & 3 \\ 0 & 4 & 5 \\ 0 & 0 & 6 \end{vmatrix} = 1 \begin{vmatrix} 4 & 5 \\ 0 & 6 \end{vmatrix} = 1\,(4\cdot 6 - 5\cdot 0) = 24$$

(2) 命題 3.7 (② + ① × (−2) および ③ + ① × (−3)) により

$$\begin{vmatrix} 1 & -2 & 3 \\ 2 & -3 & 2 \\ 3 & -4 & 3 \end{vmatrix} = \begin{vmatrix} 1 & -2 & 3 \\ 0 & 1 & -4 \\ 0 & 2 & -6 \end{vmatrix} = 1 \begin{vmatrix} 1 & -4 \\ 2 & -6 \end{vmatrix} = 1\,\{1\cdot(-6) - (-4)\cdot 2\} = 2$$

(3) 命題 3.7 (② + ① × (−1) および ③ + ① × (−1))，さらに命題 3.6 により

$$\begin{vmatrix} 1 & 2 & 3 \\ 4 & 5 & 6 \\ 7 & 8 & 9 \end{vmatrix} = \begin{vmatrix} 1 & 2 & 3 \\ 3 & 3 & 3 \\ 7 & 8 & 9 \end{vmatrix} = \begin{vmatrix} 1 & 2 & 3 \\ 3 & 3 & 3 \\ 6 & 6 & 6 \end{vmatrix} = 3\cdot 6 \begin{vmatrix} 1 & 2 & 3 \\ 1 & 1 & 1 \\ 1 & 1 & 1 \end{vmatrix} = 0$$

(4) 命題 3.7 (① + ② × (−1)，③ + ② × (−1)，さらに ② + ③ × (−1))，そして命題 3.5 性質 [3]（① $\longleftrightarrow$ ③）および定理 3.8 により

$$\begin{vmatrix} 1 & 1 & 2 \\ 1 & 1 & 1 \\ 2 & 1 & 1 \end{vmatrix} = \begin{vmatrix} 0 & 0 & 1 \\ 1 & 1 & 1 \\ 2 & 1 & 1 \end{vmatrix} = \begin{vmatrix} 0 & 0 & 1 \\ 1 & 1 & 1 \\ 1 & 0 & 0 \end{vmatrix} = \begin{vmatrix} 0 & 0 & 1 \\ 0 & 1 & 1 \\ 1 & 0 & 0 \end{vmatrix} = - \begin{vmatrix} 1 & 0 & 0 \\ 0 & 1 & 1 \\ 0 & 0 & 1 \end{vmatrix}$$

$$= -1 \begin{vmatrix} 1 & 1 \\ 0 & 1 \end{vmatrix} = -1\,(1 \cdot 1 - 1 \cdot 0) = -1$$

■

行列式の列に関する性質　行列式を定義した性質のうち [1],[2],[3] は行に関する性質であるが，列に関しても同様な性質が成り立つ．（証明は章末問題3の8を参照.）

命題 3.9　命題 3.5 の性質 [1],[2],[3] は行を列にかえても成り立つ．すなわち，次が成り立つ．

性質 [1]' ある列が2つの列ベクトルの和であれば，行列式も和になる．

性質 [2]' 1つの列を c 倍すると，行列式も c 倍になる．

性質 [3]' 2つの列を入れ替えると，行列式の符号が変わる．

行のときと同様に列に関して以下の結果も得られる．

命題 3.10　2つの列が等しい行列式の値は0である．

命題 3.11　ある列に他の列の定数倍を加えても行列式の値は変わらない．

定理 3.12

$$\begin{vmatrix} a_{11} & 0 & \cdots & 0 \\ a_{21} & a_{22} & \cdots & a_{2n} \\ \vdots & \vdots & & \vdots \\ a_{n1} & a_{n2} & \cdots & a_{nn} \end{vmatrix} = a_{11} \begin{vmatrix} a_{22} & \cdots & a_{2n} \\ \vdots & & \vdots \\ a_{n2} & \cdots & a_{nn} \end{vmatrix}$$

次は，転置行列の行列式に関する定理である．（証明は章末問題3の10を参照.）

定理 3.13　n 次正方行列 A に対して，$\left|A^T\right| = |A|$ が成り立つ．すなわち，

$$\begin{vmatrix} a_{11} & a_{21} & \cdots & a_{n1} \\ a_{12} & a_{22} & \cdots & a_{n2} \\ \vdots & \vdots & & \vdots \\ a_{1n} & a_{2n} & \cdots & a_{nn} \end{vmatrix} = \begin{vmatrix} a_{11} & a_{12} & \cdots & a_{1n} \\ a_{21} & a_{22} & \cdots & a_{2n} \\ \vdots & \vdots & & \vdots \\ a_{n1} & a_{n2} & \cdots & a_{nn} \end{vmatrix}$$

積の行列式　積の行列式について，次が成り立つ．（証明は章末問題 3 の 12 を参照．）

定理 3.14　n 次正方行列 A, B に対して，

$$|AB| = |A|\,|B|$$

が成り立つ．

問題 3-2

1.　次の 3 次行列式の値を求めよ．

(1) $\begin{vmatrix} 0 & 1 & 2 \\ 3 & 4 & 5 \\ 0 & 6 & 7 \end{vmatrix}$　(2) $\begin{vmatrix} 0 & 0 & 3 \\ 0 & 2 & 5 \\ 1 & 4 & 6 \end{vmatrix}$　(3) $\begin{vmatrix} 1 & 2 & 3 \\ 1 & 3 & 4 \\ 2 & 4 & 5 \end{vmatrix}$　(4) $\begin{vmatrix} 93 & 93 & 93 \\ 94 & 95 & 96 \\ 95 & 97 & 99 \end{vmatrix}$

2.　次の 4 次，5 次の行列式の値を求めよ．

(1) $\begin{vmatrix} 5 & 0 & 0 & 0 \\ 1 & 4 & 0 & 0 \\ 2 & -1 & 3 & 0 \\ 4 & -3 & 5 & 2 \end{vmatrix}$　(2) $\begin{vmatrix} 1 & 0 & 3 & 0 \\ 0 & 2 & 0 & 4 \\ 2 & 0 & 3 & 0 \\ 0 & 3 & 0 & 8 \end{vmatrix}$　(3) $\begin{vmatrix} 1 & 0 & 1 & 0 & 2 \\ 0 & 1 & 0 & 3 & 0 \\ 2 & 0 & 3 & 0 & 1 \\ 0 & 2 & 0 & 4 & 0 \\ 3 & 0 & 2 & 0 & 3 \end{vmatrix}$

3.　A が正則行列ならば，$|A| \neq 0$ であり，

$$\left|A^{-1}\right| = \frac{1}{|A|}$$

であることを示せ．

3.3　余因子展開

行列式を低次の行列式の和に展開することを学ぼう．

余因子　n 次正方行列 $A = (a_{ij})$ の行列式

$$|A| = \begin{vmatrix} a_{11} & a_{12} & \cdots & a_{1n} \\ a_{21} & a_{22} & \cdots & a_{2n} \\ \cdots & \cdots & \cdots & \cdots \\ a_{n1} & a_{n2} & \cdots & a_{nn} \end{vmatrix}$$

において，第 i 行と第 j 列を取り除いて得られる（$n-1$）次行列式に位置の符号 $(-1)^{i+j}$ をかけた

$$A_{ij} = (-1)^{i+j} \begin{vmatrix} a_{11} & \cdots & a_{1j} & \cdots & a_{1n} \\ \vdots & & \vdots & & \vdots \\ a_{i1} & \cdots & a_{ij} & \cdots & a_{in} \\ \vdots & & \vdots & & \vdots \\ a_{n1} & \cdots & a_{nj} & \cdots & a_{nn} \end{vmatrix} \quad （第 i 行と第 j 列を取り除く）$$

を行列 A の (i, j) **余因子**という．

例 1　2次正方行列 $A = \begin{pmatrix} a_{11} & a_{12} \\ a_{21} & a_{22} \end{pmatrix}$ に対する余因子は次の通りである．

$$A_{11} = (-1)^{1+1}|a_{22}| = a_{22}, \qquad A_{12} = (-1)^{1+2}|a_{21}| = -a_{21}$$

$$A_{21} = (-1)^{2+1}|a_{12}| = -a_{12}, \qquad A_{22} = (-1)^{2+2}|a_{11}| = a_{11}$$ ■

例 2　$A = \begin{pmatrix} 1 & 2 & 3 \\ 6 & 5 & 4 \\ 7 & 8 & 9 \end{pmatrix}$ に対して，余因子は例えば次のようになる．

$$A_{11} = (-1)^{1+1}\begin{vmatrix} 5 & 4 \\ 8 & 9 \end{vmatrix} = 13, \qquad A_{12} = (-1)^{1+2}\begin{vmatrix} 6 & 4 \\ 7 & 9 \end{vmatrix} = -26$$

$$A_{13} = (-1)^{1+3}\begin{vmatrix} 6 & 5 \\ 7 & 8 \end{vmatrix} = 13, \qquad A_{21} = (-1)^{2+1}\begin{vmatrix} 2 & 3 \\ 8 & 9 \end{vmatrix} = 6 \qquad \blacksquare$$

2 次行列式の余因子展開　命題 3.1 の性質 [1],[3] を用いると

$$\begin{vmatrix} a_{11} & a_{12} \\ a_{21} & a_{22} \end{vmatrix} = \begin{vmatrix} a_{11} & a_{12} \\ 0 & a_{22} \end{vmatrix} + \begin{vmatrix} a_{11} & a_{12} \\ a_{21} & 0 \end{vmatrix} = \begin{vmatrix} a_{11} & a_{12} \\ 0 & a_{22} \end{vmatrix} - \begin{vmatrix} a_{12} & a_{11} \\ 0 & a_{21} \end{vmatrix}$$

となる．ここで，定理 3.8 を用いると

$$\text{右辺} = a_{11}\,|a_{22}| - a_{12}\,|a_{21}| = a_{11}a_{22} - a_{12}a_{21}$$

となる．ここで，$|a_{21}|, |a_{22}|$ は 1 次の行列式である．すなわち，等式

$$\begin{vmatrix} a_{11} & a_{12} \\ a_{21} & a_{22} \end{vmatrix} = a_{11}a_{22} - a_{12}a_{21}$$

が成り立つ．これは p.40 では定義式であったが，余因子を用いて

$$\begin{vmatrix} a_{11} & a_{12} \\ a_{21} & a_{22} \end{vmatrix} = a_{11}A_{11} + a_{12}A_{12}$$

と表すこともできる．この等式は余因子展開といわれるものであり，定理 3.16 の特別な場合になっている．

3 次行列式の余因子展開　$n = 3$ のとき，定理 3.8 と定理 3.12 より

$$\begin{vmatrix} a_{11} & a_{12} & a_{13} \\ 0 & a_{22} & a_{23} \\ 0 & a_{32} & a_{33} \end{vmatrix} = \begin{vmatrix} a_{11} & 0 & 0 \\ a_{21} & a_{22} & a_{23} \\ a_{31} & a_{32} & a_{33} \end{vmatrix} = a_{11}\begin{vmatrix} a_{22} & a_{23} \\ a_{32} & a_{33} \end{vmatrix} = a_{11}\,A_{11}$$

を得るが，一般の 3 次行列式については次が成り立つ．

命題 3.15　3 次行列式 $|A|$ は

$$\begin{vmatrix} a_{11} & a_{12} & a_{13} \\ a_{21} & a_{22} & a_{23} \\ a_{31} & a_{32} & a_{33} \end{vmatrix} = a_{11}\begin{vmatrix} a_{22} & a_{23} \\ a_{32} & a_{33} \end{vmatrix} - a_{12}\begin{vmatrix} a_{21} & a_{23} \\ a_{31} & a_{33} \end{vmatrix} + a_{13}\begin{vmatrix} a_{21} & a_{22} \\ a_{31} & a_{32} \end{vmatrix}$$

$$= a_{11} A_{11} + a_{12} A_{12} + a_{13} A_{13}$$

と 第1行について余因子展開 することができる．また，

$$\begin{vmatrix} a_{11} & a_{12} & a_{13} \\ a_{21} & a_{22} & a_{23} \\ a_{31} & a_{32} & a_{33} \end{vmatrix} = a_{11} \begin{vmatrix} a_{22} & a_{23} \\ a_{32} & a_{33} \end{vmatrix} - a_{21} \begin{vmatrix} a_{12} & a_{13} \\ a_{32} & a_{33} \end{vmatrix} + a_{31} \begin{vmatrix} a_{12} & a_{13} \\ a_{22} & a_{23} \end{vmatrix}$$

$$= a_{11} A_{11} + a_{21} A_{21} + a_{31} A_{31}$$

と 第1列について余因子展開 することもできる．

[証明]　第1の等式を示す．まず，行の性質 [1] を2回用いると

$$\begin{vmatrix} a_{11} & a_{12} & a_{13} \\ a_{21} & a_{22} & a_{23} \\ a_{31} & a_{32} & a_{33} \end{vmatrix} = \begin{vmatrix} a_{11} & 0 & 0 \\ a_{21} & a_{22} & a_{23} \\ a_{31} & a_{32} & a_{33} \end{vmatrix} + \begin{vmatrix} 0 & a_{12} & 0 \\ a_{21} & a_{22} & a_{23} \\ a_{31} & a_{32} & a_{33} \end{vmatrix} + \begin{vmatrix} 0 & 0 & a_{13} \\ a_{21} & a_{22} & a_{23} \\ a_{31} & a_{32} & a_{33} \end{vmatrix}$$

となり，さらに列の性質 [3]' により

$$\begin{vmatrix} a_{11} & a_{12} & a_{13} \\ a_{21} & a_{22} & a_{23} \\ a_{31} & a_{32} & a_{33} \end{vmatrix} = \begin{vmatrix} a_{11} & 0 & 0 \\ a_{21} & a_{22} & a_{23} \\ a_{31} & a_{32} & a_{33} \end{vmatrix} + (-1) \begin{vmatrix} a_{12} & 0 & 0 \\ a_{22} & a_{21} & a_{23} \\ a_{32} & a_{31} & a_{33} \end{vmatrix} + (-1)^2 \begin{vmatrix} a_{13} & 0 & 0 \\ a_{23} & a_{21} & a_{22} \\ a_{33} & a_{31} & a_{32} \end{vmatrix}$$

である．ここで，定理 3.8 を用いれば

$$\text{右辺} = a_{11} \begin{vmatrix} a_{22} & a_{23} \\ a_{32} & a_{33} \end{vmatrix} - a_{12} \begin{vmatrix} a_{21} & a_{23} \\ a_{31} & a_{33} \end{vmatrix} + a_{13} \begin{vmatrix} a_{21} & a_{22} \\ a_{31} & a_{32} \end{vmatrix}$$

を得る．第2の等式についても同様である．■

注　次の定理 3.16 で述べるように，余因子展開はどの行について，またはどの列についても行うことができる．■

例 3　3次行列式 $|A| = \begin{vmatrix} 1 & 2 & 3 \\ 6 & 5 & 4 \\ 7 & 8 & 9 \end{vmatrix}$ を第1行について余因子展開すれば，

$$|A| = a_{11} A_{11} + a_{12} A_{12} + a_{13} A_{13}$$

$$= 1 \cdot (-1)^{1+1} \begin{vmatrix} 5 & 4 \\ 8 & 9 \end{vmatrix} + 2 \cdot (-1)^{1+2} \begin{vmatrix} 6 & 4 \\ 7 & 9 \end{vmatrix} + 3 \cdot (-1)^{1+3} \begin{vmatrix} 6 & 5 \\ 7 & 8 \end{vmatrix}$$
$$= 1 \cdot (5 \cdot 9 - 4 \cdot 8) - 2 \cdot (6 \cdot 9 - 4 \cdot 7) + 3 \cdot (6 \cdot 8 - 5 \cdot 7) = 0$$

また，第 1 列について余因子展開すれば，

$$\begin{aligned} |A| &= a_{11} A_{11} + a_{21} A_{21} + a_{31} A_{31} \\ &= 1 \cdot (-1)^{1+1} \begin{vmatrix} 5 & 4 \\ 8 & 9 \end{vmatrix} + 6 \cdot (-1)^{2+1} \begin{vmatrix} 2 & 3 \\ 8 & 9 \end{vmatrix} + 7 \cdot (-1)^{3+1} \begin{vmatrix} 2 & 3 \\ 5 & 4 \end{vmatrix} \\ &= 1 \cdot (5 \cdot 9 - 4 \cdot 8) - 6 \cdot (2 \cdot 9 - 3 \cdot 8) + 7 \cdot (2 \cdot 4 - 3 \cdot 5) = 0 \end{aligned}$$

■

一般の余因子展開　一般の n 次行列式に対して，任意の行について，また任意の列について行うことができる．

定理 3.16　n 次正方行列 $A = (a_{ij})$ の行列式 $|A|$ に対して，次の展開公式が成り立つ．

(1)　$|A| = a_{i1} A_{i1} + a_{i2} A_{i2} + \cdots + a_{in} A_{in} \quad (i = 1, 2, \cdots, n)$

(2)　$|A| = a_{1j} A_{1j} + a_{2j} A_{2j} + \cdots + a_{nj} A_{nj} \quad (j = 1, 2, \cdots, n)$

注　(1) を $|A|$ の**第 i 行についての余因子展開**といい，(2) を**第 j 列についての余因子展開**という．（証明は章末問題 3 の 9 を参照.）■

例題 3　次の行列式の値を求めよ．

(1) $\begin{vmatrix} 0 & 0 & 3 \\ 0 & 2 & 5 \\ 1 & 4 & 6 \end{vmatrix}$　　(2) $\begin{vmatrix} 3 & 1 & 2 \\ 4 & 1 & 5 \\ 2 & -1 & -3 \end{vmatrix}$　　(3) $\begin{vmatrix} 1 & 0 & 3 & 0 \\ 0 & 2 & 0 & 4 \\ 2 & 0 & 3 & 0 \\ 0 & 3 & 0 & 8 \end{vmatrix}$

[解]　(1) 第 1 行について余因子展開（定理 3.16）すると

$$\begin{vmatrix} 0 & 0 & 3 \\ 0 & 2 & 5 \\ 1 & 4 & 6 \end{vmatrix} = 0 \cdot A_{11} + 0 \cdot A_{12} + 3 \cdot A_{13} = 3 \cdot (-1)^{1+3} \begin{vmatrix} 0 & 2 \\ 1 & 4 \end{vmatrix}$$

$$= 3\,(0 \cdot 4 - 2 \cdot 1) = -6$$

(2) 命題 3.7 (② + ① × (−1) および ③ + ①) により

$$\begin{vmatrix} 3 & 1 & 2 \\ 4 & 1 & 5 \\ 2 & -1 & -3 \end{vmatrix} = \begin{vmatrix} 3 & 1 & 2 \\ 1 & 0 & 3 \\ 5 & 0 & -1 \end{vmatrix}$$

ここで，第 2 列について余因子展開（定理 3.16）すると

$$= 1 \cdot A_{12} + 0 \cdot A_{22} + 0 \cdot A_{32} = 1 \cdot (-1)^{1+2} \begin{vmatrix} 1 & 3 \\ 5 & -1 \end{vmatrix}$$

$$= -\{1 \cdot (-1) - 3 \cdot 5\} = 16$$

(3) 命題 3.7 (③ + ① × (−2)) により

$$\begin{vmatrix} 1 & 0 & 3 & 0 \\ 0 & 2 & 0 & 4 \\ 2 & 0 & 3 & 0 \\ 0 & 3 & 0 & 8 \end{vmatrix} = \begin{vmatrix} 1 & 0 & 3 & 0 \\ 0 & 2 & 0 & 4 \\ 0 & 0 & -3 & 0 \\ 0 & 3 & 0 & 8 \end{vmatrix}$$

ここで，第 1 列について余因子展開（定理 3.16）すると

$$\text{右辺} = 1 \cdot A_{11} + 0 \cdot A_{21} + 0 \cdot A_{31} + 0 \cdot A_{41} = 1 \cdot (-1)^{1+1} \begin{vmatrix} 2 & 0 & 4 \\ 0 & -3 & 0 \\ 3 & 0 & 8 \end{vmatrix}$$

さらに，第 2 列について余因子展開（定理 3.16）すると

$$\text{右辺} = 0 \cdot A_{12} + (-3) \cdot A_{22} + 0 \cdot A_{32} = (-3) \cdot (-1)^{2+2} \begin{vmatrix} 2 & 4 \\ 3 & 8 \end{vmatrix}$$

$$= (-3)\,(2 \cdot 8 - 4 \cdot 3) = -12$$

■

注　例題 3(2) は，そのまま第 2 列について余因子展開をして

$$\begin{vmatrix} 3 & 1 & 2 \\ 4 & 1 & 5 \\ 2 & -1 & -3 \end{vmatrix} = 1 \cdot A_{12} + 1 \cdot A_{22} + (-1) \cdot A_{32}$$

$$= 1 \cdot (-1)^{1+2} \begin{vmatrix} 4 & 5 \\ 2 & -3 \end{vmatrix} + 1 \cdot (-1)^{2+2} \begin{vmatrix} 3 & 2 \\ 2 & -3 \end{vmatrix} + (-1) \cdot (-1)^{3+2} \begin{vmatrix} 3 & 2 \\ 4 & 5 \end{vmatrix}$$

$$= -\{4 \cdot (-3) - 5 \cdot 2\} + \{3 \cdot (-3) - 2 \cdot 2\} + (3 \cdot 5 - 2 \cdot 4) = 16$$

などと計算することもできる．しかし，行列式が複雑になると，上の解答のように，まず成分の 0 をできるだけたくさん作ってから余因子展開をした方がよい．例題 3(3) についても同様である．■

そして，次の展開公式も得られる．

定理 3.17　n 次正方行列 $A = (a_{ij})$ の行列式に対して，次の展開公式が成り立つ．

(1)　$a_{i1}\, A_{j1} + a_{i2}\, A_{j2} + \cdots + a_{in}\, A_{jn} = 0$　　　($j \neq i$ のとき)

(2)　$a_{1j}\, A_{1i} + a_{2j}\, A_{2i} + \cdots + a_{nj}\, A_{ni} = 0$　　　($i \neq j$ のとき)

[証明]　(1) を $n = 3$ のときに示す．例えば $i = 2,\ j = 1$ として，

$$a_{21}\, A_{11} + a_{22}\, A_{12} + a_{23}\, A_{13} = 0$$

を示そう．行列式 $\begin{vmatrix} x & y & z \\ a_{21} & a_{22} & a_{23} \\ a_{31} & a_{32} & a_{33} \end{vmatrix}$ を第 1 行で展開すると

$$\begin{vmatrix} x & y & z \\ a_{21} & a_{22} & a_{23} \\ a_{31} & a_{32} & a_{33} \end{vmatrix} = x\, A_{11} + y\, A_{12} + z\, A_{13}$$

となる．ただし，

$$A_{11} = \begin{vmatrix} a_{22} & a_{23} \\ a_{32} & a_{33} \end{vmatrix}, \qquad A_{12} = -\begin{vmatrix} a_{21} & a_{23} \\ a_{31} & a_{33} \end{vmatrix}, \qquad A_{13} = \begin{vmatrix} a_{21} & a_{22} \\ a_{31} & a_{32} \end{vmatrix}$$

である．ここで，上の等式に $x = a_{21}$, $y = a_{22}$, $z = a_{23}$ を代入すると

$$a_{21}A_{11} + a_{22}A_{12} + a_{23}A_{13} = \begin{vmatrix} a_{21} & a_{22} & a_{23} \\ a_{21} & a_{22} & a_{23} \\ a_{31} & a_{32} & a_{33} \end{vmatrix}$$

となるが，右辺の行列式は命題 3.6 により 0 である．他の i と j（ただし $i \neq j$）について，そして (2) についても同様である．■

サラスの方法　命題 3.15 より

$$\begin{vmatrix} a_{11} & a_{12} & a_{13} \\ a_{21} & a_{22} & a_{23} \\ a_{31} & a_{32} & a_{33} \end{vmatrix} = a_{11}\begin{vmatrix} a_{22} & a_{23} \\ a_{32} & a_{33} \end{vmatrix} - a_{12}\begin{vmatrix} a_{21} & a_{23} \\ a_{31} & a_{33} \end{vmatrix} + a_{13}\begin{vmatrix} a_{21} & a_{22} \\ a_{31} & a_{32} \end{vmatrix}$$
$$= a_{11}a_{22}a_{33} + a_{12}a_{23}a_{31} + a_{13}a_{21}a_{32}$$
$$-a_{12}a_{21}a_{33} - a_{11}a_{23}a_{32} - a_{13}a_{22}a_{31}$$

が得られる．この3次行列式（および2次行列式）には次の覚えやすい記憶法がある．これを**サラスの方法**という．

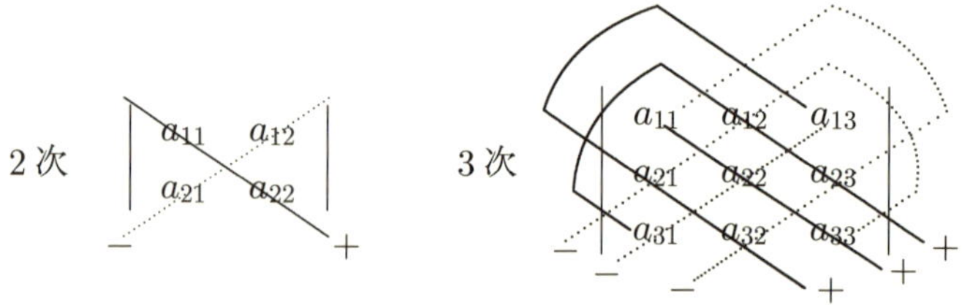

図 3.1　サラスの方法

ただし，4次以上の行列式については，このような便利な記憶法はない．

例 4　3次行列式 $|A| = \begin{vmatrix} 1 & 2 & 3 \\ 6 & 5 & 4 \\ 7 & 8 & 9 \end{vmatrix}$ に対してサラスの方法を用いれば，

$$\begin{vmatrix} 1 & 2 & 3 \\ 6 & 5 & 4 \\ 7 & 8 & 9 \end{vmatrix} = 1\cdot5\cdot9 + 2\cdot4\cdot7 + 3\cdot6\cdot8 - 2\cdot6\cdot9 - 1\cdot4\cdot8 - 3\cdot5\cdot7$$

$$= 45 + 56 + 144 - 108 - 32 - 105$$

$$= 0$$

■

問題 3-3

1.　例 2 の $A = \begin{pmatrix} 1 & 2 & 3 \\ 6 & 5 & 4 \\ 7 & 8 & 9 \end{pmatrix}$ に対して，残りの余因子 A_{22} から A_{33} を求めよ.

2.　次の行列式の値を求めよ.

(1) $\begin{vmatrix} 0 & 1 & 0 \\ 2 & 4 & 5 \\ 3 & 6 & 7 \end{vmatrix}$　(2) $\begin{vmatrix} 2 & 5 & -3 \\ 1 & 3 & -2 \\ 0 & 4 & 1 \end{vmatrix}$　(3) $\begin{vmatrix} 3 & 0 & 2 \\ 3 & -2 & -4 \\ -2 & 1 & 3 \end{vmatrix}$

(4) $\begin{vmatrix} 1 & 2 & 3 & 1 \\ 0 & 1 & -2 & -2 \\ 0 & 1 & 0 & -3 \\ 2 & 1 & 6 & 3 \end{vmatrix}$　(5) $\begin{vmatrix} 1 & 0 & 3 & 0 \\ 0 & 1 & 0 & 3 \\ 3 & 0 & 1 & 0 \\ 0 & 3 & 0 & 1 \end{vmatrix}$　(6) $\begin{vmatrix} 2 & 3 & 1 & 0 \\ 1 & -1 & 2 & 1 \\ 0 & 0 & 2 & 1 \\ 4 & 3 & -1 & 0 \end{vmatrix}$

3.4　逆行列とクラメルの公式

余因子を用いた逆行列の表現について，さらに連立 1 次方程式の解の公式について学ぼう.

余因子行列と逆行列　n 次正方行列 $A = (a_{ij})$ の余因子 A_{ij} から行列 $\widetilde{A}$ を

$$\widetilde{A} = \begin{pmatrix} A_{11} & A_{21} & \cdots & A_{n1} \\ A_{12} & A_{22} & \cdots & A_{n2} \\ \cdots & \cdots & \cdots & \cdots \\ A_{1n} & A_{2n} & \cdots & A_{nn} \end{pmatrix}$$

で定義し，A の**余因子行列**という．（$\widetilde{A}$ の $(i,\ j)$ 成分が A_{ji} であることに注意！）

行列 A が逆行列 A^{-1} をもつとき，A^{-1} は余因子行列を用いて次のように表すことができる．

定理 3.18　(1) n 次正方行列 A が逆行列 A^{-1} をもつための必要十分条件は

$$|A| \neq 0$$

である．

(2) A の逆行列 A^{-1} が存在するとき，次の形に表すことができる．

$$A^{-1} = \frac{1}{|A|}\widetilde{A}$$

[証明]　まず，A が逆行列 A^{-1} をもつとき，

$$A\,A^{-1} = E$$

である．両辺の行列式をとると，定理 3.14 と命題 3.5 の性質 [4] より

$$|A|\,\left|A^{-1}\right| = \left|A\,A^{-1}\right| = |E| = 1$$

となる．したがって，$|A| \neq 0$ である．

逆に，$|A| \neq 0$ ならば逆行列が存在することと，それが (2) の形であることを示そう．ここで，式と計算の簡略化のため，$n = 3$ とする．このとき，定理 3.16，定理 3.17 を用いると，

$$\begin{pmatrix} a_{11} & a_{12} & a_{13} \\ a_{21} & a_{22} & a_{23} \\ a_{31} & a_{32} & a_{33} \end{pmatrix} \begin{pmatrix} A_{11} & A_{21} & A_{31} \\ A_{12} & A_{22} & A_{32} \\ A_{13} & A_{23} & A_{33} \end{pmatrix}$$

$$= \begin{pmatrix} a_{11}A_{11}+a_{12}A_{12}+a_{13}A_{13} & a_{11}A_{21}+a_{12}A_{22}+a_{13}A_{23} & a_{11}A_{31}+a_{12}A_{32}+a_{13}A_{33} \\ a_{21}A_{11}+a_{22}A_{12}+a_{23}A_{13} & a_{21}A_{21}+a_{22}A_{22}+a_{23}A_{23} & a_{21}A_{31}+a_{22}A_{32}+a_{23}A_{33} \\ a_{31}A_{11}+a_{32}A_{12}+a_{33}A_{13} & a_{31}A_{21}+a_{32}A_{22}+a_{33}A_{23} & a_{31}A_{31}+a_{32}A_{32}+a_{33}A_{33} \end{pmatrix}$$

$$= \begin{pmatrix} |A| & 0 & 0 \\ 0 & |A| & 0 \\ 0 & 0 & |A| \end{pmatrix} = |A|\,E$$

となる．だから，$|A| \neq 0$ ならば，両辺を $|A|$ でわることができ，

$$A\left(\frac{1}{|A|}\widetilde{A}\right) = E$$

が成り立つ．また，同様に

$$\left(\frac{1}{|A|}\widetilde{A}\right) A = E$$

を示すことができ，$\dfrac{1}{|A|}\widetilde{A}$ が A の逆行列である．（章末問題 3 の 5 も参照．） ■

例 1　2 次正方行列 $A = \begin{pmatrix} a_{11} & a_{12} \\ a_{21} & a_{22} \end{pmatrix}$ に対しては，

$$A_{11} = a_{22}\,, \quad A_{12} = -a_{21}\,, \quad A_{21} = -a_{12}\,, \quad A_{22} = a_{11}$$

となるので，定理 3.18(2) より

$$A^{-1} = \frac{1}{a_{11}a_{22} - a_{12}a_{21}} \begin{pmatrix} a_{22} & -a_{12} \\ -a_{21} & a_{11} \end{pmatrix}$$

である． ■

例題 4　次の行列の逆行列を求めよ．ただし，$ad - bc \neq 0$ とする．

(1) $A = \begin{pmatrix} 1 & 3 & 5 \\ 0 & 2 & 4 \\ 0 & 0 & 1 \end{pmatrix}$　　(2) $B = \begin{pmatrix} a & 0 & b \\ 0 & 1 & 0 \\ c & 0 & d \end{pmatrix}$

［解］　(1) $|A| = 2$ であり，

$$A^{-1} = \frac{1}{2}\begin{pmatrix} A_{11} & A_{21} & A_{31} \\ A_{12} & A_{22} & A_{32} \\ A_{13} & A_{23} & A_{33} \end{pmatrix} = \frac{1}{2}\begin{pmatrix} 2 & -3 & 2 \\ 0 & 1 & -4 \\ 0 & 0 & 2 \end{pmatrix}$$

(2) $|B| = ad - bc$ であり，

$$B^{-1} = \frac{1}{|B|}\begin{pmatrix} B_{11} & B_{21} & B_{31} \\ B_{12} & B_{22} & B_{32} \\ B_{13} & B_{23} & B_{33} \end{pmatrix} = \frac{1}{|B|}\begin{pmatrix} d & 0 & -b \\ 0 & ad-bc & 0 \\ -c & 0 & a \end{pmatrix}$$

■

クラメルの公式　n 個の未知変数をもつ n 連立1次方程式に対する解の公式が得られる．

> **定理 3.19**　n 次正方行列 $A=(a_{ij})$ と $\boldsymbol{b}=(b_1\,b_2\,\cdots\,b_n)^T$ が与えられた連立1次方程式
>
> $$A\boldsymbol{x}=\boldsymbol{b}$$
>
> を考える．$|A|\neq 0$ を満たすとき，その解 $\boldsymbol{x}=(x_1\,x_2\,\cdots\,x_n)^T$ の第 i 成分 x_i は
>
> $$x_i=\frac{|B_i|}{|A|},\qquad B_i=\begin{pmatrix} a_{11} & \cdots & \overset{i}{b_1} & \cdots & a_{1n} \\ a_{21} & \cdots & b_2 & \cdots & a_{2n} \\ \vdots & & \vdots & & \vdots \\ a_{n1} & \cdots & b_n & \cdots & a_{nn}\end{pmatrix}=\begin{pmatrix}A\text{ の第 }i\text{ 列を}\\ \boldsymbol{b}\text{ で置き換え}\\ \text{た行列}\end{pmatrix}$$
>
> で与えられる．これを**クラメルの公式**という．

[証明]　$|A|\neq 0$ なので，A の逆行列 A^{-1} が存在し，連立1次方程式の解は唯1つ存在する（定理 6.4 を参照）．A の列ベクトルを $\boldsymbol{a}_1,\boldsymbol{a}_2,\cdots,\boldsymbol{a}_n$ とすると，$A=(\boldsymbol{a}_1\ \ \boldsymbol{a}_2\ \ \cdots\ \ \boldsymbol{a}_n)$ と表せるが，$|A|$ を $|\boldsymbol{a}_1\ \ \boldsymbol{a}_2\ \ \cdots\ \ \boldsymbol{a}_n|$ と書くことにしよう．さて，

$$\boldsymbol{b}=A\boldsymbol{x}=(\boldsymbol{a}_1\ \ \boldsymbol{a}_2\ \ \cdots\ \ \boldsymbol{a}_n)\boldsymbol{x}=x_1\boldsymbol{a}_1+x_2\boldsymbol{a}_2+\cdots+x_n\boldsymbol{a}_n$$

であるので，$|A|$ の第 i 列が $\boldsymbol{b}$ で置き換えられた行列式は

$$\begin{aligned}\left|\boldsymbol{a}_1\cdots\overset{i}{\boldsymbol{b}}\cdots\boldsymbol{a}_n\right| &= \left|\boldsymbol{a}_1\ \ \cdots\ \ (x_1\boldsymbol{a}_1+x_2\boldsymbol{a}_2+\cdots+x_n\boldsymbol{a}_n)\ \ \cdots\ \ \boldsymbol{a}_n\right| \\ &= x_1\left|\boldsymbol{a}_1\cdots\overset{i}{\boldsymbol{a}_1}\cdots\boldsymbol{a}_n\right|+\cdots+x_i\left|\boldsymbol{a}_1\cdots\overset{i}{\boldsymbol{a}_i}\cdots\boldsymbol{a}_n\right|+\cdots+x_n\left|\boldsymbol{a}_1\cdots\overset{i}{\boldsymbol{a}_n}\cdots\boldsymbol{a}_n\right| \\ &= x_i\left|\boldsymbol{a}_1\cdots\overset{i}{\boldsymbol{a}_i}\cdots\boldsymbol{a}_n\right|=x_i\,|A|\end{aligned}$$

となる．よって，両辺を $|A|\ (\neq 0)$ で割って，定理の結論を得る．■

注　p.39 の2変数の連立1次方程式

$$\begin{cases} ax_1+bx_2=e \\ cx_1+dx_2=f\end{cases}$$

を考える．これを行列 $A = \begin{pmatrix} a & b \\ c & d \end{pmatrix}$，ベクトル $\boldsymbol{x} = \begin{pmatrix} x_1 \\ x_2 \end{pmatrix}$，$\boldsymbol{b} = \begin{pmatrix} e \\ f \end{pmatrix}$ を用いて，

$$A\boldsymbol{x} = \boldsymbol{b}$$

と表す．そして，定理 3.19 の証明と同様に，A の列ベクトル $\boldsymbol{a}_1 = \begin{pmatrix} a \\ c \end{pmatrix}$，$\boldsymbol{a}_2 = \begin{pmatrix} b \\ d \end{pmatrix}$ および $\boldsymbol{b}$ から作られる 2 次行列式について，記号

$$|\boldsymbol{a}_1 \ \ \boldsymbol{a}_2| = \begin{vmatrix} a & b \\ c & d \end{vmatrix} \ (= |A|), \quad |\boldsymbol{b} \ \ \boldsymbol{a}_2| = \begin{vmatrix} e & b \\ f & d \end{vmatrix}, \quad |\boldsymbol{a}_1 \ \ \boldsymbol{b}\,| = \begin{vmatrix} a & e \\ c & f \end{vmatrix}$$

を導入すると，連立 1 次方程式の解は

$$x_1 = \frac{de - bf}{ad - bc} = \frac{|\boldsymbol{b} \ \ \boldsymbol{a}_2|}{|\boldsymbol{a}_1 \ \ \boldsymbol{a}_2|}, \quad x_2 = \frac{af - ce}{ad - bc} = \frac{|\boldsymbol{a}_1 \ \ \boldsymbol{b}\,|}{|\boldsymbol{a}_1 \ \ \boldsymbol{a}_2|}$$

と表すことができる．これはクラメルの公式の $n = 2$ の場合である． ■

例題 5　次の連立 1 次方程式の解をクラメルの公式を用いて求めよ．

$$\begin{cases} x_1 \qquad\quad - 3x_3 = 1 \\ \qquad 2x_2 + 2x_3 = 6 \\ 2x_1 - x_2 + 5x_3 = -1 \end{cases}$$

[解]　$\begin{vmatrix} 1 & 0 & -3 \\ 0 & 2 & 2 \\ 2 & -1 & 5 \end{vmatrix} = 10 + 12 + 2 = 24$ より

$$x_1 = \frac{1}{24}\begin{vmatrix} 1 & 0 & -3 \\ 6 & 2 & 2 \\ -1 & -1 & 5 \end{vmatrix} = \frac{1}{24}(10 + 18 - 6 + 2) = \frac{24}{24} = 1,$$

$$x_2 = \frac{1}{24}\begin{vmatrix} 1 & 1 & -3 \\ 0 & 6 & 2 \\ 2 & -1 & 5 \end{vmatrix} = \frac{1}{24}(30 + 4 + 36 + 2) = \frac{72}{24} = 3,$$

$$x_3 = \frac{1}{24}\begin{vmatrix} 1 & 0 & 1 \\ 0 & 2 & 6 \\ 2 & -1 & -1 \end{vmatrix} = \frac{1}{24}(-2-4+6) = \frac{0}{24} = 0$$

■

問題 3-4

1. 次の行列の逆行列を求めよ.

(1) $\begin{pmatrix} 1 & 0 & 1 \\ 1 & 1 & 0 \\ 0 & 0 & 1 \end{pmatrix}$　(2) $\begin{pmatrix} 0 & 1 & 1 \\ 1 & 0 & 1 \\ 1 & 1 & 0 \end{pmatrix}$　(3) $\begin{pmatrix} 0 & 1 & 1 \\ 2 & 0 & -2 \\ -1 & 1 & 0 \end{pmatrix}$

2. 次の連立 1 次方程式の解をクラメルの公式を用いて求めよ.

(1) $\begin{cases} x_1 + 2x_3 = 0 \\ 2x_1 + x_2 = 2 \\ 2x_1 + 3x_2 - x_3 = -1 \end{cases}$　(2) $\begin{cases} x_1 - 2x_2 - x_3 = 1 \\ 2x_1 - x_2 - x_3 = 0 \\ 2x_2 + x_3 = 1 \end{cases}$

3. 次の連立 1 次方程式をそれぞれ, (a) 拡大係数行列を階段行列にする方法, (b) 逆行列を用いる方法, (c) クラメルの公式を用いる方法の 3 つの方法で解け.

(1) $\begin{cases} 2x_1 - x_2 = 1 \\ x_1 + x_2 = 5 \end{cases}$　(2) $\begin{cases} x_1 + x_3 = 4 \\ x_1 + x_2 = 3 \\ x_3 = 3 \end{cases}$

章末問題●3

1. 次の行列式の値を求めよ.

(1) $\begin{vmatrix} 1 & -1 & 3 \\ 2 & -3 & 5 \\ 4 & -5 & 7 \end{vmatrix}$　(2) $\begin{vmatrix} 11 & 12 & 13 \\ 21 & 24 & 27 \\ 31 & 36 & 41 \end{vmatrix}$　(3) $\begin{vmatrix} 77 & 77 & 77 \\ 78 & 79 & 80 \\ 78 & 80 & 81 \end{vmatrix}$　(4) $\begin{vmatrix} 1 & 0 & 2 & 0 \\ 0 & 8 & 0 & 4 \\ 6 & 0 & 7 & 0 \\ 0 & 4 & 0 & 3 \end{vmatrix}$

(5) $\begin{vmatrix} 0 & 0 & 0 & 4 \\ 0 & 0 & -3 & 5 \\ 0 & -2 & 6 & -3 \\ 1 & 5 & -4 & 2 \end{vmatrix}$　(6) $\begin{vmatrix} 0 & 3 & -1 & 4 \\ 1 & 0 & 2 & 0 \\ 1 & -1 & 2 & 1 \\ 0 & 3 & 1 & 2 \end{vmatrix}$　(7) $\begin{vmatrix} 1 & 1 & 1 & 0 \\ 3 & 0 & -1 & 3 \\ -1 & 2 & 2 & 1 \\ 4 & 0 & 1 & 2 \end{vmatrix}$

(8) $\begin{vmatrix} 0 & 4 & 5 & 6 \\ 1 & 1 & 0 & 2 \\ 2 & 4 & 1 & 8 \\ 3 & 4 & 3 & 6 \end{vmatrix}$　(9) $\begin{vmatrix} 0 & 1 & 0 & 0 & 0 \\ 1 & 2 & 0 & 0 & -1 \\ 1 & 3 & 2 & 1 & 0 \\ 0 & -4 & 1 & 0 & -2 \\ 3 & 3 & 0 & -2 & 1 \end{vmatrix}$　(10) $\begin{vmatrix} 1 & 0 & 3 & 1 & 0 \\ 0 & 2 & 1 & 0 & 1 \\ 0 & 1 & 0 & 2 & 1 \\ 1 & 0 & 1 & 3 & 0 \\ 1 & 1 & 0 & 0 & 2 \end{vmatrix}$

(11) $\begin{vmatrix} 1 & 2 & 0 & 0 & 2 \\ 0 & 0 & 1 & 0 & -1 \\ 1 & -2 & -1 & 3 & 5 \\ 2 & 1 & 4 & 2 & 3 \\ -1 & 1 & 5 & -5 & 1 \end{vmatrix}$　(12) $\begin{vmatrix} 1 & 2 & 3 & -1 & 1 \\ 1 & -3 & -1 & 3 & 2 \\ -1 & 1 & 4 & 2 & 3 \\ 2 & -1 & 2 & 3 & 1 \\ -2 & 1 & 2 & 1 & -1 \end{vmatrix}$

2. 次の行列式を因数分解せよ.

(1) $\begin{vmatrix} 1 & a & a^2 \\ 1 & b & b^2 \\ 1 & c & c^2 \end{vmatrix}$　(2) $\begin{vmatrix} a & a & a \\ a & b & b \\ a & b & c \end{vmatrix}$　(3) $\begin{vmatrix} a+b+c & -c & -b \\ -c & a+b+c & -a \\ -b & -a & a+b+c \end{vmatrix}$

(4) $\begin{vmatrix} a & a^2 & b+c \\ b & b^2 & c+a \\ c & c^2 & a+b \end{vmatrix}$　(5) $\begin{vmatrix} 1 & a & a^2 & a^3 \\ a & a^2 & a^3 & 1 \\ a^2 & a^3 & 1 & a \\ a^3 & 1 & a & a^2 \end{vmatrix}$　(6) $\begin{vmatrix} 1 & 1 & 1 & 1 \\ x & y & z & u \\ x^2 & y^2 & z^2 & u^2 \\ x^3 & y^3 & z^3 & u^3 \end{vmatrix}$

3. 次の行列の逆行列を求めよ. ただし, 定数を含むときは, 逆行列をもつための条件も求めよ.

(1) $\begin{pmatrix} 1 & 2 & 0 \\ 3 & 1 & 3 \\ 0 & -2 & 1 \end{pmatrix}$　(2) $\begin{pmatrix} 2 & 1 & 1 \\ 1 & 2 & -1 \\ 1 & -1 & 0 \end{pmatrix}$　(3) $\begin{pmatrix} 3 & -1 & 0 \\ -1 & 1 & -2 \\ 4 & 0 & -2 \end{pmatrix}$

(4) $\begin{pmatrix} 1 & 0 & 0 \\ 0 & \cos\theta & -\sin\theta \\ 0 & \sin\theta & \cos\theta \end{pmatrix}$　(5) $\begin{pmatrix} a & 0 & 0 \\ 1 & a & 0 \\ 1 & 1 & a \end{pmatrix}$　(6) $\begin{pmatrix} a & 0 & 0 \\ a & b & 0 \\ a & b & c \end{pmatrix}$

(7) $\begin{pmatrix} a & 1 & 1 \\ 1 & a & 1 \\ 1 & 1 & a \end{pmatrix}$　(8) $\begin{pmatrix} 1 & 1 & 1 & 1 \\ 0 & 1 & 1 & 1 \\ 0 & 0 & 1 & 1 \\ 0 & 0 & 0 & 1 \end{pmatrix}$　(9) $\begin{pmatrix} 1 & -1 & 0 & 0 \\ -1 & 2 & -1 & 0 \\ 0 & -1 & 2 & -1 \\ 0 & 0 & -1 & 2 \end{pmatrix}$

4. 次の連立1次方程式の解をクラメルの公式を用いて求めよ.

(1) $\begin{cases} 2x_1 - x_2 + 3x_3 = 1 \\ 3x_1 + x_2 + x_3 = 0 \\ x_1 + 2x_3 = -1 \end{cases}$　(2) $\begin{cases} x_1 - 2x_2 + x_3 = 7 \\ x_1 - 3x_3 = -7 \\ x_2 + 2x_3 = 5 \end{cases}$

(3) $\begin{cases} 2x_1 - x_2 + 4x_3 = 2 \\ x_1 + 2x_2 - 3x_3 = 1 \\ 3x_1 + 2x_2 + x_3 = 1 \end{cases}$　(4) $\begin{cases} x_1 + x_2 + x_3 = 1 \\ 2x_1 + x_2 + x_3 = 5 \\ 3x_1 + 2x_2 + 4x_3 = 4 \end{cases}$

5. n 次正方行列 A に対して, $AB = E$ を満たす n 次正方行列 B が存在するならば, A は正則であり, $B = A^{-1}$ であることを示せ.

6. 2次正方行列 $A = \begin{pmatrix} a & b \\ c & d \end{pmatrix}$ の4つの成分 a, b, c, d を変数とする関数 $F\left[\begin{pmatrix} a & b \\ c & d \end{pmatrix}\right]$ が, 命題 3.1 の性質 [1], [2], [3], [4] を満たせば,

$$F\left[\begin{pmatrix} a & b \\ c & d \end{pmatrix}\right] = ad - bc$$

である.

7. 定理 3.8 および定理 3.12 を証明せよ.

8. 命題 3.9 を証明せよ.

9. 定理 3.16 を証明せよ.

10. 定理 3.13 を 3 次行列式について，命題 3.15 の余因子展開を用いて証明せよ．

11. A を r 次正方行列，B を $s \times r$ 行列，C を $r \times s$ 行列，D を s 次正方行列とするとき

$$\begin{vmatrix} A & O \\ B & D \end{vmatrix} = |A|\,|D|\,, \qquad \begin{vmatrix} A & C \\ O & D \end{vmatrix} = |A|\,|D|$$

が成り立つ．ただし，O は $r \times s$ 型または $s \times r$ 型の零行列である．$r = s = 2$ のときに上の等式を証明せよ．

12. 定理 3.14 を前問 11 を用いて証明せよ．

13. $A = \begin{pmatrix} a+b & b-c & a-c \\ b-a & b+c & c-a \\ a-b & c-b & c+a \end{pmatrix}, B = \begin{pmatrix} -1 & 1 & 1 \\ 1 & -1 & 1 \\ 1 & 1 & -1 \end{pmatrix}$ のとき，行列式 $|B|$ を計算せよ．さらに，積の行列式 $|AB|$ を計算することにより，行列式 $|A|$ の値を求めよ．

第 4 章

ベクトル空間

4.1　n 次元数ベクトル空間

数ベクトル空間　n **次の列ベクトル**または n **次の数ベクトル**

$$\boldsymbol{a} = \begin{pmatrix} a_1 \\ a_2 \\ \vdots \\ a_n \end{pmatrix}, \quad a_i \text{は実数} \quad (1 \leqq i \leqq n)$$

の全体を $\boldsymbol{R}^n$ で表す．そして，すべての成分 $a_1, a_2, \ldots, a_n$ が 0 であるベクトルを**零ベクトル**といい，$\boldsymbol{0}$ で表す．また，ベクトルに対して，数（実数）を**スカラー**という．

例 1　$\boldsymbol{R}^n$ の n 個のベクトル

$$\boldsymbol{e}_1 = \begin{pmatrix} 1 \\ 0 \\ \vdots \\ 0 \end{pmatrix}, \boldsymbol{e}_2 = \begin{pmatrix} 0 \\ 1 \\ \vdots \\ 0 \end{pmatrix}, \cdots, \boldsymbol{e}_n = \begin{pmatrix} 0 \\ \vdots \\ 0 \\ 1 \end{pmatrix}$$

を $\boldsymbol{R}^n$ の**基本ベクトル**という．　■

1 次結合　$\boldsymbol{R}^n$ の m 個のベクトル $\boldsymbol{u}_1, \boldsymbol{u}_2, \cdots, \boldsymbol{u}_m$ の実数倍の和

$$c_1\boldsymbol{u}_1 + c_2\boldsymbol{u}_2 + \cdots + c_m\boldsymbol{u}_m \quad (c_1, c_2, \cdots, c_m \text{は実数})$$

を $\boldsymbol{u}_1, \boldsymbol{u}_2, \cdots, \boldsymbol{u}_m$ の **1次結合**という．

任意の n 次のベクトル $\boldsymbol{x}$ は，その成分 $x_1, x_2, \cdots, x_n$ を係数として，

$$\boldsymbol{x} = \begin{pmatrix} x_1 \\ x_2 \\ x_3 \\ \vdots \\ x_n \end{pmatrix} = x_1 \begin{pmatrix} 1 \\ 0 \\ 0 \\ \vdots \\ 0 \end{pmatrix} + x_2 \begin{pmatrix} 0 \\ 1 \\ 0 \\ \vdots \\ 0 \end{pmatrix} + \cdots + x_n \begin{pmatrix} 0 \\ 0 \\ \vdots \\ 0 \\ 1 \end{pmatrix} = x_1\boldsymbol{e}_1 + x_2\boldsymbol{e}_2 + \cdots + x_n\boldsymbol{e}_n$$

と，$\boldsymbol{R}^n$ の基本ベクトル $\boldsymbol{e}_1, \boldsymbol{e}_2, \cdots, \boldsymbol{e}_n$ の1次結合として表示できる．

例題1　ベクトル $\boldsymbol{x} = \begin{pmatrix} 2 \\ 1 \end{pmatrix}$ をベクトル $\boldsymbol{a} = \begin{pmatrix} 1 \\ 1 \end{pmatrix}, \boldsymbol{b} = \begin{pmatrix} 1 \\ -1 \end{pmatrix}$ の1次結合として表示せよ．

[解]　$\boldsymbol{x} = c_1\boldsymbol{a} + c_2\boldsymbol{b}$ とおき，成分を比較すると

$$\begin{pmatrix} 2 \\ 1 \end{pmatrix} = c_1 \begin{pmatrix} 1 \\ 1 \end{pmatrix} + c_2 \begin{pmatrix} 1 \\ -1 \end{pmatrix} \quad \text{すなわち} \quad \begin{cases} c_1 + c_2 = 2 \\ c_1 - c_2 = 1 \end{cases}$$

より，$c_1 = \dfrac{3}{2}, c_2 = \dfrac{1}{2}$ となる．よって，$\boldsymbol{x} = \dfrac{3}{2}\boldsymbol{a} + \dfrac{1}{2}\boldsymbol{b}$ である．■

部分空間　$\boldsymbol{R}^n$ の部分集合 W が次の3条件を満たすとき，W を $\boldsymbol{R}^n$ の**部分空間**という．

(1)　零ベクトル $\boldsymbol{0}$ は W に属する．

(2)　W に属する任意の2つのベクトル $\boldsymbol{x}, \boldsymbol{y}$ に対して，和 $\boldsymbol{x} + \boldsymbol{y}$ も W に属する．

(3)　W に属する任意のベクトル $\boldsymbol{x}$ と任意のスカラー c に対して，スカラー倍 $c\boldsymbol{x}$ も W に属する．

例2　$\boldsymbol{R}^2$ における1次方程式

$$3x_1 - 2x_2 = 0$$

を満たすベクトル $\boldsymbol{x} = (x_1\ x_2)^{\mathrm{T}}$ 全体を W とすると，W は $\boldsymbol{R}^2$ の部分空間である．W が部分空間の条件 (1)～(3) を満たすことは容易に確かめられる．(各

自確かめよ.） ■

例題 2 $\boldsymbol{R}^n$ のベクトル $\boldsymbol{u}_1, \boldsymbol{u}_2, \cdots, \boldsymbol{u}_r$ に対して，それらの 1 次結合として書き表せる n 次のベクトル全体を $S[\boldsymbol{u}_1, \boldsymbol{u}_2, \cdots, \boldsymbol{u}_r]$ と書くと，これは $\boldsymbol{R}^n$ の部分空間であることを示せ．これを $\boldsymbol{u}_1, \boldsymbol{u}_2, \cdots, \boldsymbol{u}_r$ で生成される $\boldsymbol{R}^n$ の部分空間とよぶ.

［解］ S が部分空間の条件 (1)-(3) を満たすことを示す.

$$\boldsymbol{x} = c_1\boldsymbol{u}_1 + c_2\boldsymbol{u}_2 + \cdots + c_r\boldsymbol{u}_r \quad (c_i \text{は実数})$$
$$\boldsymbol{y} = d_1\boldsymbol{u}_1 + d_2\boldsymbol{u}_2 + \cdots + d_r\boldsymbol{u}_r \quad (d_i \text{は実数})$$

とすると，

$$\begin{aligned}\boldsymbol{x}+\boldsymbol{y} &= (c_1\boldsymbol{u}_1 + c_2\boldsymbol{u}_2 + \cdots + c_r\boldsymbol{u}_r) + (d_1\boldsymbol{u}_1 + d_2\boldsymbol{u}_2 + \cdots + d_r\boldsymbol{u}_r) \\ &= (c_1+d_1)\boldsymbol{u}_1 + (c_2+d_2)\boldsymbol{u}_2 + \cdots + (c_r+d_r)\boldsymbol{u}_r\end{aligned}$$

となり，和 $\boldsymbol{x}+\boldsymbol{y}$ が $S[\boldsymbol{u}_1, \boldsymbol{u}_2, \cdots, \boldsymbol{u}_r]$ に属するので，条件 (2) が成り立つ．また，k を実数とするとき，

$$k\boldsymbol{x} = k(c_1\boldsymbol{u}_1 + c_2\boldsymbol{u}_2 + \cdots + c_r\boldsymbol{u}_r) = kc_1\boldsymbol{u}_1 + kc_2\boldsymbol{u}_2 + \cdots + kc_r\boldsymbol{u}_r$$

となり，スカラー倍 $k\boldsymbol{x}$ も $S[\boldsymbol{u}_1, \boldsymbol{u}_2, \cdots, \boldsymbol{u}_r]$ に属するので，条件 (3) も成り立つ．最後に，

$$\boldsymbol{0} = 0\boldsymbol{u}_1 + 0\boldsymbol{u}_2 + \cdots + 0\boldsymbol{u}_r$$

だから，零ベクトル $\boldsymbol{0}$ も $S[\boldsymbol{u}_1, \boldsymbol{u}_2, \cdots, \boldsymbol{u}_r]$ に属するので，条件 (1) も成り立つ. ■

1 次独立と 1 次従属 $\boldsymbol{R}^n$ のベクトル $\boldsymbol{u}_1, \boldsymbol{u}_2, \cdots, \boldsymbol{u}_r$ が，

$$c_1\boldsymbol{u}_1 + c_2\boldsymbol{u}_2 + \cdots + c_r\boldsymbol{u}_r = \boldsymbol{0}$$

を満たすのは，$c_1 = c_2 = \cdots = c_r = 0$ の場合のみであるとき，$\boldsymbol{u}_1, \boldsymbol{u}_2, \cdots, \boldsymbol{u}_r$ は **1 次独立**であるという．また，1 次独立でないとき，**1 次従属**であるという.

例題 3　$\boldsymbol{R}^n$ のベクトル $\boldsymbol{u}_1, \boldsymbol{u}_2, \cdots, \boldsymbol{u}_r$ が 1 次従属であるための必要十分条件は，そのうちの 1 つのベクトルが残りのベクトルの 1 次結合として表示できることである．例えば，$\boldsymbol{u}_r$ が残りのベクトル $\boldsymbol{u}_1, \boldsymbol{u}_2, \cdots, \boldsymbol{u}_{r-1}$ の 1 次結合として表示できれば，

$$S[\boldsymbol{u}_1,\ \boldsymbol{u}_2,\ \cdots,\ \boldsymbol{u}_r] = S[\boldsymbol{u}_1,\ \boldsymbol{u}_2,\ \cdots,\ \boldsymbol{u}_{r-1}]$$

が成り立つ．

[解]　$\boldsymbol{u}_1, \boldsymbol{u}_2, \cdots, \boldsymbol{u}_r$ が 1 次従属ならば，その 1 次結合に関する等式

$$c_1\boldsymbol{u}_1 + c_2\boldsymbol{u}_2 + \cdots + c_r\boldsymbol{u}_r = \boldsymbol{0}$$

が，すべて 0 とは限らない係数 $c_1, c_2, \cdots, c_r$ について成り立つ．例えば，$c_r \neq 0$ とすると，両辺を c_r で割って移項することにより

$$\boldsymbol{u}_r = \left(-\frac{c_1}{c_r}\right)\boldsymbol{u}_1 + \left(-\frac{c_2}{c_r}\right)\boldsymbol{u}_2 + \cdots + \left(-\frac{c_{r-1}}{c_r}\right)\boldsymbol{u}_{r-1}$$

となり，$\boldsymbol{u}_r$ が $\boldsymbol{u}_1, \boldsymbol{u}_2, \cdots, \boldsymbol{u}_{r-1}$ の 1 次結合で表示できる．

逆に，$\boldsymbol{u}_r$ が $\boldsymbol{u}_1, \boldsymbol{u}_2, \cdots, \boldsymbol{u}_{r-1}$ の 1 次結合で

$$\boldsymbol{u}_r = d_1\boldsymbol{u}_1 + d_2\boldsymbol{u}_2 + \cdots + d_{r-1}\boldsymbol{u}_{r-1}$$

と表示されたとすると，

$$d_1\boldsymbol{u}_1 + d_2\boldsymbol{u}_2 + \cdots + d_{r-1}\boldsymbol{u}_{r-1} + (-1)\boldsymbol{u}_r = \boldsymbol{0}$$

となる．したがって，$\boldsymbol{u}_1, \boldsymbol{u}_2, \cdots, \boldsymbol{u}_r$ は 1 次従属である．■

例 3　$\boldsymbol{R}^3$ の基本ベクトル $\boldsymbol{e}_1, \boldsymbol{e}_2, \boldsymbol{e}_3$ は 1 次独立である．（各自確かめよ．）このとき，

$S[\boldsymbol{e}_1]$: x_1 軸

$S[\boldsymbol{e}_1,\ \boldsymbol{e}_2]$: x_1x_2 平面

$S[\boldsymbol{e}_1,\ \boldsymbol{e}_2,\ \boldsymbol{e}_3]$: $x_1x_2x_3$ 空間 $(= \boldsymbol{R}^3)$

である．■

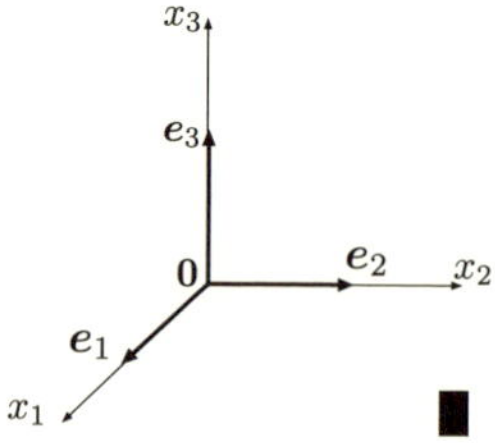

図 4.1

例題 4 $\boldsymbol{R}^3$ のベクトル

$$\boldsymbol{u}_1 = \begin{pmatrix} 1 \\ 1 \\ 0 \end{pmatrix}, \quad \boldsymbol{u}_2 = \begin{pmatrix} 1 \\ 0 \\ 1 \end{pmatrix}, \quad \boldsymbol{u}_3 = \begin{pmatrix} 1 \\ 2 \\ -1 \end{pmatrix}$$

について，$\boldsymbol{u}_1, \boldsymbol{u}_2$ の組は 1 次独立であるが，$\boldsymbol{u}_1, \boldsymbol{u}_2, \boldsymbol{u}_3$ の組は 1 次従属であることを示せ．

[解] c_1, c_2 が $c_1\boldsymbol{u}_1 + c_2\boldsymbol{u}_2 = \boldsymbol{0}$ を満たすとすると，

$$c_1 \begin{pmatrix} 1 \\ 1 \\ 0 \end{pmatrix} + c_2 \begin{pmatrix} 1 \\ 0 \\ 1 \end{pmatrix} = \begin{pmatrix} 0 \\ 0 \\ 0 \end{pmatrix} \quad \text{より} \quad \begin{pmatrix} c_1 + c_2 \\ c_1 \\ c_2 \end{pmatrix} = \begin{pmatrix} 0 \\ 0 \\ 0 \end{pmatrix}$$

となる．よって，直ちに $c_1 = c_2 = 0$ が得られ，$\boldsymbol{u}_1, \boldsymbol{u}_2$ は 1 次独立であることがわかる．

一方，d_1, d_2, d_3 が $d_1\boldsymbol{u}_1 + d_2\boldsymbol{u}_2 + d_3\boldsymbol{u}_3 = \boldsymbol{0}$ を満たすとすると

$$d_1 \begin{pmatrix} 1 \\ 1 \\ 0 \end{pmatrix} + d_2 \begin{pmatrix} 1 \\ 0 \\ 1 \end{pmatrix} + d_3 \begin{pmatrix} 1 \\ 2 \\ -1 \end{pmatrix} = \begin{pmatrix} 0 \\ 0 \\ 0 \end{pmatrix} \quad \text{より} \quad \begin{pmatrix} d_1 + d_2 + d_3 \\ d_1 + 2d_3 \\ d_2 - d_3 \end{pmatrix} = \begin{pmatrix} 0 \\ 0 \\ 0 \end{pmatrix}$$

となる．よって，$d_3 = t$ とおき，$d_1 = -2t, d_2 = t$ とすれば，$d_1\boldsymbol{u}_1 + d_2\boldsymbol{u}_2 + d_3\boldsymbol{u}_3 = \boldsymbol{0}$ を満たす．ゆえに，例えば $t = -1$ とおくと

$$2\boldsymbol{u}_1 - \boldsymbol{u}_2 - \boldsymbol{u}_3 = \boldsymbol{0}$$

となるので，$\boldsymbol{u}_1, \boldsymbol{u}_2, \boldsymbol{u}_3$ は 1 次従属である． ■

例題 5 （1 次結合の一意性）ベクトル $\boldsymbol{u}$ が 1 次独立なベクトル $\boldsymbol{u}_1, \boldsymbol{u}_2, \cdots, \boldsymbol{u}_r$ の 1 次結合として

$$\boldsymbol{u} = c_1\boldsymbol{u}_1 + c_2\boldsymbol{u}_2 + \cdots + c_r\boldsymbol{u}_r$$

と表されるとき，係数 $c_1, c_2, \cdots, c_r$ はただ 1 通りに決まることを示せ．

[解] $\boldsymbol{u}$ が

$$\boldsymbol{u} = c_1\boldsymbol{u}_1 + c_2\boldsymbol{u}_2 + \cdots + c_r\boldsymbol{u}_r, \quad \boldsymbol{u} = d_1\boldsymbol{u}_1 + d_2\boldsymbol{u}_2 + \cdots + d_r\boldsymbol{u}_r$$

と2通りに表されたとして，これら2式の差をとると

$$(c_1 - d_1)\boldsymbol{u}_1 + (c_2 - d_2)\boldsymbol{u}_2 + \cdots + (c_r - d_r)\boldsymbol{u}_r = \boldsymbol{0}$$

となる．$\boldsymbol{u}_1, \boldsymbol{u}_2, \cdots, \boldsymbol{u}_r$ が1次独立であることから

$$c_1 - d_1 = 0,\ c_2 - d_2 = 0,\ \ldots,\ c_r - d_r = 0$$

すなわち，$c_1 = d_1,\ c_2 = d_2, \ldots,\ c_r = d_r$ となる．■

基底　$\boldsymbol{R}^n$ の r 個のベクトルの組 $\{\boldsymbol{u}_1, \boldsymbol{u}_2, \cdots, \boldsymbol{u}_r\}$ が1次独立で，さらに $\boldsymbol{R}^n$ の部分空間 W を生成するとき，$\{\boldsymbol{u}_1, \boldsymbol{u}_2, \cdots, \boldsymbol{u}_r\}$ を W の**基底**といい，W は r **次元**であるという．そして，このとき $\dim W = r$ と書く．（章末問題4の8を参照）

例4　$\boldsymbol{R}^n$ の基本ベクトルの組 $\{\boldsymbol{e}_1, \boldsymbol{e}_2, \cdots, \boldsymbol{e}_n\}$ は1次独立で，$\boldsymbol{R}^n$ を生成するので，$\boldsymbol{R}^n$ の基底である．これを，$\boldsymbol{R}^n$ の**標準基底**という．

次の命題は大変有用であり，よく用いられる．

命題 4.1　$\boldsymbol{R}^n$ の n 個のベクトル $\boldsymbol{u}_1, \boldsymbol{u}_2, \cdots, \boldsymbol{u}_n$ が与えられたとき，これらを列ベクトルとして並べた $n \times n$ 行列 $(\boldsymbol{u}_1\ \ \boldsymbol{u}_2\ \ \cdots\ \ \boldsymbol{u}_n)$ を A とおく．このとき，$\boldsymbol{u}_1, \boldsymbol{u}_2, \cdots, \boldsymbol{u}_n$ が1次独立であるための必要十分条件は，$|A| \neq 0$ である．

問題 4-1

1.　次のベクトルの組は1次独立か，1次従属か調べよ．

(1) $\begin{pmatrix}1\\2\\0\end{pmatrix}, \begin{pmatrix}1\\3\\-1\end{pmatrix}$　　(2) $\begin{pmatrix}1\\2\\0\end{pmatrix}, \begin{pmatrix}1\\3\\-1\end{pmatrix}, \begin{pmatrix}1\\0\\2\end{pmatrix}$

(3) $\begin{pmatrix}1\\0\\1\end{pmatrix}, \begin{pmatrix}1\\1\\0\end{pmatrix}, \begin{pmatrix}1\\1\\1\end{pmatrix}$　　(4) $\begin{pmatrix}1\\1\\2\end{pmatrix}, \begin{pmatrix}1\\2\\1\end{pmatrix}, \begin{pmatrix}2\\1\\1\end{pmatrix}$

(5) $\begin{pmatrix}1\\1\\1\end{pmatrix}, \begin{pmatrix}1\\2\\0\end{pmatrix}, \begin{pmatrix}1\\1\\2\end{pmatrix}$　　(6) $\begin{pmatrix}1\\1\\1\end{pmatrix}, \begin{pmatrix}1\\2\\0\end{pmatrix}, \begin{pmatrix}1\\1\\2\end{pmatrix}, \begin{pmatrix}1\\0\\2\end{pmatrix}$

2. m 個のベクトル $\boldsymbol{u}_1, \boldsymbol{u}_2, \cdots, \boldsymbol{u}_m$ が与えられたとき，これらを列ベクトルとして並べた行列 $A = (\boldsymbol{u}_1\ \ \boldsymbol{u}_2\ \ \cdots\ \ \boldsymbol{u}_m)$ から導かれる階段行列 B の主成分の個数を M とする．

このとき，

$$\boldsymbol{u}_1, \boldsymbol{u}_2, \cdots, \boldsymbol{u}_m \text{ が 1 次独立である} \iff \mathrm{M} = m \text{ である}$$

$$\boldsymbol{u}_1, \boldsymbol{u}_2, \cdots, \boldsymbol{u}_m \text{ が 1 次従属である} \iff \mathrm{M} < m \text{ である}$$

これを証明せよ．

3. 命題 4.1 を証明せよ．

4. 次の行列の行列式を計算し，列ベクトルが 1 次独立か 1 次従属か調べよ．

(1) $\begin{pmatrix} 2 & 3 \\ 4 & 5 \end{pmatrix}$ (2) $\begin{pmatrix} 3 & 1 \\ 9 & 3 \end{pmatrix}$ (3) $\begin{pmatrix} 2 & 3 & 1 \\ 0 & 1 & 1 \\ 1 & 0 & 1 \end{pmatrix}$ (4) $\begin{pmatrix} 2 & 3 & 1 \\ 0 & -1 & 0 \\ 2 & 0 & 1 \end{pmatrix}$

5. $\boldsymbol{u}_1$, $\boldsymbol{u}_2$, $\cdots$, $\boldsymbol{u}_m$ が $\boldsymbol{R}^n$ の 1 次独立なベクトルで A と B が $m \times n$ 行列のとき，次を示せ．

(1) 等式

$$(\boldsymbol{u}_1\ \ \boldsymbol{u}_2\ \ \cdots\ \ \boldsymbol{u}_m)A = (\boldsymbol{0}\ \ \boldsymbol{0}\ \ \cdots\ \ \boldsymbol{0})$$

を満たせば，$A = O$ である．

(2) 等式

$$(\boldsymbol{u}_1\ \ \boldsymbol{u}_2\ \ \cdots\ \ \boldsymbol{u}_m)A = (\boldsymbol{u}_1\ \ \boldsymbol{u}_2\ \ \cdots\ \ \boldsymbol{u}_m)B$$

を満たせば，$A = B$ である．

4.2 線形写像と行列

線形写像 集合 X から集合 Y への対応 f において，X の要素に対応する Y の要素がただ 1 つ定まるとき，その対応を X から Y への**写像**といい，$f : X \longrightarrow Y$ と書く．そして，f によって X の要素 x が Y の要素 y に対応しているとき，$y = f(x)$ と書き，y を x の f による**像**という．

X, Y がそれぞれ $\boldsymbol{R}^n, \boldsymbol{R}^m$ であるとし，写像 $f : \boldsymbol{R}^n \longrightarrow \boldsymbol{R}^m$ が 2 条件

1° $\boldsymbol{R}^n$ の任意の要素 $\boldsymbol{u}, \boldsymbol{v}$ に対して，$f(\boldsymbol{u} + \boldsymbol{v}) = f(\boldsymbol{u}) + f(\boldsymbol{v})$

2° $\boldsymbol{R}^n$ の任意の要素 $\boldsymbol{u}$ と任意の実数 c に対して，$f(c\boldsymbol{u}) = cf(\boldsymbol{u})$

を満たすとき，f を**線形写像**という．なお，$\boldsymbol{R}^n$ からそれ自身 $\boldsymbol{R}^n$ への線形写像は**線形変換**と呼ばれる．

線形写像 f に対しては，$c=0$ に対する条件 2° より

$$f(\boldsymbol{0})=\boldsymbol{0}$$

が成り立つことがわかる．そして，条件 1° かつ 2° は次の条件と同値である．

3°　$\boldsymbol{R}^n$ の任意の要素 $\boldsymbol{u}, \boldsymbol{v}$ と任意の実数 a, b に対して，

$$f(a\boldsymbol{u}+b\boldsymbol{v})=af(\boldsymbol{u})+bf(\boldsymbol{v})$$

例 1　$f:\boldsymbol{R}^1 \longrightarrow \boldsymbol{R}^1$ が

$$f(x)=ax$$

で与えられるとする．ただし，a は実数とする．このとき，

$$f(x+y)=a(x+y)=ax+ay=f(x)+f(y)$$
$$f(cx)=a(cx)=c(ax)=cf(x)$$

が成り立つので，f は線形写像である．

例 2　$f:\boldsymbol{R}^2 \longrightarrow \boldsymbol{R}^2$ が

$$f\left(\begin{pmatrix} x_1 \\ x_2 \end{pmatrix}\right)=\begin{pmatrix} x_1+2x_2 \\ 3x_1+2x_2 \end{pmatrix}$$

で与えられるとする．このとき，$\boldsymbol{u}=\begin{pmatrix} u_1 \\ u_2 \end{pmatrix}$, $\boldsymbol{v}=\begin{pmatrix} v_1 \\ v_2 \end{pmatrix}$ に対して，

$$\begin{aligned} f(\boldsymbol{u}+\boldsymbol{v}) &= f\left(\begin{pmatrix} u_1+v_1 \\ u_2+v_2 \end{pmatrix}\right)=\begin{pmatrix} (u_1+v_1)+2(u_2+v_2) \\ 3(u_1+v_1)+2(u_2+v_2) \end{pmatrix} \\ &= \begin{pmatrix} u_1+2u_2 \\ 3u_1+2u_2 \end{pmatrix}+\begin{pmatrix} v_1+2v_2 \\ 3v_1+2v_2 \end{pmatrix}=f(\boldsymbol{u})+f(\boldsymbol{v}) \end{aligned}$$

$$f(c\boldsymbol{u})=f\left(\begin{pmatrix} cu_1 \\ cu_2 \end{pmatrix}\right)=\begin{pmatrix} cu_1+2cu_2 \\ 3cu_1+2cu_2 \end{pmatrix}=c\begin{pmatrix} u_1+2u_2 \\ 3u_1+2u_2 \end{pmatrix}=cf(\boldsymbol{u})$$

が成り立つので，f は線形写像である．そして，

$$f\left(\begin{pmatrix} x_1 \\ x_2 \end{pmatrix}\right) = \begin{pmatrix} x_1 + 2x_2 \\ 3x_1 + 2x_2 \end{pmatrix} = \begin{pmatrix} 1 & 2 \\ 3 & 2 \end{pmatrix} \begin{pmatrix} x_1 \\ x_2 \end{pmatrix}$$

となるので，行列 $A = \begin{pmatrix} 1 & 2 \\ 3 & 2 \end{pmatrix}$ を用いて，

$$f(\boldsymbol{x}) = A\boldsymbol{x}$$

と表すことができる．

表現行列　例 2 で行列を掛けることで定義された写像が線形写像であることを述べたが，逆に線形写像は適当な行列により表現できることを示す．

線形写像 $f: \boldsymbol{R}^n \longrightarrow \boldsymbol{R}^m$ を考えよう．$\boldsymbol{R}^n$ の基底を $\{\boldsymbol{u}_1, \boldsymbol{u}_2, \cdots, \boldsymbol{u}_n\}$，$\boldsymbol{R}^m$ の基底を $\{\boldsymbol{v}_1, \boldsymbol{v}_2, \cdots, \boldsymbol{v}_m\}$ とする．このとき，各 $f(\boldsymbol{u}_i)$ は $\boldsymbol{v}_1, \boldsymbol{v}_2, \cdots, \boldsymbol{v}_m$ の 1 次結合として，次のように一意的に表すことができる．(§4.1 の例題 5 を参照．)

$$\begin{aligned} f(\boldsymbol{u}_1) &= a_{11}\boldsymbol{v}_1 + a_{21}\boldsymbol{v}_2 + \cdots + a_{m1}\boldsymbol{v}_m \\ f(\boldsymbol{u}_2) &= a_{12}\boldsymbol{v}_1 + a_{22}\boldsymbol{v}_2 + \cdots + a_{m2}\boldsymbol{v}_m \\ &\ \ \vdots \\ f(\boldsymbol{u}_n) &= a_{1n}\boldsymbol{v}_1 + a_{2n}\boldsymbol{v}_2 + \cdots + a_{mn}\boldsymbol{v}_m \end{aligned}$$

すなわち，

$$\begin{aligned} (f(\boldsymbol{u}_1)\ f(\boldsymbol{u}_2)\ \ldots\ f(\boldsymbol{u}_n)) &= (\boldsymbol{v}_1\ \boldsymbol{v}_2\ \ldots\ \boldsymbol{v}_m) \begin{pmatrix} a_{11} & a_{12} & \ldots & a_{1n} \\ a_{21} & a_{22} & \ldots & a_{2n} \\ \cdots & \cdots & \cdots & \cdots \\ a_{m1} & a_{m2} & \ldots & a_{mn} \end{pmatrix} \\ &= (\boldsymbol{v}_1\ \boldsymbol{v}_2\ \ldots\ \boldsymbol{v}_m)\ A \end{aligned}$$

と表すことができる．(a_{ij} の添字の並べ方の違いに注意！) この $m \times n$ 行列 A を，基底 $\{\boldsymbol{u}_1, \boldsymbol{u}_2, \cdots, \boldsymbol{u}_n\}$, $\{\boldsymbol{v}_1, \boldsymbol{v}_2, \cdots, \boldsymbol{v}_m\}$ に関する線形写像 f の**表現行列**という．

いま，$\boldsymbol{x}$ が $\boldsymbol{R}^n$ の任意のベクトルとし，$\boldsymbol{x}$ は $\boldsymbol{R}^n$ の基底 $\{\boldsymbol{u}_1, \boldsymbol{u}_2, \cdots, \boldsymbol{u}_n\}$ の1次結合として，そして $f(\boldsymbol{x})$ は $\boldsymbol{R}^m$ の基底 $\{\boldsymbol{v}_1, \boldsymbol{v}_2, \cdots, \boldsymbol{v}_m\}$ の1次結合として，

$$\boldsymbol{x} = \sum_{i=1}^{n} x_i \boldsymbol{u}_i, \quad f(\boldsymbol{x}) = \sum_{i=1}^{m} y_i \boldsymbol{v}_i = (\boldsymbol{v}_1 \ \boldsymbol{v}_2 \ \ldots \ \boldsymbol{v}_m) \begin{pmatrix} y_1 \\ y_2 \\ \vdots \\ y_m \end{pmatrix}$$

と表されたとする．このとき，

$$f(\boldsymbol{x}) = f\left(\sum_{i=1}^{n} x_i \boldsymbol{u}_i\right) = \sum_{i=1}^{n} x_i f(\boldsymbol{u}_i) = (f(\boldsymbol{u}_1) \ f(\boldsymbol{u}_2) \ \ldots \ f(\boldsymbol{u}_n)) \begin{pmatrix} x_1 \\ x_2 \\ \vdots \\ x_n \end{pmatrix}$$

$$= (\boldsymbol{v}_1 \ \boldsymbol{v}_2 \ \ldots \ \boldsymbol{v}_m) \ A \begin{pmatrix} x_1 \\ x_2 \\ \vdots \\ x_n \end{pmatrix}.$$

ここで，$\boldsymbol{v}_1, \boldsymbol{v}_2, \ldots, \boldsymbol{v}_m$ が1次独立であることに注意すると

$$\begin{pmatrix} y_1 \\ y_2 \\ \vdots \\ y_m \end{pmatrix} = A \begin{pmatrix} x_1 \\ x_2 \\ \vdots \\ x_n \end{pmatrix}$$

を得る．(問題4-1の5(2)による．)

例 2′　例2では，$f : \boldsymbol{R}^2 \longrightarrow \boldsymbol{R}^2$ が

$$f\left(\begin{pmatrix} x_1 \\ x_2 \end{pmatrix}\right) = \begin{pmatrix} x_1 + 2x_2 \\ 3x_1 + 2x_2 \end{pmatrix} = \begin{pmatrix} 1 & 2 \\ 3 & 2 \end{pmatrix} \begin{pmatrix} x_1 \\ x_2 \end{pmatrix}$$

で定義され，線形写像であることが示された．$\boldsymbol{R}^2$ の基底として標準基底 $\{\boldsymbol{e}_1, \boldsymbol{e}_2\}$ をとると

$$f(\boldsymbol{e}_1) = f\left(\begin{pmatrix} 1 \\ 0 \end{pmatrix}\right) = \begin{pmatrix} 1 \\ 3 \end{pmatrix}$$

$$f(\boldsymbol{e}_2) = f\left(\begin{pmatrix} 0 \\ 1 \end{pmatrix}\right) = \begin{pmatrix} 2 \\ 2 \end{pmatrix}$$

であるので，

$$(f(\boldsymbol{e}_1)\ \ f(\boldsymbol{e}_2)) = (\boldsymbol{e}_1\ \ \boldsymbol{e}_2)\begin{pmatrix} 1 & 2 \\ 3 & 2 \end{pmatrix} = (\boldsymbol{e}_1\ \ \boldsymbol{e}_2)A$$

となり，標準基底 $\{\boldsymbol{e}_1, \boldsymbol{e}_2\}$ に関する f の表現行列は，f の定義式における行列 $A = \begin{pmatrix} 1 & 2 \\ 3 & 2 \end{pmatrix}$ に一致する． ■

基底の変換と表現行列　$f : \boldsymbol{R}^n \longrightarrow \boldsymbol{R}^m$ を線形写像とし，$\boldsymbol{R}^n, \boldsymbol{R}^m$ の基底として次のものをとる．

$\boldsymbol{R}^n$ の基底として　$\{\boldsymbol{u}_1, \boldsymbol{u}_2, \cdots, \boldsymbol{u}_n\}$ と $\{\boldsymbol{u}'_1, \boldsymbol{u}'_2, \cdots, \boldsymbol{u}'_n\}$

$\boldsymbol{R}^m$ の基底として　$\{\boldsymbol{v}_1, \boldsymbol{v}_2, \cdots, \boldsymbol{v}_m\}$ と $\{\boldsymbol{v}'_1, \boldsymbol{v}'_2, \cdots, \boldsymbol{v}'_m\}$

そして，それらの基底の間の関係を

$$(\boldsymbol{u}'_1\ \ \cdots\ \ \boldsymbol{u}'_n) = (\boldsymbol{u}_1\ \ \cdots\ \ \boldsymbol{u}_n)\,P, \quad (\boldsymbol{v}'_1\ \ \cdots\ \ \boldsymbol{v}'_m) = (\boldsymbol{v}_1\ \ \cdots\ \ \boldsymbol{v}_m)\,Q \quad (*)$$

と表すと，行列 P および Q は正則行列である（問題 4-2 の 4 を参照.）行列 P, Q を基底の**変換行列**という．このとき，次の命題が成り立つ．

命題 4.2　$f : \boldsymbol{R}^n \longrightarrow \boldsymbol{R}^m$ を線形写像とし，
基底 $\{\boldsymbol{u}_1, \boldsymbol{u}_2, \cdots, \boldsymbol{u}_n\}$, $\{\boldsymbol{v}_1, \boldsymbol{v}_2, \cdots, \boldsymbol{v}_m\}$ に関する f の表現行列を A
基底 $\{\boldsymbol{u}'_1, \boldsymbol{u}'_2, \cdots, \boldsymbol{u}'_n\}$, $\{\boldsymbol{v}'_1, \boldsymbol{v}'_2, \cdots, \boldsymbol{v}'_m\}$ に関する f の表現行列を B
とし，基底の間の関係（$*$）を仮定すると，

$$B = Q^{-1}AP$$

である．

[証明]　($*$) の第 1 式と f の線形性および表現行列 A の定義より

$$\begin{aligned}
&(f(\boldsymbol{u}'_1)\ \ \cdots\ \ f(\boldsymbol{u}'_n)) \\
&\quad = (f(p_{11}\boldsymbol{u}_1 + \cdots + p_{n1}\boldsymbol{u}_n)\ \ \ldots\ \ f(p_{1n}\boldsymbol{u}_1 + \cdots + p_{nn}\boldsymbol{u}_n)) \\
&\quad = (p_{11}f(\boldsymbol{u}_1) + \cdots + p_{n1}f(\boldsymbol{u}_n)\ \ \ldots\ \ p_{1n}f(\boldsymbol{u}_1) + \cdots + p_{nn}f(\boldsymbol{u}_n)) \\
&\quad = (f(\boldsymbol{u}_1)\ \ \ldots\ \ f(\boldsymbol{u}_n))\,P
\end{aligned}$$

$$= (\boldsymbol{v}_1 \ \ldots \ \boldsymbol{v}_m)AP$$

となる．ただし，$P = (p_{ij})$ である．一方，表現行列 B の定義より

$$\begin{aligned}(f(\boldsymbol{u}'_1) \quad \ldots \quad f(\boldsymbol{u}'_n)) &= (\boldsymbol{v}'_1 \quad \ldots \quad \boldsymbol{v}'_m)B \\ &= (\boldsymbol{v}_1 \quad \ldots \quad \boldsymbol{v}_m)QB\end{aligned}$$

となる．ただし，$(*)$ の第2式を用いた．

よって，

$$(\boldsymbol{v}_1 \ \ldots \ \boldsymbol{v}_m)AP = (\boldsymbol{v}_1 \ \ldots \ \boldsymbol{v}_m)QB$$

である．ここで，$\boldsymbol{v}_1, \ldots, \boldsymbol{v}_m$ の1次独立性を用いると問題4-1の5より

$$AP = QB$$

となる．そして，問題4-2の4より Q は正則行列であるので，その逆行列 Q^{-1} を左から掛けることにより結論が得られる．■

特に，f が $\boldsymbol{R}^n$ から（それ自身）$\boldsymbol{R}^n$ への線形写像（すなわち線形変換）の場合を考える．命題4.2において，$m = n$ で

$$\{\boldsymbol{v}_1, \cdots, \boldsymbol{v}_m\} = \{\boldsymbol{u}_1, \cdots, \boldsymbol{u}_n\}, \quad \{\boldsymbol{v}'_1, \cdots, \boldsymbol{v}'_m\} = \{\boldsymbol{u}'_1, \cdots, \boldsymbol{u}'_n\}$$

として次の定理を得る．

定理 4.3　$\boldsymbol{R}^n$ の2組の基底を $\{\boldsymbol{u}_1, \boldsymbol{u}_2, \cdots, \boldsymbol{u}_n\}$, $\{\boldsymbol{u}'_1, \boldsymbol{u}'_2, \cdots, \boldsymbol{u}'_n\}$ とし，それらの変換行列を P とする．すなわち

$$(\boldsymbol{u}'_1 \ \boldsymbol{u}'_2 \ \cdots \ \boldsymbol{u}'_n) = (\boldsymbol{u}_1 \ \boldsymbol{u}_2 \ \cdots \ \boldsymbol{u}_n)\,P$$

とする．このとき，線形変換 $f : \boldsymbol{R}^n \longrightarrow \boldsymbol{R}^n$ の基底 $\{\boldsymbol{u}_1, \boldsymbol{u}_2, \cdots, \boldsymbol{u}_n\}$ に関する表現行列を A，基底 $\{\boldsymbol{u}'_1, \boldsymbol{u}'_2, \cdots, \boldsymbol{u}'_n\}$ に関する表現行列を B とすると

$$B = P^{-1}AP$$

である．

例 3 例 2 の線形変換 $f(\boldsymbol{x}) = A\boldsymbol{x} = \begin{pmatrix} 1 & 2 \\ 3 & 2 \end{pmatrix} \begin{pmatrix} x_1 \\ x_2 \end{pmatrix}$ について考察しよう．例 $2'$ で見たように $\boldsymbol{R}^2$ の標準基底 $\{\boldsymbol{e}_1, \boldsymbol{e}_2\}$ に関する表現行列は A であるが，基底 $\boldsymbol{v}_1 = \begin{pmatrix} 1 \\ -1 \end{pmatrix}$，$\boldsymbol{v}_2 = \begin{pmatrix} 2 \\ 3 \end{pmatrix}$ に関する表現行列 B をここでは定理 4.3 を使わずに，直接求めてみよう．

まず，

$$(\boldsymbol{v}_1 \quad \boldsymbol{v}_2) = (\boldsymbol{e}_1 \quad \boldsymbol{e}_2) \begin{pmatrix} 1 & 2 \\ -1 & 3 \end{pmatrix}$$

である．そこで，$P = \begin{pmatrix} 1 & 2 \\ -1 & 3 \end{pmatrix}$ とおく．f の線形性と例 $2'$ を用いると

$$\begin{aligned}
(f(\boldsymbol{v}_1) \quad f(\boldsymbol{v}_2)) &= (f(\boldsymbol{e}_1 - \boldsymbol{e}_2) \quad f(2\boldsymbol{e}_1 + 3\boldsymbol{e}_2)) \\
&= (f(\boldsymbol{e}_1) - f(\boldsymbol{e}_2) \quad 2f(\boldsymbol{e}_1) + 3f(\boldsymbol{e}_2)) \\
&= (f(\boldsymbol{e}_1) \quad f(\boldsymbol{e}_2)) \begin{pmatrix} 1 & 2 \\ -1 & 3 \end{pmatrix} \\
&= (\boldsymbol{e}_1 \quad \boldsymbol{e}_2) AP \\
&= (\boldsymbol{v}_1 \quad \boldsymbol{v}_2) P^{-1}AP
\end{aligned}$$

となる．よって，基底 $\{\boldsymbol{v}_1, \boldsymbol{v}_2\}$ に関する f の表現行列 B は

$$B = P^{-1}AP = \frac{1}{5}\begin{pmatrix} 3 & -2 \\ 1 & 1 \end{pmatrix} \begin{pmatrix} 1 & 2 \\ 3 & 2 \end{pmatrix} \begin{pmatrix} 1 & 2 \\ -1 & 3 \end{pmatrix} = \begin{pmatrix} -1 & 0 \\ 0 & 4 \end{pmatrix}$$

である． ■

像と核 線形写像 $f : \boldsymbol{R}^n \longrightarrow \boldsymbol{R}^m$ に対して，

$$\mathrm{Im}(f) = \{f(\boldsymbol{x}) \in \boldsymbol{R}^m \mid \boldsymbol{x} \text{ は} \boldsymbol{R}^n \text{の任意のベクトル}\}$$
$$\mathrm{Ker}(f) = \{\boldsymbol{x} \in \boldsymbol{R}^n \mid \boldsymbol{x} \text{ は } f(\boldsymbol{x}) = \boldsymbol{0} \text{ を満たす}\}$$

をそれぞれ f の**像**，**核**という．例えば，線形写像 f が $m \times n$ 行列 $A = (\boldsymbol{u}_1 \ \boldsymbol{u}_2 \ \ldots \ \boldsymbol{u}_n)$ で $f(\boldsymbol{x}) = A\boldsymbol{x}$ と表されるとき，

$$A\boldsymbol{x} = (\boldsymbol{u}_1 \ \boldsymbol{u}_2 \ \ldots \ \boldsymbol{u}_n)\begin{pmatrix} x_1 \\ x_2 \\ \vdots \\ x_n \end{pmatrix} = x_1\boldsymbol{u}_1 + x_2\boldsymbol{u}_2 + \cdots + x_n\boldsymbol{u}_n$$

となるので，$\mathrm{Im}(f)$ はベクトル $\boldsymbol{u}_1, \boldsymbol{u}_2, \ldots, \boldsymbol{u}_n$ で生成される $\boldsymbol{R}^m$ の部分空間である：

$$\mathrm{Im}(f) = S[\boldsymbol{u}_1, \boldsymbol{u}_2, \ldots, \boldsymbol{u}_n]$$

そして，

$$\mathrm{Ker}(f) = \{\boldsymbol{x} \in \boldsymbol{R}^n \mid A\boldsymbol{x} = \boldsymbol{0}\}$$

となるので，f の核は $A\boldsymbol{x} = \boldsymbol{0}$ という同次連立 1 次方程式の解のすべての集合であるが，これは $\boldsymbol{R}^n$ の部分空間である．すなわち，次の定理が得られる．（証明は問題 4-2 の 5 を参照．）

定理 4.4　線形写像 $f : \boldsymbol{R}^n \longrightarrow \boldsymbol{R}^m$ に対し，

(1) $\mathrm{Im}(f)$ は $\boldsymbol{R}^m$ の部分空間である．
(2) $\mathrm{Ker}(f)$ は $\boldsymbol{R}^n$ の部分空間である．

部分空間の次元に関する次の結果は証明なしで述べる．

定理 4.5　(**次元定理**) 線形写像 $f : \boldsymbol{R}^n \longrightarrow \boldsymbol{R}^m$ の $\boldsymbol{R}^n, \boldsymbol{R}^m$ 上の標準基底に関する表現行列を A とする．このとき，

$$f(\boldsymbol{x}) = A\boldsymbol{x}$$

であるから，$\mathrm{Ker}(f)$ は $A\boldsymbol{x} = \boldsymbol{0}$ の解空間である．そして，

$$\dim \mathrm{Ker}(f) = n - \mathrm{rank}(A)$$

となる．

注　次元定理は通常

$$\dim \mathrm{Ker}(f) + \dim \mathrm{Im}(f) = n$$

という形である．しかし，

$$\mathrm{rank}(A) = \dim \mathrm{Im}(f)$$

が成り立ち，本書では $\mathrm{Im}(f)$ よりも $\mathrm{rank}(A)$ を多く用いるので，定理 4.5 の形で述べた．

問題 4-2

1. 次の写像 $f : \boldsymbol{R}^2 \longrightarrow \boldsymbol{R}^2$ が線形写像であるかどうか調べよ

(1) $f\left(\begin{pmatrix} x_1 \\ x_2 \end{pmatrix}\right) = \begin{pmatrix} 2x_1 - 4x_2 \\ x_1 + 3x_2 \end{pmatrix}$ (2) $f\left(\begin{pmatrix} x_1 \\ x_2 \end{pmatrix}\right) = \begin{pmatrix} x_1 - x_2 + 1 \\ 2x_1 - 2x_2 - 1 \end{pmatrix}$

(3) $f\left(\begin{pmatrix} x_1 \\ x_2 \end{pmatrix}\right) = \begin{pmatrix} x_2 \\ x_1 \end{pmatrix}$

2. 線形写像 $f : \boldsymbol{R}^3 \longrightarrow \boldsymbol{R}^2$ が

$$f\left(\begin{pmatrix} x_1 \\ x_2 \\ x_3 \end{pmatrix}\right) = \begin{pmatrix} 2x_1 - 3x_2 + 4x_3 \\ x_1 \qquad - x_3 \end{pmatrix}$$

で定義されている．$\boldsymbol{R}^3$ と $\boldsymbol{R}^2$ の基底が次で与えられるとき，f の表現行列を求めよ．

(1) $\boldsymbol{R}^3$ の基底 $\left\{ \boldsymbol{e}_1 = \begin{pmatrix} 1 \\ 0 \\ 0 \end{pmatrix}, \boldsymbol{e}_2 = \begin{pmatrix} 0 \\ 1 \\ 0 \end{pmatrix}, \boldsymbol{e}_3 = \begin{pmatrix} 0 \\ 0 \\ 1 \end{pmatrix} \right\}$,

$\boldsymbol{R}^2$ の基底 $\left\{ \boldsymbol{v}_1 = \begin{pmatrix} 1 \\ 0 \end{pmatrix}, \boldsymbol{v}_2 = \begin{pmatrix} 1 \\ 1 \end{pmatrix} \right\}$

(2) $\boldsymbol{R}^3$ の基底 $\left\{ \boldsymbol{u}_1 = \begin{pmatrix} 1 \\ 0 \\ 0 \end{pmatrix}, \boldsymbol{u}_2 = \begin{pmatrix} 1 \\ 1 \\ 0 \end{pmatrix}, \boldsymbol{u}_3 = \begin{pmatrix} 1 \\ 1 \\ 1 \end{pmatrix} \right\}$,

$\boldsymbol{R}^2$ の基底 $\left\{ \boldsymbol{v}_1 = \begin{pmatrix} 1 \\ 1 \end{pmatrix}, \boldsymbol{v}_2 = \begin{pmatrix} 1 \\ 2 \end{pmatrix} \right\}$

3. $\boldsymbol{R}^2$ の線形変換 f が

$$f\left(\begin{pmatrix} x_1 \\ x_2 \end{pmatrix}\right) = \begin{pmatrix} 5x_1 - 4x_2 \\ 3x_1 - 2x_2 \end{pmatrix}$$

で定義されている．$\boldsymbol{R}^2$ の基底が次で与えられるとき，f の表現行列を求めよ．

(1) $\left\{\boldsymbol{u}_1 = \begin{pmatrix} 0 \\ 1 \end{pmatrix}, \boldsymbol{u}_2 = \begin{pmatrix} 1 \\ 0 \end{pmatrix}\right\}$　(2) $\left\{\boldsymbol{v}_1 = \begin{pmatrix} 1 \\ 1 \end{pmatrix}, \boldsymbol{v}_2 = \begin{pmatrix} 1 \\ 2 \end{pmatrix}\right\}$

4. $\boldsymbol{a}_1, \boldsymbol{a}_2, \ldots, \boldsymbol{a}_n$ を $\boldsymbol{R}^n$ の基底とし，n 次のベクトル $\boldsymbol{b}_1, \boldsymbol{b}_2, \ldots, \boldsymbol{b}_n$ が n 次正方行列 P を用いて

$$(\boldsymbol{b}_1\ \boldsymbol{b}_2\ \ldots\ \boldsymbol{b}_n) = (\boldsymbol{a}_1\ \boldsymbol{a}_2\ \ldots\ \boldsymbol{a}_n)P$$

と表されているとする．このとき，

$$\boldsymbol{b}_1, \boldsymbol{b}_2, \ldots, \boldsymbol{b}_n \text{ が } \boldsymbol{R}^n \text{ の基底} \iff |P| \neq 0$$

である．

5. 線形写像 $f : \boldsymbol{R}^n \longrightarrow \boldsymbol{R}^m$ について次のことを示せ．

(1) $\mathrm{Im}(f)$ は $\boldsymbol{R}^m$ の部分空間である．

(2) $\mathrm{Ker}(f)$ は $\boldsymbol{R}^n$ の部分空間である．

章末問題●4

1. 次のベクトルの組は1次独立か，1次従属か調べよ．

(1) $\begin{pmatrix} 1 \\ 2 \\ 3 \end{pmatrix}, \begin{pmatrix} 1 \\ 3 \\ 5 \end{pmatrix}$　(2) $\begin{pmatrix} 1 \\ 2 \\ 3 \end{pmatrix}, \begin{pmatrix} 1 \\ 3 \\ 5 \end{pmatrix}, \begin{pmatrix} 2 \\ 2 \\ 2 \end{pmatrix}$

(3) $\begin{pmatrix} 1 \\ 1 \\ 0 \end{pmatrix}, \begin{pmatrix} 1 \\ 0 \\ 1 \end{pmatrix}, \begin{pmatrix} 0 \\ 1 \\ 1 \end{pmatrix}$　(4) $\begin{pmatrix} 1 \\ 1 \\ 0 \end{pmatrix}, \begin{pmatrix} 1 \\ 0 \\ 1 \end{pmatrix}, \begin{pmatrix} 0 \\ 1 \\ 1 \end{pmatrix}, \begin{pmatrix} 1 \\ 1 \\ 1 \end{pmatrix}$

(5) $\begin{pmatrix} 1 \\ 1 \\ 0 \\ 0 \end{pmatrix}, \begin{pmatrix} 1 \\ 0 \\ 1 \\ 0 \end{pmatrix}, \begin{pmatrix} 0 \\ 1 \\ 0 \\ 1 \end{pmatrix}, \begin{pmatrix} 0 \\ 0 \\ 1 \\ 1 \end{pmatrix}$　(6) $\begin{pmatrix} 1 \\ 1 \\ 0 \\ 0 \end{pmatrix}, \begin{pmatrix} 1 \\ 0 \\ 1 \\ 0 \end{pmatrix}, \begin{pmatrix} 0 \\ 1 \\ 1 \\ 0 \end{pmatrix}, \begin{pmatrix} 0 \\ 0 \\ 1 \\ 1 \end{pmatrix}$

2. $\boldsymbol{R}^3$ のベクトルの組 $\left\{\boldsymbol{u}_1 = \begin{pmatrix} 1 \\ a \\ a^2 \end{pmatrix}, \boldsymbol{u}_2 = \begin{pmatrix} 1 \\ b \\ b^2 \end{pmatrix}, \boldsymbol{u}_3 = \begin{pmatrix} 1 \\ c \\ c^2 \end{pmatrix}\right\}$

は，実数 a, b, c が互いに異なる場合，1次独立であることを示せ．

3. $\boldsymbol{R}^3$ のベクトルの組 $\left\{\boldsymbol{u}_1 = \begin{pmatrix} 1 \\ 0 \\ 1 \end{pmatrix}, \boldsymbol{u}_2 = \begin{pmatrix} 0 \\ 1 \\ 0 \end{pmatrix}, \boldsymbol{u}_3 = \begin{pmatrix} 1 \\ 0 \\ -1 \end{pmatrix}\right\}$ が $\boldsymbol{R}^3$ の基底であることを示せ．また，次のベクトルを $\boldsymbol{u}_1, \boldsymbol{u}_2, \boldsymbol{u}_3$ の 1 次結合として表せ．

$$(1)\ \ \boldsymbol{a} = \begin{pmatrix} 3 \\ 3 \\ 1 \end{pmatrix} \qquad (2)\ \ \boldsymbol{b} = \begin{pmatrix} 1 \\ 2 \\ 3 \end{pmatrix} \qquad (3)\ \ \boldsymbol{x} = \begin{pmatrix} x_1 \\ x_2 \\ x_3 \end{pmatrix}$$

4. 次の命題の正否を調べ，証明または反例をあげよ．

(1) $\boldsymbol{u}_1, \boldsymbol{u}_2, \boldsymbol{u}_3$ が 1 次独立ならば，$\boldsymbol{u}_1, \boldsymbol{u}_1 + \boldsymbol{u}_2, \boldsymbol{u}_1 + \boldsymbol{u}_2 + \boldsymbol{u}_3$ は 1 次独立．

(2) $\boldsymbol{u}_1, \boldsymbol{u}_2, \boldsymbol{u}_3$ が 1 次独立ならば，$\boldsymbol{u}_1 + \boldsymbol{u}_2 + \boldsymbol{u}_3, \boldsymbol{u}_2 + \boldsymbol{u}_3, \boldsymbol{u}_1 + \boldsymbol{u}_3$ は 1 次独立．

(3) $\boldsymbol{u}_1, \boldsymbol{u}_1 + \boldsymbol{u}_2, \boldsymbol{u}_1 + \boldsymbol{u}_2 + \boldsymbol{u}_3$ が 1 次独立ならば，$\boldsymbol{u}_1, \boldsymbol{u}_2, \boldsymbol{u}_3$ は 1 次独立．

(4) $\boldsymbol{u}_1$ と $\boldsymbol{u}_2$，$\boldsymbol{u}_2$ と $\boldsymbol{u}_3$，$\boldsymbol{u}_1$ と $\boldsymbol{u}_3$ が 1 次独立ならば，$\boldsymbol{u}_1, \boldsymbol{u}_2, \boldsymbol{u}_3$ は 1 次独立．

5. 2 つの写像 f, g があり，

$f : \boldsymbol{R}^n \longrightarrow \boldsymbol{R}^m$ は $\boldsymbol{u} \in \boldsymbol{R}^n$ に対し $f(\boldsymbol{u}) = \boldsymbol{v} \in \boldsymbol{R}^m$ を対応させ，
$g : \boldsymbol{R}^m \longrightarrow \boldsymbol{R}^k$ は $\boldsymbol{v} \in \boldsymbol{R}^m$ に対し $g(\boldsymbol{v}) = \boldsymbol{w} \in \boldsymbol{R}^k$ を対応させる

とするとき，$\boldsymbol{u} \in \boldsymbol{R}^n$ に対して $g(f(\boldsymbol{u})) = \boldsymbol{w} \in \boldsymbol{R}^k$ を対応させる写像 $g \circ f : \boldsymbol{R}^n \longrightarrow \boldsymbol{R}^k$ を f と g の合成写像という．

(1) f, g が線形写像であるとき，$g \circ f$ も線形写像であることを示せ．

(2) $\boldsymbol{R}^n, \boldsymbol{R}^m, \boldsymbol{R}^k$ のそれぞれの基底を $\{\boldsymbol{u}_1, \boldsymbol{u}_2, \ldots, \boldsymbol{u}_n\} = \mathcal{U}$, $\{\boldsymbol{v}_1, \boldsymbol{v}_2, \ldots, \boldsymbol{v}_n\} = \mathcal{V}$, $\{\boldsymbol{w}_1, \boldsymbol{w}_2, \ldots, \boldsymbol{w}_n\} = \mathcal{W}$ とする．そして，基底 $\mathcal{U}$, $\mathcal{V}$ に関する線形写像 f の表現行列を A，基底 $\mathcal{V}, \mathcal{W}$ に関する線形写像 g の表現行列を B とすると，合成写像 $g \circ f$ の基底 $\mathcal{U}, \mathcal{W}$ に関する表現行列は BA であることを示せ．

6. 行列の階段行列はただ一通りに決まることを示せ．

7. $W \neq \{\boldsymbol{0}\}$ を $\boldsymbol{R}^n$ の部分空間とすると，W は基底を持つ．

8. 部分空間 W の基底に含まれるベクトルの個数は，基底の取り方によらず

一定であることを示せ.

第 5 章

行列の対角化

5.1　固有値と固有ベクトル

線形変換による像　次のような 2 次正方行列 A で定義された $\boldsymbol{R}^2$ の線形変換 f を考えよう.

$$f(\boldsymbol{x}) = A\boldsymbol{x} = \begin{pmatrix} 2 & 0 \\ 0 & \frac{1}{2} \end{pmatrix} \boldsymbol{x}$$

f がいろいろな $\boldsymbol{x}$ をどのように変換するか, グラフで表したものが図 5.1 である.

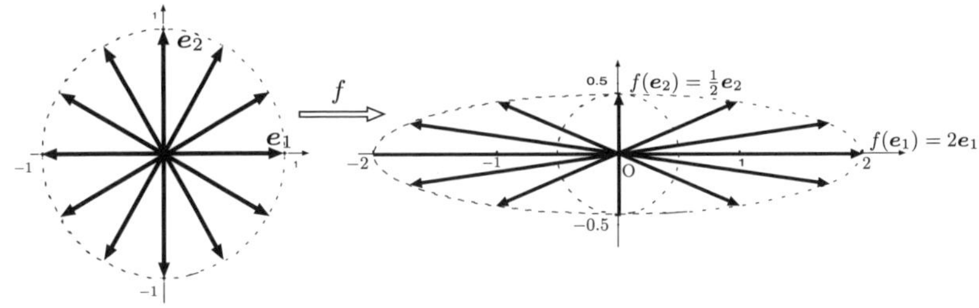

図 5.1

ここで, ベクトル $\boldsymbol{e}_1 = \begin{pmatrix} 1 \\ 0 \end{pmatrix}$, $\boldsymbol{e}_2 = \begin{pmatrix} 0 \\ 1 \end{pmatrix}$ は f で変換されることにより

$$f(\boldsymbol{e}_1) = \begin{pmatrix} 2 & 0 \\ 0 & \frac{1}{2} \end{pmatrix} \begin{pmatrix} 1 \\ 0 \end{pmatrix} = \begin{pmatrix} 2 \\ 0 \end{pmatrix} = 2\boldsymbol{e}_1$$

$$f(\boldsymbol{e}_2) = \begin{pmatrix} 2 & 0 \\ 0 & \frac{1}{2} \end{pmatrix} \begin{pmatrix} 0 \\ 1 \end{pmatrix} = \begin{pmatrix} 0 \\ \frac{1}{2} \end{pmatrix} = \frac{1}{2}\boldsymbol{e}_2$$

と自分自身の定数倍になる．以下では，このようなベクトルを求めることを考えよう．

固有値と固有ベクトル　n 次正方行列 A を用いて，

$$f(\boldsymbol{x}) = A\boldsymbol{x}$$

で与えられた線形変換 $f : \boldsymbol{R}^n \longrightarrow \boldsymbol{R}^n$ を考える．

$$A\boldsymbol{x} = \lambda\boldsymbol{x}, \quad \boldsymbol{x} \neq \boldsymbol{0}$$

を満たす数 λ と n 次のベクトル $\boldsymbol{x}$ が存在するとき，λ を A の**固有値**，$\boldsymbol{x}$ を固有値 λ の（固有値 λ に属する）**固有ベクトル**という．

ここで，

$$A\boldsymbol{x} = \lambda\boldsymbol{x} \iff (\lambda E - A)\boldsymbol{x} = \boldsymbol{0}$$

であるので，次の定理が得られる．(定理 3.18 および定理 6.4 を参照せよ．)

定理 5.1　λ が行列 A の固有値であるための必要十分条件は

$$|\lambda E - A| = 0$$

である．

そこで，行列 A に対して，t を変数として

$$g_A(t) = |tE - A| = \begin{vmatrix} t - a_{11} & -a_{12} & \cdots & -a_{1n} \\ -a_{21} & t - a_{22} & \cdots & -a_{2n} \\ \vdots & \vdots & \ddots & \vdots \\ -a_{n1} & -a_{n2} & \cdots & t - a_{nn} \end{vmatrix}$$

とおこう．この行列式を展開すると t の n 次多項式になるが，これを行列 A の**固有多項式**といい，方程式 $g_A(t) = 0$ を**固有方程式**という．定理 5.1 より，

$$\lambda \text{ が } A \text{ の固有値} \iff \lambda \text{が固有方程式 } g_A(t) = 0 \text{ の解}$$

である．固有方程式は n 次の方程式であるので，複素数の範囲で，重複度を込めて，ちょうど n 個の解（すなわち固有値）を持つ．

例 1　三角行列 $A = \begin{pmatrix} a_{11} & a_{12} & a_{13} \\ 0 & a_{22} & a_{23} \\ 0 & 0 & a_{33} \end{pmatrix}$ に対する固有方程式は

$$|tE - A| = \begin{vmatrix} t - a_{11} & -a_{12} & -a_{13} \\ 0 & t - a_{22} & -a_{23} \\ 0 & 0 & t - a_{33} \end{vmatrix} = (t - a_{11})(t - a_{22})(t - a_{33}) = 0$$

となるので，A の固有値は対角成分 a_{11}, a_{22}, a_{33} である．■

例題 1　行列 $A = \begin{pmatrix} 3 & 2 \\ 1 & 2 \end{pmatrix}$ の固有値，固有ベクトルを求めよ．

［解］　A の固有値について：

$$\begin{aligned} |tE - A| &= \begin{vmatrix} t-3 & -2 \\ -1 & t-2 \end{vmatrix} = (t-3)(t-2) - (-2)(-1) = t^2 - 5t + 4 \\ &= (t-1)(t-4) \end{aligned}$$

より，固有値は 1 と 4 である．

固有値 1 の固有ベクトルを求める：$\boldsymbol{x} = \begin{pmatrix} x_1 \\ x_2 \end{pmatrix}$ について

$$\begin{aligned} A\boldsymbol{x} = 1\boldsymbol{x} \iff (1E - A)\boldsymbol{x} = \boldsymbol{0} &\iff \begin{pmatrix} -2 & -2 \\ -1 & -1 \end{pmatrix} \begin{pmatrix} x_1 \\ x_2 \end{pmatrix} = \begin{pmatrix} 0 \\ 0 \end{pmatrix} \\ &\iff x_1 + x_2 = 0 \end{aligned}$$

よって，s を 0 でない任意の実数として，$x_1 = s,\ x_2 = -s$.
すなわち，

$$\begin{pmatrix} x_1 \\ x_2 \end{pmatrix} = s \begin{pmatrix} 1 \\ -1 \end{pmatrix} \quad (s \neq 0 \text{ は任意})$$

が固有ベクトルである．

固有値 4 の固有ベクトルを求める：$\boldsymbol{x} = \begin{pmatrix} x_1 \\ x_2 \end{pmatrix}$ について

$$A\boldsymbol{x} = 4\boldsymbol{x} \iff (4E - A)\boldsymbol{x} = \mathbf{0} \iff \begin{pmatrix} 1 & -2 \\ -1 & 2 \end{pmatrix} \begin{pmatrix} x_1 \\ x_2 \end{pmatrix} = \begin{pmatrix} 0 \\ 0 \end{pmatrix}$$
$$\iff x_1 - 2x_2 = 0$$

よって，s' を 0 でない任意の実数として，$x_1 = 2s'$, $x_2 = s'$.
すなわち，

$$\begin{pmatrix} x_1 \\ x_2 \end{pmatrix} = s' \begin{pmatrix} 2 \\ 1 \end{pmatrix} \quad (s' \neq 0 \text{ は任意})$$

が固有ベクトルである．■

例題 2　行列 $A = \begin{pmatrix} 1 & -1 & -1 \\ -1 & 1 & -1 \\ -1 & -1 & 1 \end{pmatrix}$ の固有値，固有ベクトルを求めよ．

[解]　A の固有値について：

$$|tE - A| = \begin{vmatrix} t-1 & 1 & 1 \\ 1 & t-1 & 1 \\ 1 & 1 & t-1 \end{vmatrix} = (t-1)^3 + 1 + 1 - 3(t-1)$$
$$= t^3 - 3t^2 + 4$$
$$= (t+1)(t-2)^2$$

より，固有値は -1 と 2(重複度 2) である．

固有値 2 の固有ベクトルを求める：$\boldsymbol{x} = \begin{pmatrix} x_1 \\ x_2 \\ x_3 \end{pmatrix}$ について

$$A\boldsymbol{x} = 2\boldsymbol{x} \iff (2E - A)\boldsymbol{x} = \mathbf{0} \iff \begin{pmatrix} 1 & 1 & 1 \\ 1 & 1 & 1 \\ 1 & 1 & 1 \end{pmatrix} \begin{pmatrix} x_1 \\ x_2 \\ x_3 \end{pmatrix} = \begin{pmatrix} 0 \\ 0 \\ 0 \end{pmatrix}$$
$$\iff x_1 + x_2 + x_3 = 0$$

よって，$x_2 = s_1$, $x_3 = s_2$ とおくと，$x_1 = -s_1 - s_2$.

すなわち,

$$\begin{pmatrix} x_1 \\ x_2 \\ x_3 \end{pmatrix} = \begin{pmatrix} -s_1 - s_2 \\ s_1 \\ s_2 \end{pmatrix} = s_1 \begin{pmatrix} -1 \\ 1 \\ 0 \end{pmatrix} + s_2 \begin{pmatrix} -1 \\ 0 \\ 1 \end{pmatrix}$$ (s_1, s_2 は同時には 0 にならない任意の実数)

が固有ベクトルである.

固有値 -1 の固有ベクトルを求める：$\boldsymbol{x} = \begin{pmatrix} x_1 \\ x_2 \\ x_3 \end{pmatrix}$ について

$$A\boldsymbol{x} = -1\boldsymbol{x} \Longleftrightarrow (-1E - A)\boldsymbol{x} = \boldsymbol{0} \Longleftrightarrow \begin{pmatrix} -2 & 1 & 1 \\ 1 & -2 & 1 \\ 1 & 1 & -2 \end{pmatrix} \begin{pmatrix} x_1 \\ x_2 \\ x_3 \end{pmatrix} = \begin{pmatrix} 0 \\ 0 \\ 0 \end{pmatrix}$$
$$\Longleftrightarrow x_1 = x_2 = x_3$$

よって, x_3 を 0 でない任意の実数 s_3 とおくと, $x_1 = x_2 = s_3$.
すなわち,

$$\begin{pmatrix} x_1 \\ x_2 \\ x_3 \end{pmatrix} = s_3 \begin{pmatrix} 1 \\ 1 \\ 1 \end{pmatrix} \quad (s_3 \neq 0 \text{ は任意})$$

が固有ベクトルである. ■

参考　固有値 2 の固有ベクトルを求めるに際して,

$$A\boldsymbol{x} = 2\boldsymbol{x} \Longleftrightarrow \left(\begin{array}{ccc|c} 1 & 1 & 1 & 0 \\ 1 & 1 & 1 & 0 \\ 1 & 1 & 1 & 0 \end{array}\right) \xrightarrow[\substack{②-①\\③-①}]{} \left(\begin{array}{ccc|c} 1 & 1 & 1 & 0 \\ 0 & 0 & 0 & 0 \\ 0 & 0 & 0 & 0 \end{array}\right)$$

となる. ここで, 自由度 $= n - \mathrm{rank}\,(A : \boldsymbol{b}) = 3 - 1 = 2$ であるので, 定理 6.1 の解の任意定数は 2 つある. 階段行列における主成分に対応する未知数 x_1 以外の未知数 x_2, x_3 を先に $x_2 = s_1$, $x_3 = s_2$ と決めると, $x_1 = -s_1 - s_2$ となるので,

$$\begin{pmatrix} x_1 \\ x_2 \\ x_3 \end{pmatrix} = \begin{pmatrix} -s_1 - s_2 \\ s_1 \\ s_2 \end{pmatrix} = s_1 \begin{pmatrix} -1 \\ 1 \\ 0 \end{pmatrix} + s_2 \begin{pmatrix} -1 \\ 0 \\ 1 \end{pmatrix}$$

が得られる．これが固有ベクトルである．

固有値 -1 の固有ベクトルについても同様に，$(-1E-A)\boldsymbol{x}=\boldsymbol{0}$ の拡大係数行列は

$$\left(\begin{array}{ccc|c} -2 & 1 & 1 & 0 \\ 1 & -2 & 1 & 0 \\ 1 & 1 & -2 & 0 \end{array}\right) \xrightarrow[\text{③}-\text{②}]{\text{①}-\text{②}} \left(\begin{array}{ccc|c} -3 & 3 & 0 & 0 \\ 1 & -2 & 1 & 0 \\ 0 & 3 & -3 & 0 \end{array}\right)$$

$$\xrightarrow[\text{①}\leftrightarrow\text{②}]{} \left(\begin{array}{ccc|c} 1 & -2 & 1 & 0 \\ -3 & 3 & 0 & 0 \\ 0 & 3 & -3 & 0 \end{array}\right) \xrightarrow[\text{③}\times\frac{1}{3}]{\text{②}\times\frac{1}{3}} \left(\begin{array}{ccc|c} 1 & -2 & 1 & 0 \\ -1 & 1 & 0 & 0 \\ 0 & 1 & -1 & 0 \end{array}\right)$$

$$\xrightarrow[\text{②}+\text{①}]{} \left(\begin{array}{ccc|c} 1 & -2 & 1 & 0 \\ 0 & -1 & 1 & 0 \\ 0 & 1 & -1 & 0 \end{array}\right) \xrightarrow[\text{③}+\text{②}]{} \left(\begin{array}{ccc|c} 1 & -2 & 1 & 0 \\ 0 & -1 & 1 & 0 \\ 0 & 0 & 0 & 0 \end{array}\right)$$

$$\xrightarrow[\text{②}\times(-1)]{} \left(\begin{array}{ccc|c} 1 & -2 & 1 & 0 \\ 0 & 1 & -1 & 0 \\ 0 & 0 & 0 & 0 \end{array}\right) \xrightarrow[\text{①}+\text{②}\times 2]{} \left(\begin{array}{ccc|c} 1 & 0 & -1 & 0 \\ 0 & 1 & -1 & 0 \\ 0 & 0 & 0 & 0 \end{array}\right)$$

となる．ここで，自由度 $= n - \mathrm{rank}\,(A:\boldsymbol{b}) = 3-2 = 1$ であるので，定理 6.1 よりその解の任意定数は 1 つである．主成分に対応していない x_3 を先に $x_3 = s_3$ と決めると，$x_1 = s_3$, $x_2 = s_3$ となるので，

$$\begin{pmatrix} x_1 \\ x_2 \\ x_3 \end{pmatrix} = \begin{pmatrix} s_3 \\ s_3 \\ s_3 \end{pmatrix} = s_3 \begin{pmatrix} 1 \\ 1 \\ 1 \end{pmatrix}$$

が得られる．これが固有ベクトルである．■

問題 5-1

1.　次の行列の固有値と固有ベクトルを求めよ．

(1) $\begin{pmatrix} 3 & 2 \\ 1 & 4 \end{pmatrix}$　(2) $\begin{pmatrix} 0 & 1 \\ 1 & 0 \end{pmatrix}$　(3) $\begin{pmatrix} 1 & 2 \\ -1 & 4 \end{pmatrix}$

(4) $\begin{pmatrix} 1 & 1 & 1 \\ 0 & 1 & 0 \\ 2 & 1 & 0 \end{pmatrix}$　(5) $\begin{pmatrix} 0 & 0 & -1 \\ 0 & 1 & 0 \\ -1 & 0 & 0 \end{pmatrix}$　(6) $\begin{pmatrix} 1 & 0 & 0 \\ 0 & -1 & 1 \\ 0 & 0 & 1 \end{pmatrix}$

2.　n 次正方行列 A と A の転置行列 A^T が同じ固有値を持つことを示せ．

5.2　行列の対角化

行列の相似　線形変換 $f : \boldsymbol{R}^n \to \boldsymbol{R}^n$ について考えよう．$\boldsymbol{R}^n$ の基底 $\{\boldsymbol{u}_1, \boldsymbol{u}_2, \cdots, \boldsymbol{u}_n\}$ に関する表現行列を A とする：

$$(f(\boldsymbol{u}_1) \quad f(\boldsymbol{u}_2) \quad \cdots \quad f(\boldsymbol{u}_n)) = (\boldsymbol{u}_1 \quad \boldsymbol{u}_2 \quad \cdots \quad \boldsymbol{u}_n)A$$

また，$\boldsymbol{R}^n$ の基底 $\{\boldsymbol{u}'_1 \ \boldsymbol{u}'_2 \ \cdots \ \boldsymbol{u}'_n\}$ に関する表現行列を B とする：

$$(f(\boldsymbol{u}'_1) \quad f(\boldsymbol{u}'_2) \quad \cdots \quad f(\boldsymbol{u}'_n)) = (\boldsymbol{u}'_1 \quad \boldsymbol{u}'_2 \quad \cdots \quad \boldsymbol{u}'_n)B$$

そして，2 つの基底の間の関係を

$$(\boldsymbol{u}'_1 \quad \boldsymbol{u}'_2 \quad \cdots \quad \boldsymbol{u}'_n) = (\boldsymbol{u}_1 \quad \boldsymbol{u}_2 \quad \cdots \quad \boldsymbol{u}_n)P$$

とする．このとき，P は正則行列であり（問題 4-2 の 4），行列 A と B について

$$B = P^{-1}AP$$

が成り立つ（定理 4.2）．この等式が成り立つとき，A と B は**相似**であるという．そして，次の定理が得られる．

> **定理 5.2**　相似な 2 つの行列 A, B の固有多項式および固有値は一致する．

[証明]　まず，定理 3.14 より $|P^{-1}||P| = |P^{-1}P| = |E| = 1$ であるから，

$$\begin{aligned} g_B(t) &= |tE - B| = \left|tE - P^{-1}AP\right| = \left|P^{-1}(tE - A)P\right| \\ &= \left|P^{-1}\right| |tE - A| \, |P| = |tE - A| = g_A(t) \end{aligned}$$

が成り立つ．したがって，A, B の固有値も一致する．　■

行列の対角化　n 次正方行列 A が**対角化可能**とは，対角行列に相似なとき，すなわち

$$P^{-1}AP = \begin{pmatrix} \alpha_1 & & & 0 \\ & \alpha_2 & & \\ & & \ddots & \\ 0 & & & \alpha_n \end{pmatrix}$$

となる正則行列 P が存在するときにいう．次のように対角化可能性は固有ベクトルの1次独立性と関係がある．

> **定理 5.3**　n 次正方行列 A が対角化可能であるための必要十分条件は，A が n 個の1次独立な固有ベクトル $\boldsymbol{p}_1, \boldsymbol{p}_2, \cdots, \boldsymbol{p}_n$ を持つことである．このとき，$P = (\boldsymbol{p}_1 \ \cdots \ \boldsymbol{p}_n)$, $A\boldsymbol{p}_1 = \lambda_1\boldsymbol{p}_1, \cdots, A\boldsymbol{p}_n = \lambda_n\boldsymbol{p}_n$ とすると，
>
> $$P^{-1}AP = \begin{pmatrix} \lambda_1 & & & 0 \\ & \lambda_2 & & \\ & & \ddots & \\ 0 & & & \lambda_n \end{pmatrix}$$
>
> である．

[証明]　（十分性）A の n 個の1次独立な固有ベクトル $\boldsymbol{p}_1, \boldsymbol{p}_2, \cdots, \boldsymbol{p}_n$ がそれぞれ固有値 $\lambda_1, \lambda_2, \cdots, \lambda_n$ に属するとする：

$$A\boldsymbol{p}_1 = \lambda_1\boldsymbol{p}_1\,, \ \cdots\,, \ A\boldsymbol{p}_n = \lambda_n\boldsymbol{p}_n$$

このとき，

$$\begin{aligned} AP &= A(\boldsymbol{p}_1 \ \boldsymbol{p}_2 \ \cdots \ \boldsymbol{p}_n) = (A\boldsymbol{p}_1 \ A\boldsymbol{p}_2 \ \cdots \ A\boldsymbol{p}_n) \\ &= (\lambda_1\boldsymbol{p}_1 \ \lambda_2\boldsymbol{p}_2 \ \cdots \ \lambda_n\boldsymbol{p}_n) = (\boldsymbol{p}_1 \ \boldsymbol{p}_2 \ \cdots \ \boldsymbol{p}_n)\begin{pmatrix} \lambda_1 & & & 0 \\ & \lambda_2 & & \\ & & \ddots & \\ 0 & & & \lambda_n \end{pmatrix} \end{aligned}$$

問題 4-1 の 3 より，P は正則行列であるので，両辺の左から P^{-1} を掛けると

$$P^{-1}AP = \begin{pmatrix} \lambda_1 & & & \text{\huge 0} \\ & \lambda_2 & & \\ & & \ddots & \\ \text{\huge 0} & & & \lambda_n \end{pmatrix}$$

となる．

（必要性）

$$P^{-1}AP = \begin{pmatrix} \lambda_1 & & & \text{\huge 0} \\ & \lambda_2 & & \\ & & \ddots & \\ \text{\huge 0} & & & \lambda_n \end{pmatrix}$$

とする．行列 $P = (\boldsymbol{p}_1\ \boldsymbol{p}_2\ \cdots\ \boldsymbol{p}_n)$ と表し，それを両辺の左から掛けると

$$AP = P\begin{pmatrix} \lambda_1 & & & \text{\huge 0} \\ & \lambda_2 & & \\ & & \ddots & \\ \text{\huge 0} & & & \lambda_n \end{pmatrix} \text{つまり } (A\boldsymbol{p}_1\ \cdots\ A\boldsymbol{p}_n) = (\lambda_1\boldsymbol{p}_1\ \cdots\ \lambda_n\boldsymbol{p}_n)$$

したがって，$\lambda_1, \cdots, \lambda_n$ は固有値で，$\boldsymbol{p}_i$ は λ_i に属する固有ベクトルである．そして，P が正則行列なので，問題 4-1 の 3 より，$\boldsymbol{p}_1, \cdots, \boldsymbol{p}_n$ は 1 次独立である． ■

例 1　行列 $A = \begin{pmatrix} 3 & 2 \\ 1 & 2 \end{pmatrix}$ を対角化しよう．§5.1 の例題 1 において，固有ベクトルの例として $\boldsymbol{u}_1 = \begin{pmatrix} 1 \\ -1 \end{pmatrix}$, $\boldsymbol{u}_2 = \begin{pmatrix} 2 \\ 1 \end{pmatrix}$ を得たので，

$$P = (\boldsymbol{u}_1\ \boldsymbol{u}_2) = \begin{pmatrix} 1 & 2 \\ -1 & 1 \end{pmatrix}$$

とおくと $P^{-1} = \dfrac{1}{3}\begin{pmatrix} 1 & -2 \\ 1 & 1 \end{pmatrix}$ である．したがって，

$$P^{-1}AP = \begin{pmatrix} 1 & 0 \\ 0 & 4 \end{pmatrix}$$

となり，対角化することができた. ■

例題 3　行列 $\begin{pmatrix} 1 & 1 & 1 \\ -3 & 1 & 3 \\ 3 & 1 & -1 \end{pmatrix}$ を対角化せよ.

[解]　A の固有値について：

$$|tE - A| = \begin{vmatrix} t-1 & -1 & -1 \\ 3 & t-1 & -3 \\ -3 & -1 & t+1 \end{vmatrix} = \cdots = (t+1)(t-1)^2 - 3(t-1)$$
$$= (t-1)(t-2)(t+2)$$

よって，固有値は $2, 1, -2$ である.

固有値 2 に対応する固有ベクトルを求める：

$$A\boldsymbol{x} = 2\boldsymbol{x} \iff (2E - A)\boldsymbol{x} = \boldsymbol{0} \iff \begin{pmatrix} 1 & -1 & -1 \\ 3 & 1 & -3 \\ -3 & -1 & 3 \end{pmatrix} \begin{pmatrix} x_1 \\ x_2 \\ x_3 \end{pmatrix} = \begin{pmatrix} 0 \\ 0 \\ 0 \end{pmatrix}$$
$$\iff x_2 = 0 \text{ かつ } x_1 = x_3$$

よって，固有ベクトルとして $\boldsymbol{u}_1 = \begin{pmatrix} 1 \\ 0 \\ 1 \end{pmatrix}$ をとることができる.

固有値 1 に対応する固有ベクトルを求める：

$$A\boldsymbol{x} = 1\boldsymbol{x} \iff (E - A)\boldsymbol{x} = \boldsymbol{0} \iff \begin{pmatrix} 0 & -1 & -1 \\ 3 & 0 & -3 \\ -3 & -1 & 2 \end{pmatrix} \begin{pmatrix} x_1 \\ x_2 \\ x_3 \end{pmatrix} = \begin{pmatrix} 0 \\ 0 \\ 0 \end{pmatrix}$$
$$\iff x_1 = x_3 \text{ かつ } x_2 = -x_3$$

よって，固有ベクトルとして $\boldsymbol{u}_2 = \begin{pmatrix} 1 \\ -1 \\ 1 \end{pmatrix}$ をとることができる.

固有値 -2 に対応する固有ベクトルを求める：

$$Ax = -2x \iff ((-2)E - A)x = \mathbf{0} \iff \begin{pmatrix} -3 & -1 & -1 \\ 3 & -3 & -3 \\ -3 & -1 & -1 \end{pmatrix} \begin{pmatrix} x_1 \\ x_2 \\ x_3 \end{pmatrix} = \begin{pmatrix} 0 \\ 0 \\ 0 \end{pmatrix}$$

$$\iff x_1 = 0 \text{ かつ } x_2 = -x_3$$

よって，固有ベクトルとして $\boldsymbol{u}_3 = \begin{pmatrix} 0 \\ -1 \\ 1 \end{pmatrix}$ をとることができる．

以上より，$P = (\boldsymbol{u}_1\ \ \boldsymbol{u}_2\ \ \boldsymbol{u}_3) = \begin{pmatrix} 1 & 1 & 0 \\ 0 & -1 & -1 \\ 1 & 1 & 1 \end{pmatrix}$ とおくと，定理 5.3 より，

$$P^{-1}AP = \begin{pmatrix} 2 & 0 & 0 \\ 0 & 1 & 0 \\ 0 & 0 & -2 \end{pmatrix}$$

と対角化することができる．■

次の定理の条件は定理 5.3 の条件を満たす特別な場合になっている．

定理 5.4　相異なる n 個の固有値をもつ n 次正方行列 A は対角化可能である．

[証明]　A を相異なる n 個の固有値 $\lambda_1, \ldots, \lambda_n$ をもつ n 次正方行列とし，これらに対応する固有ベクトルを $\boldsymbol{p}_1, \ldots, \boldsymbol{p}_n$ とする．つまり，

$$A\boldsymbol{p}_i = \lambda_i \boldsymbol{p}_i \qquad (i = 1, \ldots, n)$$

である．$c_1, \ldots, c_n$ が次式

$$c_1\boldsymbol{p}_1 + \cdots + c_n\boldsymbol{p}_n = \mathbf{0}$$

を満たすとき，両辺に $B_1 = (A - \lambda_2 E) \ldots (A - \lambda_n E)$ を掛けると，

$$B_1(c_1\boldsymbol{p}_1 + \cdots + c_n\boldsymbol{p}_n) = \mathbf{0}$$

であるが，

$$B_1\boldsymbol{p}_1 = (A - \lambda_2 E) \ldots (A - \lambda_{n-1} E)(A - \lambda_n E)\boldsymbol{p}_1$$

$$
\begin{aligned}
&= (A-\lambda_2 E)\dots(A-\lambda_{n-1}E)(\lambda_1-\lambda_n)\boldsymbol{p}_1 \\
&\ \vdots \\
&= (\lambda_1-\lambda_2)\dots(\lambda_1-\lambda_{n-1})(\lambda_1-\lambda_n)\boldsymbol{p}_1
\end{aligned}
$$

そして，$j=2,3,\dots,n$ に対して

$$
\begin{aligned}
B_1\boldsymbol{p}_j &= (A-\lambda_2 E)\dots(A-\lambda_j E)\dots(A-\lambda_n E)\boldsymbol{p}_j \\
&= (\lambda_j-\lambda_2)\dots(\lambda_j-\lambda_j)\dots(\lambda_j-\lambda_n)\boldsymbol{p}_j \\
&= \boldsymbol{0}
\end{aligned}
$$

よって，

$$c_1(\lambda_1-\lambda_2)\dots(\lambda_1-\lambda_{n-1})(\lambda_1-\lambda_n)\boldsymbol{p}_1=\boldsymbol{0}$$

となることがわかる．ここで，$\lambda_1-\lambda_j \neq 0\ (j=2,\dots,n)$ に注意すると，$c_1=0$ である．同様に，$c_2=\dots=c_n=0$ を示すことができる．したがって，$\boldsymbol{p}_1,\dots,\boldsymbol{p}_n$ が1次独立となり，定理5.3より A は対角化可能である． ■

問題 5-2

1. 例題3における行列 P の逆行列 P^{-1} を求め，$P^{-1}AP$ を直接計算せよ．

2. 次の行列を対角化せよ．（これらは問題5-1の1の行列と同じである．）

(1) $\begin{pmatrix} 3 & 2 \\ 1 & 4 \end{pmatrix}$　(2) $\begin{pmatrix} 0 & 1 \\ 1 & 0 \end{pmatrix}$　(3) $\begin{pmatrix} 1 & 2 \\ -1 & 4 \end{pmatrix}$

(4) $\begin{pmatrix} 1 & 1 & 1 \\ 0 & 1 & 0 \\ 2 & 1 & 0 \end{pmatrix}$　(5) $\begin{pmatrix} 0 & 0 & -1 \\ 0 & 1 & 0 \\ -1 & 0 & 0 \end{pmatrix}$　(6) $\begin{pmatrix} 1 & 0 & 0 \\ 0 & -1 & 1 \\ 0 & 0 & 1 \end{pmatrix}$

5.3　内積

ベクトルの内積　$\boldsymbol{R}^n$ の任意の2つのベクトル

$$\boldsymbol{a}=\begin{pmatrix} a_1 \\ a_2 \\ \vdots \\ a_n \end{pmatrix},\quad \boldsymbol{b}=\begin{pmatrix} b_1 \\ b_2 \\ \vdots \\ b_n \end{pmatrix}$$

に対して，$\boldsymbol{a}$ と $\boldsymbol{b}$ の**内積** $(\boldsymbol{a}, \boldsymbol{b})$ を次の式で定義する．

$$(\boldsymbol{a}, \boldsymbol{b}) = a_1 b_1 + a_2 b_2 + \cdots + a_n b_n$$

内積 $(\boldsymbol{a}, \boldsymbol{b})$ は行列の積を用いて

$$\begin{aligned}(\boldsymbol{a}, \boldsymbol{b}) = a_1 b_1 + a_2 b_2 + \cdots + a_n b_n &= \begin{pmatrix} a_1 & a_2 & \dots & a_n \end{pmatrix} \begin{pmatrix} b_1 \\ b_2 \\ \vdots \\ b_n \end{pmatrix} \\ &= \boldsymbol{a}^T \boldsymbol{b}\end{aligned}$$

とも表せる．また，内積を $\boldsymbol{a} \cdot \boldsymbol{b}$ と書くこともある．

定義から内積は次の性質 (1)–(4) を満たす．

(1) $(\boldsymbol{a}, \boldsymbol{b}) = (\boldsymbol{b}, \boldsymbol{a})$

(2) $(\boldsymbol{a} + \boldsymbol{b}, \boldsymbol{c}) = (\boldsymbol{a}, \boldsymbol{c}) + (\boldsymbol{b}, \boldsymbol{c})$

$(\boldsymbol{a}, \boldsymbol{b} + \boldsymbol{c}) = (\boldsymbol{a}, \boldsymbol{b}) + (\boldsymbol{a}, \boldsymbol{c})$

(3) $(k\boldsymbol{a}, \boldsymbol{b}) = (\boldsymbol{a}, k\boldsymbol{b}) = k(\boldsymbol{a}, \boldsymbol{b})$ （k は実数）

(4) すべての $\boldsymbol{a}$ に対して $(\boldsymbol{a}, \boldsymbol{a}) \geqq 0$ であり，

$(\boldsymbol{a}, \boldsymbol{a}) = 0 \iff \boldsymbol{a} = \boldsymbol{0}$

2 つのベクトル $\boldsymbol{a}, \boldsymbol{b}$ が

$$(\boldsymbol{a}, \boldsymbol{b}) = \boldsymbol{0}$$

を満たすとき，$\boldsymbol{a}$ と $\boldsymbol{b}$ は互いに**直交**するといい，$\boldsymbol{a} \perp \boldsymbol{b}$ と表す．

ベクトルの長さ ベクトル $\boldsymbol{a}$ に対し，

$$|\boldsymbol{a}| = \sqrt{(\boldsymbol{a}, \boldsymbol{a})} = \sqrt{a_1^2 + a_2^2 + \cdots + a_n^2}$$

を $\boldsymbol{a}$ の**長さ**（または**大きさ**）という．定義より，ベクトルの長さについて

$$|k\boldsymbol{a}| = |k||\boldsymbol{a}| \qquad (k \text{ は実数})$$

が成り立つ．また，

$$|\boldsymbol{a}| = 0 \iff \boldsymbol{a} = \boldsymbol{0}$$

である．そして，長さが 1 すなわち $|\boldsymbol{a}| = 1$ を満たすベクトル $\boldsymbol{a}$ を**単位ベクトル**という．

例 1　$\boldsymbol{a} \neq \boldsymbol{0}$ ならば，ベクトル $\boldsymbol{b}$ を

$$\boldsymbol{b} = \frac{1}{|\boldsymbol{a}|}\boldsymbol{a}$$

で定めると，

$$|\boldsymbol{b}| = \left|\frac{1}{|\boldsymbol{a}|}\boldsymbol{a}\right| = \frac{1}{|\boldsymbol{a}|}|\boldsymbol{a}| = 1$$

となるので，$\boldsymbol{b}$ は ($\boldsymbol{a}$ と同じ方向を持つ) 単位ベクトルである．■

例題 4　$\boldsymbol{a} = \begin{pmatrix} 1 \\ -2 \\ 3 \end{pmatrix}$ に対して，同じ向きを持つ単位ベクトルを求めよ．

[解]　$|\boldsymbol{a}| = \sqrt{1^2 + (-2)^2 + 3^2} = \sqrt{1+4+9} = \sqrt{14}$ だから，$\boldsymbol{b} = \dfrac{1}{\sqrt{14}}\boldsymbol{a}$ とおくと，$\boldsymbol{b}$ は $\boldsymbol{a}$ と同じ向きを持ち，$|\boldsymbol{b}| = \sqrt{\dfrac{1+4+9}{14}} = 1$ より単位ベクトルである．■

例題 5　$\boldsymbol{R}^n$ の 2 つのベクトル $\boldsymbol{a}, \boldsymbol{b}$ が 1 次独立とする．このとき，ベクトル

$$\boldsymbol{c} = \boldsymbol{b} - \frac{(\boldsymbol{b}, \boldsymbol{a})}{(\boldsymbol{a}, \boldsymbol{a})}\boldsymbol{a}$$

は $\boldsymbol{a}$ と直交するベクトルであることを示せ．特に，$\boldsymbol{a}$ が $|\boldsymbol{a}| = 1$ （つまり単位ベクトル）のとき，$\boldsymbol{c}$ は次の形でよい．

$$\boldsymbol{c} = \boldsymbol{b} - (\boldsymbol{b}, \boldsymbol{a})\boldsymbol{a}$$

[解]

$$\begin{aligned}(\boldsymbol{c}, \boldsymbol{a}) &= \left(\boldsymbol{b} - \frac{(\boldsymbol{b}, \boldsymbol{a})}{(\boldsymbol{a}, \boldsymbol{a})}\boldsymbol{a}, \boldsymbol{a}\right) \\ &= (\boldsymbol{b}, \boldsymbol{a}) - \frac{(\boldsymbol{b}, \boldsymbol{a})}{(\boldsymbol{a}, \boldsymbol{a})}(\boldsymbol{a}, \boldsymbol{a}) \\ &= 0\end{aligned}$$

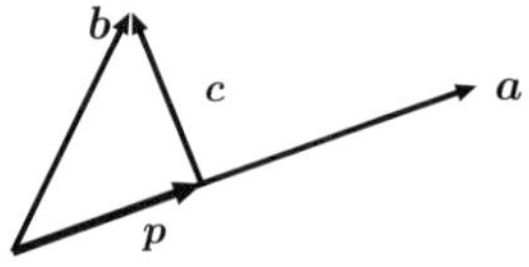

図 5.2

注 ベクトル $\boldsymbol{p} = \dfrac{(\boldsymbol{b}, \boldsymbol{a})}{(\boldsymbol{a}, \boldsymbol{a})}\boldsymbol{a}$ を，$\boldsymbol{b}$ の $\boldsymbol{a}$ 方向への**正射影**という（図 5.2 を参照）. ■

ベクトルの内積について，次が成り立つ.（証明は章末問題 5 の 8 を参照.）

定理 5.5 $\boldsymbol{R}^n$ の任意の 2 つのベクトル $\boldsymbol{a}, \boldsymbol{b}$ に対して

$$|(\boldsymbol{a}, \boldsymbol{b})| \leqq |\boldsymbol{a}|\,|\boldsymbol{b}| \qquad \text{(シュワルツの不等式)}$$

が成り立つ. ここで等号が成立するのは，

$$\boldsymbol{b} = c\boldsymbol{a} \quad \text{または} \quad \boldsymbol{a} = c'\boldsymbol{b} \quad (c, c' \text{ は実数})$$

のときに限る.

参考 $\boldsymbol{a} \neq \boldsymbol{0}, \boldsymbol{b} \neq \boldsymbol{0}$ のとき，定理 5.5 より

$$-1 \leqq \frac{(\boldsymbol{a}, \boldsymbol{b})}{|\boldsymbol{a}||\boldsymbol{b}|} \leqq 1$$

したがって，

$$\cos\theta = \frac{(\boldsymbol{a}, \boldsymbol{b})}{|\boldsymbol{a}||\boldsymbol{b}|}$$

を満たす θ（ただし，$0 \leqq \theta \leqq \pi$ を満たす）がただ一つ存在する. この θ をベクトル $\boldsymbol{a}, \boldsymbol{b}$ の**なす角**という. この θ を用いると

$$\boldsymbol{a} \perp \boldsymbol{b} \Longleftrightarrow (\boldsymbol{a}, \boldsymbol{b}) = 0 \Longleftrightarrow \theta = \frac{\pi}{2}$$

となる. つまり，$\boldsymbol{a} \perp \boldsymbol{b}$ の定義は $\boldsymbol{a}, \boldsymbol{b}$ のなす角が $\dfrac{\pi}{2}$ となることと同値である. ■

問題 5-3

1. 次のベクトルと同じ向きを持つ単位ベクトルを求めよ.

(1) $\boldsymbol{a} = \begin{pmatrix} 1 \\ -2 \\ 2 \end{pmatrix}$ (2) $\boldsymbol{b} = \begin{pmatrix} 1 \\ -2 \\ 2 \\ 4 \end{pmatrix}$

2.　$\boldsymbol{R}^n$ の2つのベクトル $\boldsymbol{a}, \boldsymbol{b}$ に対して，次が成り立つことを示せ．

(1)

$$(\boldsymbol{a}, \boldsymbol{b}) = \frac{1}{2}\left\{|\boldsymbol{a}+\boldsymbol{b}|^2 - |\boldsymbol{a}|^2 - |\boldsymbol{b}|^2\right\}$$

(2)　(平行四辺形定理)

$$|\boldsymbol{a}+\boldsymbol{b}|^2 + |\boldsymbol{a}-\boldsymbol{b}|^2 = 2\left(|\boldsymbol{a}|^2 + |\boldsymbol{b}|^2\right)$$

(3)　(ピタゴラスの定理) とくに $\boldsymbol{a} \perp \boldsymbol{b}$ とすると，

$$|\boldsymbol{a}+\boldsymbol{b}|^2 = |\boldsymbol{a}|^2 + |\boldsymbol{b}|^2$$

5.4　正規直交系

正規直交系　$\boldsymbol{R}^n$ の互いに直交する単位ベクトルの組 $\{\boldsymbol{u}_1, \boldsymbol{u}_2, \cdots, \boldsymbol{u}_k\}$ を**正規直交系**という．すなわち，

$$(\boldsymbol{u}_i, \boldsymbol{u}_j) = \begin{cases} 1 & (i = j \text{ のとき}) \\ 0 & (i \neq j \text{ のとき}) \end{cases}$$

が成り立つとき，$\boldsymbol{u}_1, \boldsymbol{u}_2, \cdots, \boldsymbol{u}_k$ を正規直交系というのである．ここで，**クロネッカーのデルタ** δ_{ij} を

$$\delta_{ij} = \begin{cases} 1 & (i = j \text{ のとき}) \\ 0 & (i \neq j \text{ のとき}) \end{cases}$$

で定義すると，

$$(\boldsymbol{u}_i, \boldsymbol{u}_j) = \delta_{ij}$$

と表すことができ，便利である．

例題 6　正規直交系 $\{\boldsymbol{u}_1, \boldsymbol{u}_2, \cdots, \boldsymbol{u}_k\}$ は1次独立であることを証明せよ．

[解]　実数 $c_1, c_2, \cdots, c_k$ に対して

$$c_1\boldsymbol{u}_1 + c_2\boldsymbol{u}_2 + \cdots + c_k\boldsymbol{u}_k = \boldsymbol{0}$$

が成り立つとする．このとき，$i = 1, 2, \cdots, k$ に対して，

$$0 = (\boldsymbol{u}_i, \boldsymbol{0}) = (\boldsymbol{u}_i, c_1\boldsymbol{u}_1) + (\boldsymbol{u}_i, c_2\boldsymbol{u}_2) + \cdots + (\boldsymbol{u}_i, c_k\boldsymbol{u}_k)$$

$$
\begin{aligned}
&= c_1(\boldsymbol{u}_i, \boldsymbol{u}_1) + c_2(\boldsymbol{u}_i, \boldsymbol{u}_2) + \cdots + c_k(\boldsymbol{u}_i, \boldsymbol{u}_k) \\
&= c_i(\boldsymbol{u}_i, \boldsymbol{u}_i) \\
&= c_i
\end{aligned}
$$

となり，1 次独立であることがわかる． ■

$\boldsymbol{R}^n$ の n 個のベクトルの組 $\{\boldsymbol{u}_1, \boldsymbol{u}_2, \cdots, \boldsymbol{u}_n\}$ が正規直交系のとき，例題 6 により基底となるので**正規直交基底**という．

例題 7 $\{\boldsymbol{u}_1, \boldsymbol{u}_2, \cdots, \boldsymbol{u}_n\}$ が $\boldsymbol{R}^n$ の正規直交基底のとき，$\boldsymbol{R}^n$ の任意のベクトル $\boldsymbol{a}$ は次のように表される．

$$
\boldsymbol{a} = \sum_{i=1}^{n} c_i \boldsymbol{u}_i, \quad \text{ここで}\ c_i = (\boldsymbol{a}, \boldsymbol{u}_i) \quad (i = 1, 2, \cdots, n)
$$

[解] $\{\boldsymbol{u}_1, \boldsymbol{u}_2, \cdots, \boldsymbol{u}_n\}$ が $\boldsymbol{R}^n$ の基底であるから，$\boldsymbol{a}$ は

$$
\boldsymbol{a} = \sum_{i=1}^{n} c_i \boldsymbol{u}_i
$$

と表せる．このとき，

$$
\begin{aligned}
(\boldsymbol{a}, \boldsymbol{u}_i) &= (c_1\boldsymbol{u}_1 + c_2\boldsymbol{u}_2 + \cdots + c_n\boldsymbol{u}_n, \boldsymbol{u}_i) \\
&= c_1(\boldsymbol{u}_1, \boldsymbol{u}_i) + c_2(\boldsymbol{u}_2, \boldsymbol{u}_i) + \cdots + c_n(\boldsymbol{u}_n, \boldsymbol{u}_i) \\
&= c_i(\boldsymbol{u}_i, \boldsymbol{u}_i) \\
&= c_i
\end{aligned}
$$

が成り立つ． ■

一般のベクトルの組から正規直交系をつくるには，次の**シュミットの直交化法**を用いる．

> **定理 5.6** （シュミットの直交化法） $\{\boldsymbol{a}_1, \boldsymbol{a}_2, \cdots, \boldsymbol{a}_m\}$ を $\boldsymbol{R}^n$ の 1 次独立なベクトルの組とするとき，これらから正規直交系 $\{\boldsymbol{u}_1, \boldsymbol{u}_2, \cdots, \boldsymbol{u}_m\}$ を，各 $\boldsymbol{u}_i$ $(i = 1, 2, \cdots, m)$ が $\boldsymbol{a}_1, \boldsymbol{a}_2, \cdots, \boldsymbol{a}_i$ の 1 次結合の形で作ることができる．

[証明]　まず，$\boldsymbol{a}_1$ から単位ベクトル $\boldsymbol{u}_1 = \dfrac{1}{|\boldsymbol{a}_1|}\boldsymbol{a}_1$ を作る（例題4を参照）．次に，ベクトル $\boldsymbol{v}_2$ を

$$\boldsymbol{v}_2 = \boldsymbol{a}_2 - (\boldsymbol{a}_2, \boldsymbol{u}_1)\boldsymbol{u}_1$$

とおくと，$\boldsymbol{v}_2$ は $\boldsymbol{u}_1$ と直交する（例題5を参照）．よって，$\boldsymbol{u}_2 = \dfrac{1}{|\boldsymbol{v}_2|}\boldsymbol{v}_2$ ととると，$\boldsymbol{u}_1, \boldsymbol{u}_2$ は正規直交系である（図5.3を参照）．同様に，$\{\boldsymbol{u}_1, \boldsymbol{u}_2, \cdots, \boldsymbol{u}_{k-1}\}$ が正規直交系にできたとするとき，$\boldsymbol{u}_k$ を次のように定める．まず，

$$\boldsymbol{v}_k = \boldsymbol{a}_k - \sum_{i=1}^{k-1}(\boldsymbol{a}_k, \boldsymbol{u}_i)\boldsymbol{u}_i$$

とおくと，（$\boldsymbol{v}_2$ のときと同様に）$\boldsymbol{v}_k$ は $\boldsymbol{u}_1, \boldsymbol{u}_2, \cdots, \boldsymbol{u}_{k-1}$ と直交する．そして，$\boldsymbol{u}_k = \dfrac{1}{|\boldsymbol{v}_k|}\boldsymbol{v}_k$ とおくと，$\{\boldsymbol{u}_1, \boldsymbol{u}_2, \cdots, \boldsymbol{u}_k\}$ は正規直交系である．■

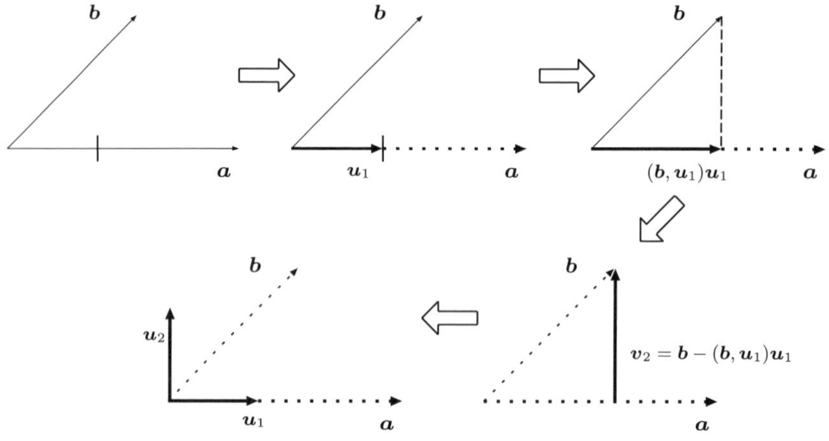

図 5.3

例題 8　$\boldsymbol{R}^3$ のベクトル $\boldsymbol{a}_1 = \begin{pmatrix}1\\1\\0\end{pmatrix}, \boldsymbol{a}_2 = \begin{pmatrix}1\\0\\1\end{pmatrix}, \boldsymbol{a}_3 = \begin{pmatrix}0\\1\\1\end{pmatrix}$ を正規直交化せよ．

[解] $|a_1| = \sqrt{1^2+1^2+0^2} = \sqrt{2}$ だから，$\boldsymbol{u}_1 = \dfrac{1}{|\boldsymbol{a}_1|}\boldsymbol{a}_1 = \dfrac{1}{\sqrt{2}}\begin{pmatrix}1\\1\\0\end{pmatrix}$ と定める．次に，$\boldsymbol{v}_2$ を

$$\boldsymbol{v}_2 = \boldsymbol{a}_2 - (\boldsymbol{a}_2, \boldsymbol{u}_1)\boldsymbol{u}_1 = \begin{pmatrix}1\\0\\1\end{pmatrix} - \frac{1}{\sqrt{2}}\cdot\frac{1}{\sqrt{2}}\begin{pmatrix}1\\1\\0\end{pmatrix} = \frac{1}{2}\begin{pmatrix}1\\-1\\2\end{pmatrix}$$

とおくと，$|\boldsymbol{v}_2| = \sqrt{(1/2)^2+(-1/2)^2+1} = \dfrac{\sqrt{6}}{2}$ だから

$$|\boldsymbol{u}_2| = \frac{1}{|\boldsymbol{v}_2|}\boldsymbol{v}_2 = \frac{1}{\sqrt{6}}\begin{pmatrix}1\\-1\\2\end{pmatrix}$$

と定める．最後に，$\boldsymbol{v}_3$ を

$$\begin{aligned}\boldsymbol{v}_3 &= \boldsymbol{a}_3 - (\boldsymbol{a}_3, \boldsymbol{u}_1)\boldsymbol{u}_1 - (\boldsymbol{a}_3, \boldsymbol{u}_2)\boldsymbol{u}_2\\ &= \begin{pmatrix}0\\1\\1\end{pmatrix} - \frac{1}{\sqrt{2}}\cdot\frac{1}{\sqrt{2}}\begin{pmatrix}1\\1\\0\end{pmatrix} - \frac{1}{\sqrt{6}}\cdot 1\cdot\frac{1}{\sqrt{6}}\begin{pmatrix}1\\-1\\2\end{pmatrix} = \frac{2}{3}\begin{pmatrix}-1\\1\\1\end{pmatrix}\end{aligned}$$

とおき，

$$\boldsymbol{u}_3 = \frac{1}{|\boldsymbol{v}_3|}\boldsymbol{v}_3 = \frac{1}{\sqrt{3}}\begin{pmatrix}-1\\1\\1\end{pmatrix}$$

と定めると，$\{\boldsymbol{u}_1, \boldsymbol{u}_2, \boldsymbol{u}_3\}$ は正規直交系である． ■

直交行列　$\boldsymbol{R}^n$ の n 個のベクトルの系 $\{\boldsymbol{u}_1, \boldsymbol{u}_2, \cdots, \boldsymbol{u}_n\}$ が与えられたとき，それらを並べた行列 $A = (\boldsymbol{u}_1\ \boldsymbol{u}_2\ \cdots\ \boldsymbol{u}_n)$ を考える．このとき，次が成立する．

定理 5.7　$A = (\boldsymbol{u}_1\ \boldsymbol{u}_2\ \cdots\ \boldsymbol{u}_n)$ とするとき，次の 2 つは同値である．

(1) ベクトルの組 $\{\boldsymbol{u}_1, \boldsymbol{u}_2, \cdots, \boldsymbol{u}_n\}$ は正規直交系である．
(2) $A^TA = AA^T = E$

[証明]

$$A^TA = \begin{pmatrix} \boldsymbol{u}_1^T \\ \boldsymbol{u}_2^T \\ \vdots \\ \boldsymbol{u}_n^T \end{pmatrix} \begin{pmatrix} \boldsymbol{u}_1 & \boldsymbol{u}_2 & \cdots & \boldsymbol{u}_n \end{pmatrix} = \begin{pmatrix} \boldsymbol{u}_1^T\boldsymbol{u}_1 & \boldsymbol{u}_1^T\boldsymbol{u}_2 & \cdots & \boldsymbol{u}_1^T\boldsymbol{u}_n \\ \boldsymbol{u}_2^T\boldsymbol{u}_1 & \boldsymbol{u}_2^T\boldsymbol{u}_2 & \cdots & \boldsymbol{u}_2^T\boldsymbol{u}_n \\ \cdots\cdots & \cdots\cdots & \cdots & \cdots\cdots \\ \boldsymbol{u}_n^T\boldsymbol{u}_1 & \boldsymbol{u}_n^T\boldsymbol{u}_2 & \cdots & \boldsymbol{u}_n^T\boldsymbol{u}_n \end{pmatrix}$$

$$= \begin{pmatrix} (\boldsymbol{u}_1, \boldsymbol{u}_1) & (\boldsymbol{u}_1, \boldsymbol{u}_2) & \cdots & (\boldsymbol{u}_1, \boldsymbol{u}_n) \\ (\boldsymbol{u}_2, \boldsymbol{u}_1) & (\boldsymbol{u}_2, \boldsymbol{u}_2) & \cdots & (\boldsymbol{u}_2, \boldsymbol{u}_n) \\ \cdots\cdots & \cdots\cdots & \cdots & \cdots\cdots \\ (\boldsymbol{u}_n, \boldsymbol{u}_1) & (\boldsymbol{u}_n, \boldsymbol{u}_2) & \cdots & (\boldsymbol{u}_n, \boldsymbol{u}_n) \end{pmatrix}$$

となるので，

$$\boldsymbol{u}_1, \boldsymbol{u}_2, \cdots, \boldsymbol{u}_n \text{ が正規直交系} \iff A^TA = E$$

である．また，$A^TA = E$ ならば，両辺の右から A^T を掛けて

$$A^TAA^T = A^T$$

となるが，ここで A^T は正則行列なので，その逆行列 $(A^T)^{-1}$ を左から掛けると

$$AA^T = E$$

を得る．以上より，(1) と (2) の同値性が得られる． ■

注　n 次正方行列 A が定理 5.7 の (2) を満たすとき，**直交行列**という． ■

n 次正方行列 A とその転置行列 A^T について

$$(A\boldsymbol{u}, \boldsymbol{v}) = (A\boldsymbol{u})^T\boldsymbol{v} = (\boldsymbol{u}^TA^T)\boldsymbol{v} = \boldsymbol{u}^T(A^T\boldsymbol{v}) = (\boldsymbol{u}, A^T\boldsymbol{v})$$

となるので，

$$(A\boldsymbol{u}, \boldsymbol{v}) = (\boldsymbol{u}, A^T\boldsymbol{v}) \qquad (\boldsymbol{u}, \boldsymbol{v} \ \text{は} R^n \text{のベクトル})$$

が成り立つ．これを用いると次の定理が得られる．(証明は章末問題 5 の 10 を参照.)

定理 5.8 n 次正方行列 A について，次の 2 条件は同値である．

(1) A は直交行列である．
(2) $(A\boldsymbol{u}, A\boldsymbol{v}) = (\boldsymbol{u}, \boldsymbol{v})$ ($\boldsymbol{u}, \boldsymbol{v}$ は $\boldsymbol{R}^n$ のベクトル)

[証明] ((1)⇒(2)) A が直交行列とすると，

$$(A\boldsymbol{u}, A\boldsymbol{v}) = (A\boldsymbol{u})^T A\boldsymbol{v} = \boldsymbol{u}^T A^T A\boldsymbol{v} = \boldsymbol{u}^T\boldsymbol{v} = (\boldsymbol{u}, \boldsymbol{v})$$

((2)⇒(1)) $(A\boldsymbol{u}, A\boldsymbol{v}) = (\boldsymbol{u}, \boldsymbol{v})$ が成り立つとき，任意の $\boldsymbol{u}, \boldsymbol{v}$ について

$$(\boldsymbol{u}, A^T A\boldsymbol{v}) = (A\boldsymbol{u}, A\boldsymbol{v}) = (\boldsymbol{u}, \boldsymbol{v})$$

となる．よって，$(\boldsymbol{u}, (A^T A - E)\boldsymbol{v}) = 0$ を得る．ここで，$\boldsymbol{u} = (A^T A - E)\boldsymbol{v}$ とおくと，$|(A^T A - E)\boldsymbol{v}|^2 = 0$ なので $(A^T A - E)\boldsymbol{v} = \boldsymbol{0}$ ($\boldsymbol{v}$ は任意) となり，$A^T A = E$ である．よって，章末問題 3 の 5 より，$A^T = A^{-1}$ であり $AA^T = E$ となる． ■

例題 9 次の行列は直交行列であるかを調べよ．

$$(1)\ A = \begin{pmatrix} \cos\theta & -\sin\theta \\ \sin\theta & \cos\theta \end{pmatrix} \quad (2)\ B = \begin{pmatrix} \cos\theta & \sin\theta \\ \sin\theta & \cos\theta \end{pmatrix}$$

[解] $A^T A = E$, $B^T B = E$ が成立するか否かを調べればよい．(章末問題 3 の 5 を参照．) まず，A について，

$$\begin{aligned} A^T A &= \begin{pmatrix} \cos\theta & \sin\theta \\ -\sin\theta & \cos\theta \end{pmatrix}\begin{pmatrix} \cos\theta & -\sin\theta \\ \sin\theta & \cos\theta \end{pmatrix} \\ &= \begin{pmatrix} \cos^2\theta + \sin^2\theta & -\cos\theta\sin\theta + \sin\theta\cos\theta \\ -\sin\theta\cos\theta + \cos\theta\sin\theta & \sin^2\theta + \cos^2\theta \end{pmatrix} \\ &= \begin{pmatrix} 1 & 0 \\ 0 & 1 \end{pmatrix} \end{aligned}$$

よって，A は直交行列である．

次に，B について，

$$\begin{aligned}
B^T B &= \begin{pmatrix} \cos\theta & \sin\theta \\ \sin\theta & \cos\theta \end{pmatrix} \begin{pmatrix} \cos\theta & \sin\theta \\ \sin\theta & \cos\theta \end{pmatrix} \\
&= \begin{pmatrix} \cos^2\theta + \sin^2\theta & \cos\theta\sin\theta + \sin\theta\cos\theta \\ \sin\theta\cos\theta + \cos\theta\sin\theta & \sin^2\theta + \cos^2\theta \end{pmatrix} \\
&= \begin{pmatrix} 1 & \sin 2\theta \\ \sin 2\theta & 1 \end{pmatrix}
\end{aligned}$$

よって，B は $\theta = \dfrac{n}{2}\pi$ (n は整数) のときに限り直交行列である．■

問題 5-4

1.　次のベクトルの組を正規直交系にせよ．

(1) $\boldsymbol{a}_1 = \begin{pmatrix} 1 \\ 1 \\ 0 \end{pmatrix}, \boldsymbol{a}_2 = \begin{pmatrix} 1 \\ 1 \\ 1 \end{pmatrix}, \boldsymbol{a}_3 = \begin{pmatrix} 1 \\ 0 \\ 0 \end{pmatrix}$

(2) $\boldsymbol{a}_1 = \begin{pmatrix} 2 \\ 1 \\ 2 \end{pmatrix}, \boldsymbol{a}_2 = \begin{pmatrix} 1 \\ 1 \\ 0 \end{pmatrix}, \boldsymbol{a}_3 = \begin{pmatrix} 1 \\ 2 \\ 1 \end{pmatrix}$

(3) $\boldsymbol{a}_1 = \begin{pmatrix} 0 \\ 1 \\ 1 \end{pmatrix}, \boldsymbol{a}_2 = \begin{pmatrix} 1 \\ 0 \\ 1 \end{pmatrix}, \boldsymbol{a}_3 = \begin{pmatrix} 1 \\ 1 \\ 0 \end{pmatrix}$

(4) $\boldsymbol{a}_1 = \begin{pmatrix} 1 \\ 1 \\ 1 \\ 1 \end{pmatrix}, \boldsymbol{a}_2 = \begin{pmatrix} 0 \\ 0 \\ 1 \\ 1 \end{pmatrix}, \boldsymbol{a}_3 = \begin{pmatrix} 1 \\ 0 \\ 0 \\ 1 \end{pmatrix}, \boldsymbol{a}_4 = \begin{pmatrix} 0 \\ 0 \\ 0 \\ 1 \end{pmatrix}$

2.　次の行列は直交行列であるかを調べよ．

(1) $\begin{pmatrix} \cos\theta & \sin\theta \\ \sin\theta & -\cos\theta \end{pmatrix}$　(2) $\begin{pmatrix} \frac{1}{\sqrt{3}} & \frac{1}{\sqrt{3}} & -\frac{1}{\sqrt{3}} \\ 0 & \frac{1}{\sqrt{2}} & \frac{1}{\sqrt{2}} \\ \frac{2}{\sqrt{6}} & \frac{-1}{\sqrt{6}} & \frac{1}{\sqrt{6}} \end{pmatrix}$

3. $A = \begin{pmatrix} a & b \\ c & d \end{pmatrix}$ が直交行列ならば，$B = \begin{pmatrix} 1 & 0 & 0 \\ 0 & a & b \\ 0 & c & d \end{pmatrix}$ も直交行列であることを示せ．よって，$B^T = \left(\begin{array}{c|cc} 1 & 0 & 0 \\ \hline 0 & & \\ & A^T & \\ 0 & & \end{array}\right) = \left(\begin{array}{c|cc} 1 & 0 & 0 \\ \hline 0 & & \\ & A^{-1} & \\ 0 & & \end{array}\right) = B^{-1}$ が成り立つ．

4. n 次正方行列 A に関する次の命題を，問題 5-3 の 2 を用いて証明せよ．

$$A \text{ が直交行列} \iff |A\boldsymbol{u}| = |\boldsymbol{u}| \quad (\boldsymbol{R}^n \text{ のすべての } \boldsymbol{u} \text{ について})$$

5.5　対称行列の対角化

対称行列　（§1.3 で定義したように）実数を成分とする n 次正方行列 $A = (a_{ij})$ が

$$A^T = A \quad \text{すなわち} \quad a_{ji} = a_{ij} \qquad (i, j = 1, 2, \cdots, n)$$

を満たすとき，A を**対称行列**（または**実対称行列**）という．（実数を成分とする）n 次正方行列 B に対して，§5.4 でみたように

$$(B\boldsymbol{u}, \boldsymbol{v}) = (\boldsymbol{u}, B^T\boldsymbol{v}) \quad (\boldsymbol{u}, \boldsymbol{v} \text{ は } \boldsymbol{R}^n \text{ のベクトル})$$

が成り立つので，対称行列 A は

$$(A\boldsymbol{u}, \boldsymbol{v}) = (\boldsymbol{u}, A\boldsymbol{v}) \quad (\boldsymbol{u}, \boldsymbol{v} \text{ は } \boldsymbol{R}^n \text{ のベクトル}) \quad (*)$$

を満たす．

一般に行列の固有値は複素数であるが，対称行列 A の固有値はすべて実数であり（定理 5.9），A は対角化可能であることがわかる（定理 5.10）．

定理 5.9　対称行列 A の固有値はすべて実数である．

[証明]　λ を A の固有値とすると，λ は n 次方程式（固有方程式）の解であるので，一般には複素数である．λ に属する固有ベクトルを $\boldsymbol{x}$ とすると，

$$A\boldsymbol{x} = \lambda\boldsymbol{x}$$

を満たす．両辺の複素共役（“−”（バー）で表す）をとると

$$\overline{A\boldsymbol{x}} = \overline{\lambda\boldsymbol{x}} = \bar{\lambda}\bar{\boldsymbol{x}}$$

となる．ここで，A の成分がすべて実数であるので，

$$左辺 = \bar{A}\bar{\boldsymbol{x}} = A\bar{\boldsymbol{x}}$$

となり，

$$A\bar{\boldsymbol{x}} = \bar{\lambda}\bar{\boldsymbol{x}}$$

を満たす．これに $\boldsymbol{x}^T$ を左からかけると，$A^T = A$ であるから

$$\bar{\lambda}\boldsymbol{x}^T\bar{\boldsymbol{x}} = \boldsymbol{x}^T A\bar{\boldsymbol{x}} = \boldsymbol{x}^T A^T\bar{\boldsymbol{x}} = (A\boldsymbol{x})^T\bar{\boldsymbol{x}} = \lambda\boldsymbol{x}^T\bar{\boldsymbol{x}}$$

となる．$\boldsymbol{x} \neq \boldsymbol{0}$ より $\boldsymbol{x}^T\bar{\boldsymbol{x}} = x_1\overline{x_1} + x_2\overline{x_2} + \cdots + x_n\overline{x_n} > 0$ であるので，上の等式より $\lambda = \bar{\lambda}$ を得る．したがって，固有値 λ は実数である．■

定理 5.10　対称行列 A は適当な直交行列 P で対角化できる．すなわち，

$$P^{-1}AP = P^TAP = \begin{pmatrix} \lambda_1 & & & \text{\Large 0} \\ & \lambda_2 & & \\ & & \ddots & \\ \text{\Large 0} & & & \lambda_n \end{pmatrix}$$

となる直交行列 P が存在する．ただし，$\lambda_1, \lambda_2, \cdots, \lambda_n$ は A の固有値である．

［証明］　行列 A を n 次正方行列とする．$n = 1$ のとき定理は明らかであり，$n = 2$ の場合を考えよう．

まず，A の固有値の一つを λ_1，固有値 λ_1 の固有ベクトルの一つを $\boldsymbol{x}_1$ とし，$\boldsymbol{u}_1 = \dfrac{1}{|\boldsymbol{x}_1|}\boldsymbol{x}_1$ とすると，

$$A\boldsymbol{u}_1 = \lambda_1\boldsymbol{u}_1, \quad |\boldsymbol{u}_1| = 1$$

を満たす．次に，$\boldsymbol{u}_1$ に直交する ($\boldsymbol{R}^2$ の) ベクトル $\boldsymbol{x}_2$ をとり，$\boldsymbol{u}_2 = \dfrac{1}{|\boldsymbol{x}_2|}\boldsymbol{x}_2$ とすると，

$$(\boldsymbol{u}_2, \boldsymbol{u}_1) = 0, \quad |\boldsymbol{u}_2| = 1$$

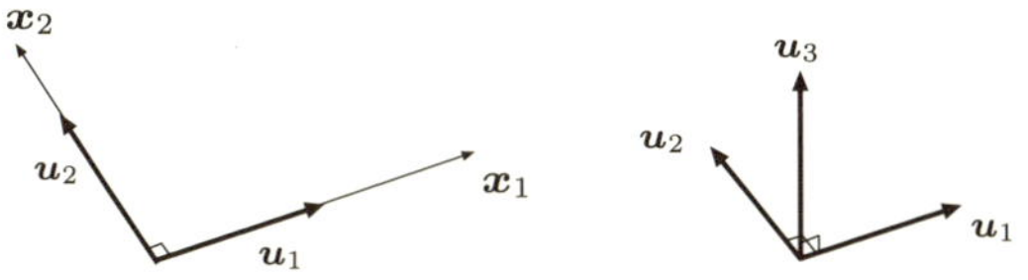

図 5.4

を満たす（図 5.4（左）を参照）．また，p.105 の (∗) より

$$(A\boldsymbol{u}_2, \boldsymbol{u}_1) = (\boldsymbol{u}_2, A\boldsymbol{u}_1) = (\boldsymbol{u}_2, \lambda_1\boldsymbol{u}_1) = \lambda_1(\boldsymbol{u}_2, \boldsymbol{u}_1) = 0$$

となるので，

$$A\boldsymbol{u}_2 = \mu\boldsymbol{u}_2 \qquad (\mu \text{ は 定数})$$

と書くことができる．つまり，μ は固有値であるので λ_2 と書くと，$\boldsymbol{u}_2$ は固有値 λ_2 の固有ベクトルである．そこで，$P = (\boldsymbol{u}_1\ \ \boldsymbol{u}_2)$ とすると，定理 5.7 より P は直交行列で，

$$\begin{aligned} AP &= A(\boldsymbol{u}_1\ \ \boldsymbol{u}_2) = (A\boldsymbol{u}_1\ \ A\boldsymbol{u}_2) = (\lambda_1\boldsymbol{u}_1\ \ \lambda_2\boldsymbol{u}_2) \\ &= (\boldsymbol{u}_1\ \ \boldsymbol{u}_2)\begin{pmatrix} \lambda_1 & 0 \\ 0 & \lambda_2 \end{pmatrix} = P\begin{pmatrix} \lambda_1 & 0 \\ 0 & \lambda_2 \end{pmatrix} \end{aligned}$$

となるので，P^{-1} を左からかけると

$$P^{-1}AP = \begin{pmatrix} \lambda_1 & 0 \\ 0 & \lambda_2 \end{pmatrix}$$

を得る．

さて，$n = 3$ の場合を考えよう．（$n = 2$ のときと同様に）A の固有値の一つを λ_1，固有値 λ_1 の固有ベクトルの一つを $\boldsymbol{x}_1$ とし，$\boldsymbol{u}_1 = \dfrac{1}{|\boldsymbol{x}_1|}\boldsymbol{x}_1$ とすると，

$$A\boldsymbol{u}_1 = \lambda_1\boldsymbol{u}_1, \quad |\boldsymbol{u}_1| = 1$$

を満たす．次に $\boldsymbol{u}_1$ に直交する（$\boldsymbol{R}^3$ の）2 つの 1 次独立なベクトル $\boldsymbol{x}_2, \boldsymbol{x}_3$ を選ぶ．$\{\boldsymbol{u}_1, \boldsymbol{x}_2, \boldsymbol{x}_3\}$ にシュミットの直交化法を用い，正規直交系 $\boldsymbol{u}_1, \boldsymbol{u}_2, \boldsymbol{u}_3$ を作る（図 5.4（右）を参照）．そうすれば，p.105 の (∗) より，

$$(A\boldsymbol{u}_2, \boldsymbol{u}_1) = (\boldsymbol{u}_2, A\boldsymbol{u}_1) = (\boldsymbol{u}_2, \lambda_1\boldsymbol{u}_1) = \lambda_1(\boldsymbol{u}_2, \boldsymbol{u}_1) = 0$$

$$(A\boldsymbol{u}_3, \boldsymbol{u}_1) = (\boldsymbol{u}_3, A\boldsymbol{u}_1) = (\boldsymbol{u}_3, \lambda_1\boldsymbol{u}_1) = \lambda_1(\boldsymbol{u}_3, \boldsymbol{u}_1) = 0$$

となるので，

$$A\boldsymbol{u}_j = \sum_{i=2}^{3} b_{ij}\boldsymbol{u}_i \quad (j = 2, 3)$$

と書き表せる．そこで，$P = (\boldsymbol{u}_1\ \ \boldsymbol{u}_2\ \ \boldsymbol{u}_3)$ とおくと，定理 5.7 より P は直交行列で，

$$\begin{aligned} AP &= A(\boldsymbol{u}_1\ \ \boldsymbol{u}_2\ \ \boldsymbol{u}_3) = (A\boldsymbol{u}_1\ \ A\boldsymbol{u}_2\ \ A\boldsymbol{u}_3) \\ &= (\lambda_1\boldsymbol{u}_1\ \ b_{22}\boldsymbol{u}_2 + b_{32}\boldsymbol{u}_3\ \ b_{23}\boldsymbol{u}_2 + b_{33}\boldsymbol{u}_3) \\ &= (\boldsymbol{u}_1\ \ \boldsymbol{u}_2\ \ \boldsymbol{u}_3)\begin{pmatrix}\lambda_1 & 0 & 0\\ 0 & b_{22} & b_{23}\\ 0 & b_{32} & b_{33}\end{pmatrix} = P\begin{pmatrix}\lambda_1 & 0 & 0\\ 0 & b_{22} & b_{23}\\ 0 & b_{32} & b_{33}\end{pmatrix} \end{aligned}$$

となるので，P^{-1} を左からかけると

$$P^{-1}AP = \begin{pmatrix}\lambda_1 & 0 & 0\\ 0 & b_{22} & b_{23}\\ 0 & b_{32} & b_{33}\end{pmatrix}$$

である．ここで，

$$\begin{aligned} b_{ij} &= \left(\sum_{k=2}^{3} b_{kj}\boldsymbol{u}_k, \boldsymbol{u}_i\right) = (A\boldsymbol{u}_j, \boldsymbol{u}_i) = (\boldsymbol{u}_j, A\boldsymbol{u}_i) \\ &= \left(\boldsymbol{u}_j, \sum_{k=2}^{3} b_{ki}\boldsymbol{u}_k\right) = b_{ji} \end{aligned}$$

となるので，$B = \begin{pmatrix}b_{22} & b_{23}\\ b_{32} & b_{33}\end{pmatrix}$ は対称行列である．

しかるに，2 次対称行列 B については既に述べたように，適当な 2 次の直交行列 P_1 を選び，

$$P_1^{-1}BP_1 = \begin{pmatrix}\mu_1 & 0\\ 0 & \mu_2\end{pmatrix}$$

とできる．ただし，μ_1, μ_2 は行列 B の固有値である．さて，

$$P_2 = \left(\begin{array}{c|cc} 1 & 0 & 0 \\ \hline 0 & \multicolumn{2}{c}{\multirow{2}{*}{P_1}} \\ 0 & & \end{array}\right)$$

とおくと，P_2 は 3 次の直交行列で

$$P_2^{-1} = \left(\begin{array}{c|cc} 1 & 0 & 0 \\ \hline 0 & \multicolumn{2}{c}{\multirow{2}{*}{P_1^{-1}}} \\ 0 & & \end{array}\right)$$

となる（問題 5-4 の 3 を参照）．さらに，

$$\begin{aligned} P_2^{-1}P^{-1}APP_2 &= \left(\begin{array}{c|cc} 1 & 0 & 0 \\ \hline 0 & \multicolumn{2}{c}{\multirow{2}{*}{P_1^{-1}}} \\ 0 & & \end{array}\right)\left(\begin{array}{c|cc} \lambda_1 & 0 & 0 \\ \hline 0 & \multicolumn{2}{c}{\multirow{2}{*}{B}} \\ 0 & & \end{array}\right)\left(\begin{array}{c|cc} 1 & 0 & 0 \\ \hline 0 & \multicolumn{2}{c}{\multirow{2}{*}{P_1}} \\ 0 & & \end{array}\right) \\ &= \left(\begin{array}{c|cc} 1 & 0 & 0 \\ \hline 0 & \multicolumn{2}{c}{\multirow{2}{*}{P_1^{-1}}} \\ 0 & & \end{array}\right)\left(\begin{array}{c|cc} \lambda_1 & 0 & 0 \\ \hline 0 & \multicolumn{2}{c}{\multirow{2}{*}{BP_1}} \\ 0 & & \end{array}\right) \\ &= \left(\begin{array}{c|cc} \lambda_1 & 0 & 0 \\ \hline 0 & \multicolumn{2}{c}{\multirow{2}{*}{$P_1^{-1}BP_1$}} \\ 0 & & \end{array}\right) \\ &= \begin{pmatrix} \lambda_1 & 0 & 0 \\ 0 & \mu_1 & 0 \\ 0 & 0 & \mu_2 \end{pmatrix} \end{aligned}$$

となる．ここで，μ_1, μ_2 は §5.1 の例 1 と定理 5.2 より，行列 A の固有値でもある．また，

$$(PP_2)^T PP_2 = P_2^T P^T PP_2 = P_2^T P_2 = E$$

が成り立つので，PP_2 は 3 次の直交行列である．以上から，$n = 3$ のときに定理が示された．

一般の n については，次数 n に関する数学的帰納法により上記のように示すことができる．　■

例題 10　対称行列 A の相異なる固有値 λ, μ に対応する固有ベクトル $\boldsymbol{u}, \boldsymbol{v}$ は互いに直交することを示せ.

[解]　与えられた条件より

$$A\boldsymbol{u} = \lambda\boldsymbol{u}, \quad \boldsymbol{u} \neq \boldsymbol{0}$$
$$A\boldsymbol{v} = \mu\boldsymbol{v}, \quad \boldsymbol{v} \neq \boldsymbol{0}$$

ただし, $\lambda \neq \mu$ である. 他方, p.105 の $(*)$ より

$$(A\boldsymbol{u}, \boldsymbol{v}) = (\boldsymbol{u}, A\boldsymbol{v})$$

が成り立つが,

$$\text{左辺} = (\lambda\boldsymbol{u}, \boldsymbol{v}) = \lambda(\boldsymbol{u}, \boldsymbol{v})$$
$$\text{右辺} = (\boldsymbol{u}, \mu\boldsymbol{v}) = \mu(\boldsymbol{u}, \boldsymbol{v})$$

であるので,

$$\lambda(\boldsymbol{u}, \boldsymbol{v}) = \mu(\boldsymbol{u}, \boldsymbol{v}) \text{ より } \quad (\lambda - \mu)(\boldsymbol{u}, \boldsymbol{v}) = 0$$

$\lambda - \mu \neq 0$ なので $(\boldsymbol{u}, \boldsymbol{v}) = 0$ となり, $\boldsymbol{u}$ と $\boldsymbol{v}$ は互いに直交する. ■

例題 11　対称行列 $A = \begin{pmatrix} 2 & 1 \\ 1 & 2 \end{pmatrix}$ を直交行列により対角化せよ.

[解]　A の固有多項式は

$$g_A(t) = \begin{vmatrix} t-2 & -1 \\ -1 & t-2 \end{vmatrix} = (t-2)^2 - 1 = (t-1)(t-3)$$

となるので, A の固有値は 3 と 1 である.

<u>固有値 3 の固有ベクトルについて</u>:

$$A\boldsymbol{x} = 3\boldsymbol{x} \iff (3E - A)\boldsymbol{x} = \boldsymbol{0} \iff \begin{pmatrix} 1 & -1 \\ -1 & 1 \end{pmatrix}\begin{pmatrix} x_1 \\ x_2 \end{pmatrix} = \begin{pmatrix} 0 \\ 0 \end{pmatrix}$$
$$\iff \begin{pmatrix} 1 & -1 \\ 0 & 0 \end{pmatrix}\begin{pmatrix} x_1 \\ x_2 \end{pmatrix} = \begin{pmatrix} 0 \\ 0 \end{pmatrix} \iff x_1 = x_2$$

よって，s_1 を 0 でない任意の実数として

$$\begin{pmatrix} x_1 \\ x_2 \end{pmatrix} = s_1 \begin{pmatrix} 1 \\ 1 \end{pmatrix} \qquad (s_1 \neq 0 \text{ は任意})$$

が固有ベクトルである．

固有値 1 の固有ベクトルについて：

$$A\boldsymbol{x} = 1\boldsymbol{x} \iff (1E - A)\boldsymbol{x} = \boldsymbol{0} \iff \begin{pmatrix} -1 & -1 \\ -1 & -1 \end{pmatrix} \begin{pmatrix} x_1 \\ x_2 \end{pmatrix} = \begin{pmatrix} 0 \\ 0 \end{pmatrix}$$
$$\iff x_1 + x_2 = 0$$

したがって，s_2 を 0 でない任意の実数として，

$$\begin{pmatrix} x_1 \\ x_2 \end{pmatrix} = s_2 \begin{pmatrix} -1 \\ 1 \end{pmatrix} \qquad (s_2 \neq 0 \text{ は任意})$$

が固有ベクトルである．

したがって，$\boldsymbol{p}_1 = \begin{pmatrix} 1 \\ 1 \end{pmatrix}$，$\boldsymbol{p}_2 = \begin{pmatrix} -1 \\ 1 \end{pmatrix}$ は A の固有ベクトルであり，例題 10 より互いに直交する．よって，$\boldsymbol{p}_1, \boldsymbol{p}_2$ を正規化（つまり単位ベクトルに）したもの $\boldsymbol{u}_1, \boldsymbol{u}_2$

$$\boldsymbol{u}_1 = \frac{1}{|\boldsymbol{p}_1|}\boldsymbol{p}_1 = \frac{1}{\sqrt{2}} \begin{pmatrix} 1 \\ 1 \end{pmatrix}, \qquad \boldsymbol{u}_2 = \frac{1}{|\boldsymbol{p}_2|}\boldsymbol{p}_2 = \frac{1}{\sqrt{2}} \begin{pmatrix} -1 \\ 1 \end{pmatrix}$$

は正規直交系になる．以上より，$P = (\boldsymbol{u}_1 \ \ \boldsymbol{u}_2) = \dfrac{1}{\sqrt{2}} \begin{pmatrix} 1 & -1 \\ 1 & 1 \end{pmatrix}$ は直交行列であり，

$$A\boldsymbol{u}_1 = 3\boldsymbol{u}_1, \qquad A\boldsymbol{u}_2 = \boldsymbol{u}_2$$

となるので，

$$AP = A(\boldsymbol{u}_1 \ \ \boldsymbol{u}_2) = (A\boldsymbol{u}_1 \ \ A\boldsymbol{u}_2) = (\boldsymbol{u}_1 \ \ \boldsymbol{u}_2) \begin{pmatrix} 3 & 0 \\ 0 & 1 \end{pmatrix} = P \begin{pmatrix} 3 & 0 \\ 0 & 1 \end{pmatrix}$$

である．よって，P の逆行列 P^{-1} を左からかけると

$$P^{-1}AP = \begin{pmatrix} 3 & 0 \\ 0 & 1 \end{pmatrix}$$

となる．　■

例題 12　対称行列 $A = \begin{pmatrix} 2 & 1 & 1 \\ 1 & 2 & 1 \\ 1 & 1 & 2 \end{pmatrix}$ を直交行列により対角化せよ．

[解]　A の固有多項式は

$$g_A(t) = \begin{vmatrix} t-2 & -1 & -1 \\ -1 & t-2 & -1 \\ -1 & -1 & t-2 \end{vmatrix} = (t-2)^3 - 1 - 1 - 3(t-2) = (t-1)^2(t-4)$$

となるので，A の固有値は 1（重複度 2）と 4 である．

<u>固有値 1 の固有ベクトルについて</u>：

$$A\boldsymbol{x} = 1\boldsymbol{x} \iff (1E - A)\boldsymbol{x} = \boldsymbol{0} \iff \begin{pmatrix} -1 & -1 & -1 \\ -1 & -1 & -1 \\ -1 & -1 & -1 \end{pmatrix} \begin{pmatrix} x_1 \\ x_2 \\ x_3 \end{pmatrix} = \begin{pmatrix} 0 \\ 0 \\ 0 \end{pmatrix}$$
$$\iff x_1 + x_2 + x_3 = 0$$

よって，s_1, s_2 を 0 でない任意の実数として，$x_1 = s_1, x_2 = s_2, x_3 = -s_1 - s_2$．すなわち，

$$\begin{pmatrix} x_1 \\ x_2 \\ x_3 \end{pmatrix} = s_1 \begin{pmatrix} 1 \\ 0 \\ -1 \end{pmatrix} + s_2 \begin{pmatrix} 0 \\ 1 \\ -1 \end{pmatrix} \quad (s_1, s_2 \text{ は任意だが同時に 0 にならない})$$

が固有ベクトルである．

<u>固有値 4 の固有ベクトルについて</u>：

$$A\boldsymbol{x} = 4\boldsymbol{x} \iff (4E - A)\boldsymbol{x} = \boldsymbol{0} \iff \begin{pmatrix} 2 & -1 & -1 \\ -1 & 2 & -1 \\ -1 & -1 & 2 \end{pmatrix} \begin{pmatrix} x_1 \\ x_2 \\ x_3 \end{pmatrix} = \begin{pmatrix} 0 \\ 0 \\ 0 \end{pmatrix}$$

$$\iff \begin{pmatrix} 3 & -3 & 0 \\ 0 & 3 & -3 \\ -1 & -1 & 2 \end{pmatrix} \begin{pmatrix} x_1 \\ x_2 \\ x_3 \end{pmatrix} = \begin{pmatrix} 0 \\ 0 \\ 0 \end{pmatrix} \iff \begin{pmatrix} 1 & -1 & 0 \\ 0 & 1 & -1 \\ 0 & 0 & 0 \end{pmatrix} \begin{pmatrix} x_1 \\ x_2 \\ x_3 \end{pmatrix} = \begin{pmatrix} 0 \\ 0 \\ 0 \end{pmatrix}$$
$$\iff x_1 = x_2 = x_3$$

よって，s_3 を 0 でない任意の実数として，

$$\begin{pmatrix} x_1 \\ x_2 \\ x_3 \end{pmatrix} = s_3 \begin{pmatrix} 1 \\ 1 \\ 1 \end{pmatrix} \qquad (s_3 \neq 0 \text{ は任意})$$

したがって，$\boldsymbol{p}_1 = \begin{pmatrix} 1 \\ 0 \\ -1 \end{pmatrix}$，$\boldsymbol{p}_2 = \begin{pmatrix} 0 \\ 1 \\ -1 \end{pmatrix}$，$\boldsymbol{p}_3 = \begin{pmatrix} 1 \\ 1 \\ 1 \end{pmatrix}$ は 1 次独立な A の固有ベクトルである．　次に $\boldsymbol{p}_1, \boldsymbol{p}_2, \boldsymbol{p}_3$ をシュミットの方法で正規直交化しよう．

$$\boldsymbol{u}_1 = \frac{1}{|\boldsymbol{p}_1|}\boldsymbol{p}_1 = \frac{1}{\sqrt{2}} \begin{pmatrix} 1 \\ 0 \\ -1 \end{pmatrix}, \quad (\boldsymbol{p}_2, \boldsymbol{u}_1) = \frac{1}{\sqrt{2}}$$

よって，

$$\boldsymbol{p}_2 - (\boldsymbol{p}_2, \boldsymbol{u}_1)\boldsymbol{u}_1 = \begin{pmatrix} 0 \\ 1 \\ -1 \end{pmatrix} - \frac{1}{\sqrt{2}}\frac{1}{\sqrt{2}} \begin{pmatrix} 1 \\ 0 \\ -1 \end{pmatrix} = \frac{1}{2} \begin{pmatrix} -1 \\ 2 \\ -1 \end{pmatrix}$$

なので，

$$\boldsymbol{u}_2 = \frac{1}{|\boldsymbol{p}_2 - (\boldsymbol{p}_2, \boldsymbol{u}_1)\boldsymbol{u}_1|}\{\boldsymbol{p}_2 - (\boldsymbol{p}_2, \boldsymbol{u}_1)\boldsymbol{u}_1\} = \frac{1}{\sqrt{6}} \begin{pmatrix} -1 \\ 2 \\ -1 \end{pmatrix}$$

である．また，$(\boldsymbol{p}_3, \boldsymbol{u}_1) = (\boldsymbol{p}_3, \boldsymbol{u}_2) = 0$ なので，$\boldsymbol{p}_3$ は正規化（つまり単位ベクトルに）するだけでよく，

$$\boldsymbol{u}_3 = \frac{1}{|\boldsymbol{p}_3|}\boldsymbol{p}_3 \quad = \frac{1}{\sqrt{3}} \begin{pmatrix} 1 \\ 1 \\ 1 \end{pmatrix}$$

となる．以上より，$\{\boldsymbol{u}_1, \boldsymbol{u}_2, \boldsymbol{u}_3\}$ は正規直交系で，

$$A\boldsymbol{u}_1 = \boldsymbol{u}_1, \quad A\boldsymbol{u}_2 = \boldsymbol{u}_2, \quad A\boldsymbol{u}_3 = 4\boldsymbol{u}_3$$

である．よって，$P = (\boldsymbol{u}_1 \quad \boldsymbol{u}_2 \quad \boldsymbol{u}_3) = \begin{pmatrix} \frac{1}{\sqrt{2}} & -\frac{1}{\sqrt{6}} & \frac{1}{\sqrt{3}} \\ 0 & \frac{2}{\sqrt{6}} & \frac{1}{\sqrt{3}} \\ -\frac{1}{\sqrt{2}} & -\frac{1}{\sqrt{6}} & \frac{1}{\sqrt{3}} \end{pmatrix}$ は直交行列で，

$$P^{-1}AP = \begin{pmatrix} 1 & 0 & 0 \\ 0 & 1 & 0 \\ 0 & 0 & 4 \end{pmatrix}$$

となる． ■

注　対称行列の相異なる固有値 λ, μ の対応する固有ベクトル $\boldsymbol{u}, \boldsymbol{v}$ は互いに直交する（例題 10 を参照）．したがって，シュミットの直交化法は各固有値ごとに行えばよい． ■

2 次形式　$\boldsymbol{R}^n$ のベクトル $\boldsymbol{x} = \begin{pmatrix} x_1 \\ \vdots \\ x_n \end{pmatrix}$ に関する式

$$\begin{aligned} \sum_{i=1}^{n}\sum_{j=1}^{n} a_{ij}x_ix_j = {} & a_{11}x_1x_1 + a_{12}x_1x_2 + \cdots + a_{1n}x_1x_n \\ & + a_{21}x_2x_1 + a_{22}x_2x_2 + \cdots + a_{2n}x_2x_n \\ & \cdots\cdots\cdots\cdots\cdots\cdots \\ & + a_{n1}x_nx_1 + a_{n2}x_nx_2 + \cdots + a_{nn}x_nx_n \end{aligned}$$

を **2 次形式**という．ここで，$i \neq j$ のとき，x_ix_j の係数は $a_{ij} + a_{ji}$ であるので，その半分を a_{ij} と a_{ji} に取り直すことにより $a_{ij} = a_{ji}$ としてよい．このとき，係数 a_{ij} を並べた行列 $A = (a_{ij})$ は対称行列である．そして，

$$\sum_{i=1}^{n}\sum_{j=1}^{n} a_{ij}x_ix_j = \boldsymbol{x}^T A\boldsymbol{x} = (\boldsymbol{x}, A\boldsymbol{x}) = (A\boldsymbol{x}, \boldsymbol{x})$$

となる．

例 1　まず，

$$\sum_{i=1}^{2}\sum_{j=1}^{2} x_i x_j = x_1x_1 + x_1x_2 + x_2x_1 + x_2x_2$$
$$= (x_1 \ \ x_2)\begin{pmatrix} 1 & 1 \\ 1 & 1 \end{pmatrix}\begin{pmatrix} x_1 \\ x_2 \end{pmatrix}$$

である．また，

$$x_1^2 + 2x_1x_2 + 4x_2x_1 + 9x_2^2 = (x_1 \ \ x_2)\begin{pmatrix} 1 & 3 \\ 3 & 9 \end{pmatrix}\begin{pmatrix} x_1 \\ x_2 \end{pmatrix}$$

と表すことができる． ■

さて，上の 2 次形式において，n 次の正則行列 P により $\boldsymbol{x} = P\boldsymbol{y}$ と変数変換すると，

$$(\boldsymbol{x}, A\boldsymbol{x}) = (P\boldsymbol{y}, AP\boldsymbol{y}) = (\boldsymbol{y}, P^T AP\boldsymbol{y})$$

と $\boldsymbol{y}$ についての 2 次形式が得られる．定理 5.10 より，次の定理が得られる．

定理 5.11 2 次形式 $(\boldsymbol{x}, A\boldsymbol{x})$ に対し，適当な直交行列 P を選び，$\boldsymbol{x} = P\boldsymbol{y}$ と変換して，

$$(\boldsymbol{x}, A\boldsymbol{x}) = (\boldsymbol{y}, P^T AP\boldsymbol{y}) = \lambda_1 y_1^2 + \lambda_2 y_2^2 + \cdots + \lambda_n y_n^2$$

とできる．これを **2 次形式の標準形**という．ここで，$\lambda_1, \lambda_2, \cdots, \lambda_n$ は対称行列 A の固有値（すべて実数）である．

例 2 2 次形式

$$2x_1^2 + x_1x_2 + x_1x_3 + x_2x_1 + 2x_2^2 + x_2x_3 + x_3x_1 + x_3x_2 + 2x_3^2$$
$$= (x_1 \ \ x_2 \ \ x_3)\begin{pmatrix} 2 & 1 & 1 \\ 1 & 2 & 1 \\ 1 & 1 & 2 \end{pmatrix}\begin{pmatrix} x_1 \\ x_2 \\ x_3 \end{pmatrix}$$

の標準形は次のように求めることができる．例題 12 でみたように，対称行列 $A = \begin{pmatrix} 2 & 1 & 1 \\ 1 & 2 & 1 \\ 1 & 1 & 2 \end{pmatrix}$ に対して，直交行列 $P = \begin{pmatrix} \frac{1}{\sqrt{2}} & -\frac{1}{\sqrt{6}} & \frac{1}{\sqrt{3}} \\ 0 & \frac{2}{\sqrt{6}} & \frac{1}{\sqrt{3}} \\ -\frac{1}{\sqrt{2}} & -\frac{1}{\sqrt{6}} & \frac{1}{\sqrt{3}} \end{pmatrix}$ を選び，

$\boldsymbol{x} = P\boldsymbol{y}$ と変換すると

$$P^T AP = \begin{pmatrix} 1 & 0 & 0 \\ 0 & 1 & 0 \\ 0 & 0 & 4 \end{pmatrix} \quad (= D \text{ とおく})$$

であるので,

$$(\boldsymbol{x}, A\boldsymbol{x}) = (P\boldsymbol{y}, AP\boldsymbol{y}) = (\boldsymbol{y}, P^T AP\boldsymbol{y}) = (\boldsymbol{y}, D\boldsymbol{y}) = y_1^2 + y_2^2 + 4y_3^2$$

となる．これが 2 次形式の標準形である． ■

例題 13　ベクトル $\boldsymbol{x} = \begin{pmatrix} x_1 \\ x_2 \end{pmatrix}$ の 2 次形式 $x_1^2 + x_1x_2 + x_2^2$ の標準形を求めよ．

[解]　与えられた 2 次形式は対称行列 $A = \begin{pmatrix} 2 & 1 \\ 1 & 2 \end{pmatrix}$ を用いて

$$x_1^2 + x_1x_2 + x_2^2 = (x_1 \ \ x_2) \begin{pmatrix} 1 & \frac{1}{2} \\ \frac{1}{2} & 1 \end{pmatrix} \begin{pmatrix} x_1 \\ x_2 \end{pmatrix} = \frac{1}{2}\boldsymbol{x}^T A\boldsymbol{x}$$

と表すことができる．A に対して，例題 11 で得た直交行列 $P = \begin{pmatrix} \frac{1}{\sqrt{2}} & -\frac{1}{\sqrt{2}} \\ \frac{1}{\sqrt{2}} & \frac{1}{\sqrt{2}} \end{pmatrix}$ を選び，$\boldsymbol{x} = P\boldsymbol{y}$ すなわち

$$\begin{pmatrix} x_1 \\ x_2 \end{pmatrix} = \begin{pmatrix} \frac{1}{\sqrt{2}} & -\frac{1}{\sqrt{2}} \\ \frac{1}{\sqrt{2}} & \frac{1}{\sqrt{2}} \end{pmatrix} \begin{pmatrix} y_1 \\ y_2 \end{pmatrix}$$

と x_1x_2 座標を 45° 回転し，y_1y_2 座標にすると

$$\frac{1}{2}\boldsymbol{x}A\boldsymbol{x} = \frac{1}{2}\boldsymbol{y}^T P^T AP\boldsymbol{y} = \frac{1}{2}\boldsymbol{y}^T \begin{pmatrix} 3 & 0 \\ 0 & 1 \end{pmatrix} \boldsymbol{y} = \frac{1}{2}\left(3y_1^2 + y_2^2\right)$$

となる． ■

注　$\boldsymbol{R}^2$ 上で $\boldsymbol{x}$ について与えられた等式

$$x_1^2 + x_1x_2 + x_2^2 = \frac{1}{2}$$

で定義される曲線は，$\boldsymbol{y}$ についての等式

$$3y_1^2 + y_2^2 = 1$$

つまり，

$$\frac{y_1^2}{\left(\frac{1}{\sqrt{3}}\right)^2} + y_2^2 = 1 \quad (☆)$$

である．したがって，(☆) は y_1y_2 座標で図 5.5 のような楕円となる．

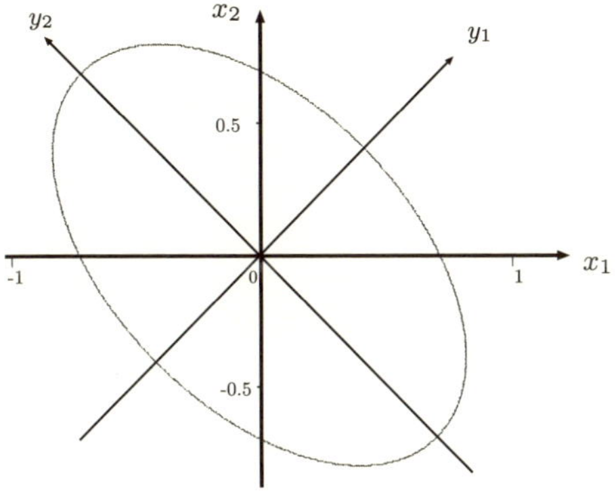

図 5.5

問題 5-5

1.　次の対称行列を直交行列により対角化せよ．

(1) $\begin{pmatrix} 1 & -2 \\ -2 & 1 \end{pmatrix}$　(2) $\begin{pmatrix} 2 & 2 \\ 2 & -1 \end{pmatrix}$　(3) $\begin{pmatrix} 1 & 2 & 0 \\ 2 & 2 & 2 \\ 0 & 2 & 3 \end{pmatrix}$

(4) $\begin{pmatrix} 0 & 0 & 1 \\ 0 & -1 & 0 \\ 1 & 0 & 0 \end{pmatrix}$　(5) $\begin{pmatrix} 2 & -1 & -1 \\ -1 & 3 & 0 \\ -1 & 0 & 3 \end{pmatrix}$　(6) $\begin{pmatrix} 1 & -1 & -1 \\ -1 & 1 & -1 \\ -1 & -1 & 1 \end{pmatrix}$

2.　次の 2 次形式の標準形を求めよ．

(1)　$x_1^2 - 6x_1x_2 + x_2^2$

(2) $2x_1^2 - 4x_1x_2 + 5x_2^2$

(3) $3x_1^2 + 2x_2^2 + 2x_3^2 + 2x_1x_2 + 2x_1x_3$

(4) $2x_1x_2 + 2x_2x_3 + 2x_3x_1$

章末問題●5

1. 次の行列の固有値と固有ベクトルを求めよ．

(1) $\begin{pmatrix} 1 & 0 & 0 \\ 0 & -1 & 1 \\ 2 & 0 & 0 \end{pmatrix}$　(2) $\begin{pmatrix} 1 & 0 & 0 \\ 0 & 1 & 0 \\ -1 & 1 & 2 \end{pmatrix}$　(3) $\begin{pmatrix} 2 & 0 & 0 \\ 0 & -1 & 1 \\ 1 & 0 & 0 \end{pmatrix}$

(4) $\begin{pmatrix} 2 & -2 & -2 \\ 0 & 2 & 0 \\ 0 & 2 & 0 \end{pmatrix}$　(5) $\begin{pmatrix} 2 & 1 & 1 \\ -1 & 0 & 1 \\ 1 & 1 & 2 \end{pmatrix}$

2. 前問1の(1)〜(5)の各行列を対角化せよ．

3. 次の行列の対角化可能性を調べ，可能ならば対角化せよ．

(1) $\begin{pmatrix} 1 & 1 \\ 1 & 1 \end{pmatrix}$　(2) $\begin{pmatrix} 1 & 1 \\ 0 & 1 \end{pmatrix}$　(3) $\begin{pmatrix} 1 & 1 \\ 0 & -1 \end{pmatrix}$

(4) $\begin{pmatrix} 0 & 0 & 1 \\ 1 & 0 & 0 \\ 0 & 0 & 0 \end{pmatrix}$　(5) $\begin{pmatrix} 1 & -1 & 2 \\ 0 & -1 & 3 \\ 0 & 3 & -1 \end{pmatrix}$　(6) $\begin{pmatrix} 2 & -1 & 0 \\ 1 & 1 & 1 \\ -1 & 1 & 1 \end{pmatrix}$

4. 正則行列 A の固有値 λ は，$\lambda \neq 0$ であり，λ^{-1} は A^{-1} の固有値となることを示せ．

5. λ が A の固有値ならば，λ^k は A^k の固有値となることを示せ．ただし，k は自然数とする．

6. n 次正方行列 $A = (a_{ij})$ が，$a_{ij} \geqq 0$ かつ $\displaystyle\sum_{j=1}^{n} a_{ij} = 1\ (i = 1, \ldots, n)$ を満たすとき，次を示せ．

(1) 1は A の固有値である．

(2) λ が A の固有値なら，$|\lambda| \leqq 1$ となる．

7. n 次正方行列 A の固有値を $\lambda_1, \ldots, \lambda_n$ とするとき，$|A| = \lambda_1 \cdot \cdots \cdot \lambda_n$ を

示せ.

8. 定理 5.5（シュワルツの不等式）を証明せよ.

9. $\boldsymbol{R}^n$ の任意の 2 つのベクトル $\boldsymbol{a}, \boldsymbol{b}$ に対して

$$|\boldsymbol{a}+\boldsymbol{b}| \leqq |\boldsymbol{a}| + |\boldsymbol{b}| \qquad \text{（三角不等式）}$$

を示せ．また，等号成立は，$\boldsymbol{b} = c\boldsymbol{a}\,(c \geqq 0)$ または $\boldsymbol{a} = c'\boldsymbol{b}\,(c' \geqq 0)$ に限ることを示せ.

10. P が直交行列のとき，P^{-1} も直交行列であることを示せ.

11. P, Q がともに直交行列のとき，PQ も直交行列であることを示せ.

12. 次の対称行列を直交行列により対角化せよ．ただし，$a \neq 0$ とする.

(1) $\begin{pmatrix} 2 & 0 & 1 \\ 0 & 2 & 0 \\ 1 & 0 & 2 \end{pmatrix}$ (2) $\begin{pmatrix} 2 & -1 & 1 \\ -1 & 2 & 1 \\ 1 & 1 & 0 \end{pmatrix}$ (3) $\begin{pmatrix} 0 & 0 & 1 \\ 0 & 1 & 0 \\ 1 & 0 & 0 \end{pmatrix}$

(4) $\begin{pmatrix} 3 & -1 & -1 \\ -1 & 3 & -1 \\ -1 & -1 & 3 \end{pmatrix}$ (5) $\begin{pmatrix} 1 & 1 & -2 \\ 1 & 1 & 2 \\ -2 & 2 & 2 \end{pmatrix}$ (6) $\begin{pmatrix} a & -a \\ -a & a \end{pmatrix}$

13. 次の 2 次形式の標準形を求めよ.

(1) $2x_1x_2$ (2) $2x_1^2 + 2x_2^2 - 2x_1x_2 + 2x_2x_3 + 2x_3x_1$

(3) $2x_1^2 + 2x_2^2 + 2x_3^2 + 2x_1x_2 + 2x_2x_3 + 2x_3x_1$

14. 行列 $A = \begin{pmatrix} a & b \\ b & c \end{pmatrix}$ の固有方程式 $g_A(t) = 0$ の判別式が非負であることを示せ．また，A が正則でないとき，A の固有値を求めよ．ただし，a, b, c は実数とする.

15. 行列 $A = \begin{pmatrix} a & b \\ c & d \end{pmatrix}$ に対し，次の等式が成り立つことを示せ.

$$A^2 - (a+d)A + (ad-bc)E = O$$

等式の左辺は A の固有多項式 $g_A(t)$ に A を代入した $g_A(A)$ であり，この等式は**ケーリー・ハミルトンの定理**と呼ばれている.

16. 2 次正方行列 A について，A の固有値がすべて 0 であるための必要十分条件は $A^2 = 0$ であることを示せ.

第6章

補　章

6.1　空間のベクトル

空間のベクトル　空間または平面（以下空間とする）に2点A，Bがあるとき，線分ABにAからBへの向きを付けて考えたものを**有向線分**ABという．そのとき，Aを**始点**，Bを**終点**という．有向線分の位置の違いを無視して，その向きと大きさだけに着目したものを**ベクトル**という．そして，有向線分ABで表されるベクトルを$\overrightarrow{\mathrm{AB}}$と書く（図6.1（左）を参照）．また線分ABの長さをベクトル$\overrightarrow{\mathrm{AB}}$の**長さ**（または**大きさ**）といい，$\left|\overrightarrow{\mathrm{AB}}\right|$で表す．

2つのベクトル$\overrightarrow{\mathrm{PQ}}$，$\overrightarrow{\mathrm{P'Q'}}$があり，適当な平行移動によって$\overrightarrow{\mathrm{PQ}}$を$\overrightarrow{\mathrm{P'Q'}}$に同じ向きに重ね合わせることができれば，上記の定義よりそれらは同じベクトルであるので

$$\overrightarrow{\mathrm{PQ}} = \overrightarrow{\mathrm{P'Q'}}$$

となる（図6.1（右）を参照）．

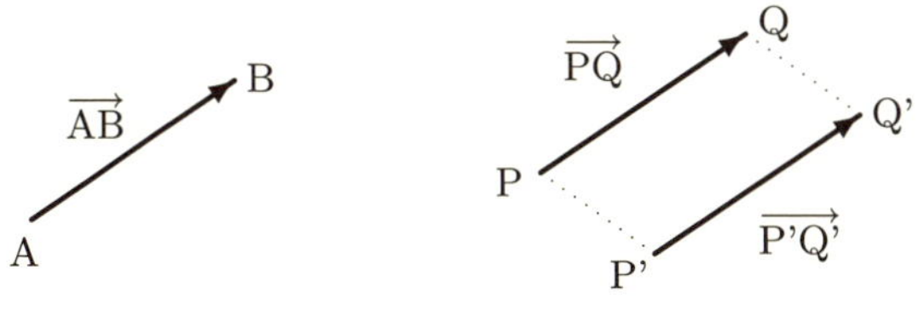

図 6.1　ベクトル

以下，ベクトルは記号$\boldsymbol{a}$, $\boldsymbol{b}$, $\boldsymbol{c}$, $\ldots$, $\boldsymbol{x}$, $\boldsymbol{y}$, $\boldsymbol{z}$などを用いて表される．$\boldsymbol{a} = \overrightarrow{\mathrm{PQ}}$

に対して，$\overrightarrow{\mathrm{QP}}$ を**逆ベクトル**といい，$-\boldsymbol{a}$ と書く．ベクトル $\boldsymbol{a} = \overrightarrow{\mathrm{PQ}}$ において $\mathrm{P} = \mathrm{Q}$ のとき，これを長さ 0 のベクトルと考えて**零ベクトル**と呼び $\mathbf{0}$ で表す．また長さが 1 のベクトルを**単位ベクトル**という．ベクトルに対して，普通の数（実数）を**スカラー**と呼ぶ．スカラーは $a, b, c, \alpha, \beta, \gamma$ などで表す．

ベクトルの演算　2 つのベクトル $\boldsymbol{a} = \overrightarrow{\mathrm{PQ}}$, $\boldsymbol{b} = \overrightarrow{\mathrm{P'Q'}}$ があるとき，$\boldsymbol{b}$ を平行移動すると $\overrightarrow{\mathrm{QR}}$ に重なる（すなわち，$\overrightarrow{\mathrm{QR}} = \boldsymbol{b}$）とする．このとき，（図 6.2 における）$\overrightarrow{\mathrm{PR}}$ を $\boldsymbol{a}$ と $\boldsymbol{b}$ の**和**と定め，

$$\boldsymbol{a} + \boldsymbol{b}$$

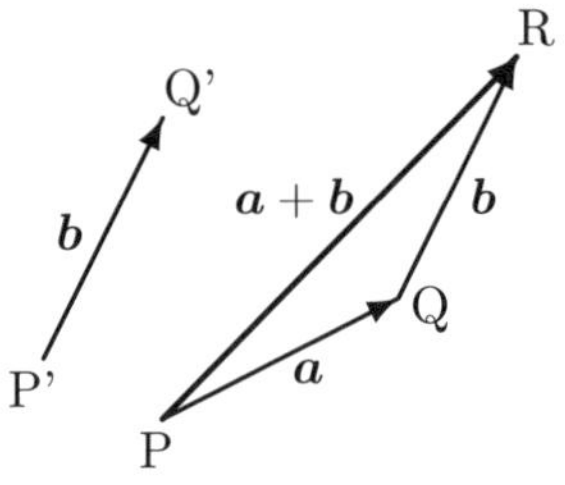

図 6.2　ベクトルの演算

と表す．また，$\boldsymbol{a} + (-\boldsymbol{b})$ を $\boldsymbol{a} - \boldsymbol{b}$ で表し，$\boldsymbol{a}$ から $\boldsymbol{b}$ を引いた**差**という．和に関して次の基本性質が成り立つ．

> $\boldsymbol{a}, \boldsymbol{b}, \boldsymbol{c}$ を任意のベクトルとするとき
>
> (1)　$\boldsymbol{a} + \boldsymbol{b} = \boldsymbol{b} + \boldsymbol{a}$　　（交換法則；図 6.3（左））
>
> (2)　$(\boldsymbol{a} + \boldsymbol{b}) + \boldsymbol{c} = \boldsymbol{a} + (\boldsymbol{b} + \boldsymbol{c})$　　（加法の結合法則；図 6.3（右））
>
> (3)　$\boldsymbol{a} + \mathbf{0} = \boldsymbol{a}$,　　$\boldsymbol{a} + (-\boldsymbol{a}) = \mathbf{0}$

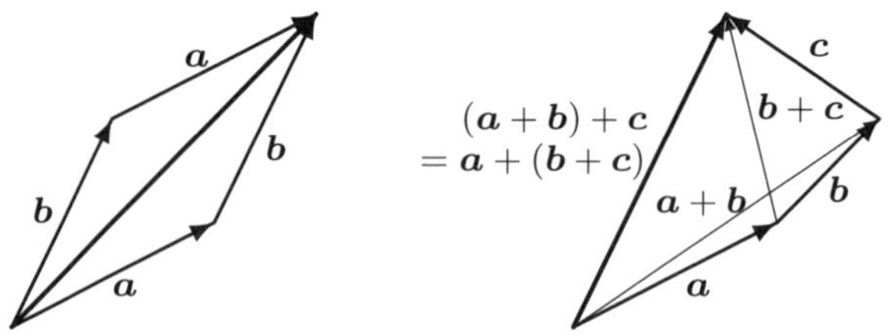

図 6.3　ベクトルの和の基本性質

ベクトル $\boldsymbol{a} (\neq \mathbf{0})$ と実数（スカラー）c に対し，$\boldsymbol{a}$ の c 倍を $c\boldsymbol{a}$ と表し，

$c > 0$ のとき，$\boldsymbol{a}$ と同じ向きで大きさが $\boldsymbol{a}$ の c 倍のベクトル

$c < 0$ のとき，$\boldsymbol{a}$ と反対向きで大きさが $\boldsymbol{a}$ の $-c$ 倍のベクトル

$c = 0$ のとき，零ベクトル $\boldsymbol{0}$

と定める．また，$\boldsymbol{a} = \boldsymbol{0}$ のときには，すべての c について $c\boldsymbol{a} = \boldsymbol{0}$ と定める．この演算をベクトルの**スカラー倍**という．

任意のベクトル $\boldsymbol{a}$, $\boldsymbol{b}$, スカラー c, d に対し

(4)　$(cd)\boldsymbol{a} = c(d\boldsymbol{a})$　（結合法則）

(5)　$(c+d)\boldsymbol{a} = c\boldsymbol{a} + d\boldsymbol{a}$,　$c(\boldsymbol{a}+\boldsymbol{b}) = c\boldsymbol{a} + c\boldsymbol{b}$　（分配法則）

(6)　$1\boldsymbol{a} = \boldsymbol{a}$

ベクトルの成分　空間に O を原点とする直交座標軸，x 軸，y 軸，z 軸をとる．このとき，各点は $\mathrm{P}(a_1, a_2, a_3)$ のように**座標**で表される．点 P に対し，ベクトル $\overrightarrow{\mathrm{OP}}$ を点 P の**位置ベクトル**という．

任意のベクトル $\boldsymbol{a}$ に対して，始点が O である（ように $\boldsymbol{a}$ を平行移動することにより）$\boldsymbol{a}$ に等しいベクトル $\overrightarrow{\mathrm{OP}}$ がただ 1 つ定まる．したがって，点 P およびその座標 (a_1, a_2, a_3) がただ 1 つ定まる．逆に任意の実数の組 (a_1, a_2, a_3) が与えられれば，点 $\mathrm{P}(a_1, a_2, a_3)$ が定まり，さらに点 P の位置ベクトルである $\boldsymbol{a} = \overrightarrow{\mathrm{OP}}$ がただ 1 つ定まる．すなわち，ベクトル $\boldsymbol{a}$ と実数の組 (a_1, a_2, a_3) が 1 対 1 に対応するので，

$$\boldsymbol{a} = \begin{pmatrix} a_1 \\ a_2 \\ a_3 \end{pmatrix}$$

と表す．これを $\boldsymbol{a}$ の**成分表示**といい，a_1, a_2, a_3 を $\boldsymbol{a}$ の**成分**という（図 6.4 を参照）．このように成分を並べて表したベクトルを**数ベクトル**といい，この場合成分が 3 つあるので，**3 次元数ベクトル**という．

2 つの数ベクトル $\boldsymbol{a} = \begin{pmatrix} a_1 \\ a_2 \\ a_3 \end{pmatrix}$ と $\boldsymbol{a}' = \begin{pmatrix} a_1' \\ a_2' \\ a_3' \end{pmatrix}$ が等しくなるためには

$$a_1 = a_1', \quad a_2 = a_2', \quad a_3 = a_3'$$

が成り立つことが必要十分である．また，ベクトル $\boldsymbol{a} = \begin{pmatrix} a_1 \\ a_2 \\ a_3 \end{pmatrix}$ の長さは

$$|\boldsymbol{a}| = \sqrt{a_1^2 + a_2^2 + a_3^2}$$

で与えられる．

基本ベクトル　次の3つのベクトルを（空間の）**基本ベクトル**という（図6.4を参照）．

$$\boldsymbol{e}_1 = \begin{pmatrix} 1 \\ 0 \\ 0 \end{pmatrix}, \quad \boldsymbol{e}_2 = \begin{pmatrix} 0 \\ 1 \\ 0 \end{pmatrix}, \quad \boldsymbol{e}_3 = \begin{pmatrix} 0 \\ 0 \\ 1 \end{pmatrix}$$

基本ベクトル $\boldsymbol{e}_1, \boldsymbol{e}_2, \boldsymbol{e}_3$ はそれぞれ x 軸，y 軸，z 軸上で各軸の正の方向と同じ向きをもつ単位ベクトルである．いま，任意のベクトル $\boldsymbol{a} = \begin{pmatrix} a_1 \\ a_2 \\ a_3 \end{pmatrix}$ が与えられたとすると，基本ベクトル $\boldsymbol{e}_1, \boldsymbol{e}_2, \boldsymbol{e}_3$ を用いて

$$\boldsymbol{a} = a_1\boldsymbol{e}_1 + a_2\boldsymbol{e}_2 + a_3\boldsymbol{e}_3$$

と表すことができる．

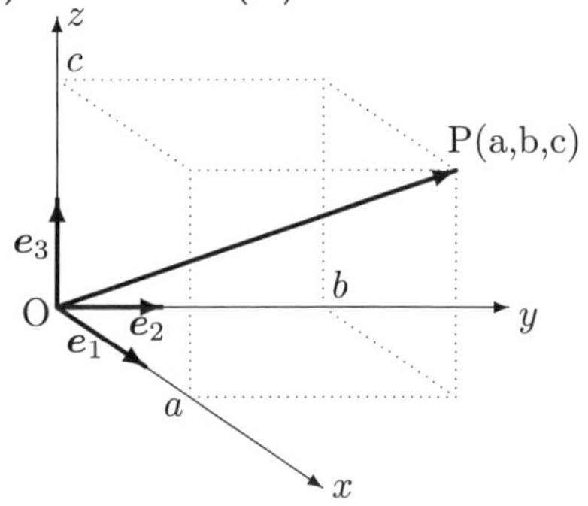

図 6.4　ベクトルの成分と基本ベクトル

和，スカラー倍の成分表示　ベクトルの和，スカラー倍の成分表示を用いて表そう．ベクトル $\boldsymbol{a} = \begin{pmatrix} a_1 \\ a_2 \\ a_3 \end{pmatrix}$, $\boldsymbol{b} = \begin{pmatrix} b_1 \\ b_2 \\ b_3 \end{pmatrix}$ は基本ベクトル $\boldsymbol{e}_1, \boldsymbol{e}_2, \boldsymbol{e}_3$ を用いて

$$\boldsymbol{a} = a_1\boldsymbol{e}_1 + a_2\boldsymbol{e}_2 + a_3\boldsymbol{e}_3, \qquad \boldsymbol{b} = b_1\boldsymbol{e}_1 + b_2\boldsymbol{e}_2 + b_3\boldsymbol{e}_3$$

と表されるから，ベクトルの和とスカラー倍の基本性質により

$$\boldsymbol{a} + \boldsymbol{b} = (a_1 + b_1)\,\boldsymbol{e}_1 + (a_2 + b_2)\,\boldsymbol{e}_2 + (a_3 + b_3)\,\boldsymbol{e}_3$$

となる．したがって，

$$\boldsymbol{a}+\boldsymbol{b} = \begin{pmatrix} a_1+b_1 \\ a_2+b_2 \\ a_3+b_3 \end{pmatrix}$$

また，同様にして

$$k\,\boldsymbol{a} = k\,(a_1\boldsymbol{e}_1 + a_2\boldsymbol{e}_2 + a_3\boldsymbol{e}_3) = (k\,a_1)\,\boldsymbol{e}_1 + (k\,a_2)\,\boldsymbol{e}_2 + (k\,a_3)\,\boldsymbol{e}_3$$

となるので，次式が成り立つ．

$$k\,\boldsymbol{a} = \begin{pmatrix} k\,a_1 \\ k\,a_2 \\ k\,a_3 \end{pmatrix}$$

内積　2 つの $\boldsymbol{0}$ でないベクトル $\boldsymbol{a}, \boldsymbol{b}$ を図 6.5 のように同じ始点をもつ有向線分 $\overrightarrow{\mathrm{CA}}, \overrightarrow{\mathrm{CB}}$ で表し，そのなす角を $\angle ACB = \theta\,(0 \leqq \theta \leqq \pi)$ とする．このとき，$\boldsymbol{a}, \boldsymbol{b}$ の**内積**（または**スカラー積**）$(\boldsymbol{a}, \boldsymbol{b})$ を

$$(\boldsymbol{a}, \boldsymbol{b}) = |\boldsymbol{a}| \cdot |\boldsymbol{b}| \cos\theta$$

で定義する．

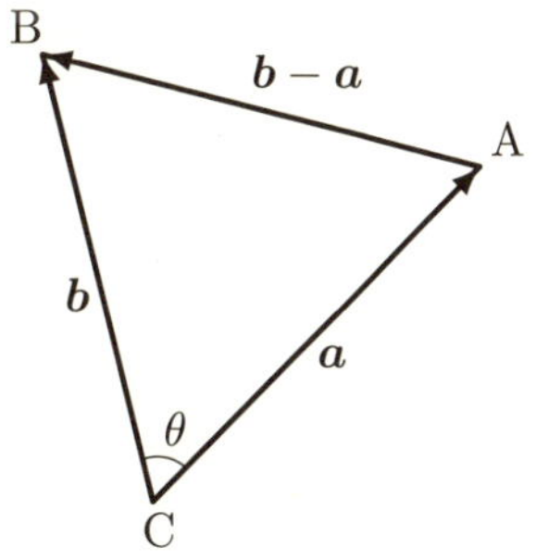

図 6.5　ベクトルの内積

とくに $\theta = \pi/2$ のとき，$\boldsymbol{a}$ と $\boldsymbol{b}$ は**直交する**といい，$\boldsymbol{a} \perp \boldsymbol{b}$ と表す．明らかに，

$$\boldsymbol{a} \perp \boldsymbol{b} \quad\Longleftrightarrow\quad (\boldsymbol{a}, \boldsymbol{b}) = 0$$

が成り立つ．

さて，三角形 CAB（図 6.5）に余弦定理を適用すると，

$$|\boldsymbol{b}-\boldsymbol{a}|^2 = |\boldsymbol{a}|^2 + |\boldsymbol{b}|^2 - 2\,|\boldsymbol{a}| \cdot |\boldsymbol{b}| \cos\theta$$

よって

$$(\boldsymbol{a}, \boldsymbol{b}) = \frac{1}{2}\left(|\boldsymbol{a}|^2 + |\boldsymbol{b}|^2 - |\boldsymbol{b}-\boldsymbol{a}|^2\right)$$

を得る．

ここで，$\boldsymbol{a}, \boldsymbol{b}$ が空間ベクトルとすると

$$\boldsymbol{a} = \begin{pmatrix} a_1 \\ a_2 \\ a_3 \end{pmatrix}, \qquad \boldsymbol{b} = \begin{pmatrix} b_1 \\ b_2 \\ b_3 \end{pmatrix}$$

と表されるから，

$$|\boldsymbol{a}|^2 = a_1^2 + a_2^2 + a_3^2, \qquad |\boldsymbol{b}|^2 = b_1^2 + b_2^2 + b_3^2,$$
$$|\boldsymbol{b} - \boldsymbol{a}|^2 = (b_1 - a_1)^2 + (b_2 - a_2)^2 + (b_3 - a_3)^2$$

である．これらを上の等式に代入し，整理すると

$$(\boldsymbol{a}, \boldsymbol{b}) = a_1 b_1 + a_2 b_2 + a_3 b_3$$

が得られる．とくに，$\boldsymbol{b} = \boldsymbol{a}$ のときは

$$(\boldsymbol{a}, \boldsymbol{a}) = a_1^2 + a_2^2 + a_3^2 = |\boldsymbol{a}|^2$$

となるので，

$$|\boldsymbol{a}| = \sqrt{(\boldsymbol{a}, \boldsymbol{a})}$$

が成り立つ．内積の基本性質は次のようにまとめられる．

> $\boldsymbol{a}, \boldsymbol{b}, \boldsymbol{c}$ をベクトル，k を実数とするとき
>
> (1)　$(\boldsymbol{a}, \boldsymbol{b}) = (\boldsymbol{b}, \boldsymbol{a})$　（内積の交換法則）
>
> (2)　$(\boldsymbol{a} + \boldsymbol{b}, \boldsymbol{c}) = (\boldsymbol{a}, \boldsymbol{c}) + (\boldsymbol{b}, \boldsymbol{c})$　（分配法則）
>
> (3)　$(k\boldsymbol{a}, \boldsymbol{b}) = (\boldsymbol{a}, k\boldsymbol{b}) = k\,(\boldsymbol{a}, \boldsymbol{b})$
>
> (4)　$(\boldsymbol{a}, \boldsymbol{a}) \geqq 0$　（等号が成り立つのは $\boldsymbol{a} = \boldsymbol{0}$ のときに限る．）
>
> (5)　$|(\boldsymbol{a}, \boldsymbol{b})| \leqq |\boldsymbol{a}| \cdot |\boldsymbol{b}|$　（シュワルツの不等式）

例 1　空間の基本ベクトル $\boldsymbol{e}_1, \boldsymbol{e}_2, \boldsymbol{e}_3$ は直交する単位ベクトルであり，内積について次の等式が成り立つ．

$$(\boldsymbol{e}_1, \boldsymbol{e}_1) = (\boldsymbol{e}_2, \boldsymbol{e}_2) = (\boldsymbol{e}_3, \boldsymbol{e}_3) = 1$$

$$(\boldsymbol{e}_1, \boldsymbol{e}_2) = (\boldsymbol{e}_2, \boldsymbol{e}_3) = (\boldsymbol{e}_3, \boldsymbol{e}_1) = 0$$

■

例 2 ベクトル $\boldsymbol{a} = \begin{pmatrix} a_1 \\ a_2 \\ a_3 \end{pmatrix}, \boldsymbol{b} = \begin{pmatrix} b_1 \\ b_2 \\ b_3 \end{pmatrix}$ を基本ベクトルの 1 次結合で

$$\boldsymbol{a} = a_1\boldsymbol{e}_1 + a_2\boldsymbol{e}_2 + a_3\boldsymbol{e}_3, \qquad \boldsymbol{b} = b_1\boldsymbol{e}_1 + b_2\boldsymbol{e}_2 + b_3\boldsymbol{e}_3$$

と表し，内積の基本性質と例 1 を用いると

$$\begin{aligned}(\boldsymbol{a}, \boldsymbol{b}) &= (a_1\boldsymbol{e}_1 + a_2\boldsymbol{e}_2 + a_3\boldsymbol{e}_3, b_1\boldsymbol{e}_1 + b_2\boldsymbol{e}_2 + b_3\boldsymbol{e}_3) \\ &= a_1 b_1 (\boldsymbol{e}_1, \boldsymbol{e}_1) + a_2 b_1 (\boldsymbol{e}_2, \boldsymbol{e}_1) + a_3 b_1 (\boldsymbol{e}_3, \boldsymbol{e}_1) \\ &\quad + a_1 b_2 (\boldsymbol{e}_1, \boldsymbol{e}_2) + a_2 b_2 (\boldsymbol{e}_2, \boldsymbol{e}_2) + a_3 b_2 (\boldsymbol{e}_3, \boldsymbol{e}_2) \\ &\quad + a_1 b_3 (\boldsymbol{e}_1, \boldsymbol{e}_3) + a_2 b_3 (\boldsymbol{e}_2, \boldsymbol{e}_3) + a_3 b_3 (\boldsymbol{e}_3, \boldsymbol{e}_3) \\ &= a_1 b_1 + a_2 b_2 + a_3 b_3\end{aligned}$$

を得る． ■

外積 空間において，同じ始点をもつ 2 つの平行でないベクトル $\boldsymbol{a}, \boldsymbol{b}$ を考える．このとき，次の 3 つの条件を満たすベクトル $\boldsymbol{v}$ がただ 1 つ存在する．

(1) $\boldsymbol{v} \perp \boldsymbol{a}$ かつ $\boldsymbol{v} \perp \boldsymbol{b}$,

(2) $\boldsymbol{v}$ の方向は，$\boldsymbol{a}$ から $\boldsymbol{b}$ の方に右ねじを回したとき，ねじの進む側，

(3) $\boldsymbol{v}$ の長さ $|\boldsymbol{v}|$ は，$\boldsymbol{a}, \boldsymbol{b}$ を 2 辺とする平行四辺形の面積 S に等しい．

このベクトル $\boldsymbol{v}$ を $\boldsymbol{a}$ と $\boldsymbol{b}$ との**外積**と呼び，$\boldsymbol{a} \times \boldsymbol{b}$ と表す．$\boldsymbol{a}, \boldsymbol{b}$ の少なくとも 1 つが $\boldsymbol{0}$，または $\boldsymbol{a}, \boldsymbol{b}$ が平行のときは，$\boldsymbol{a} \times \boldsymbol{b} = \boldsymbol{0}$ と定める（図 6.6 を参照）．

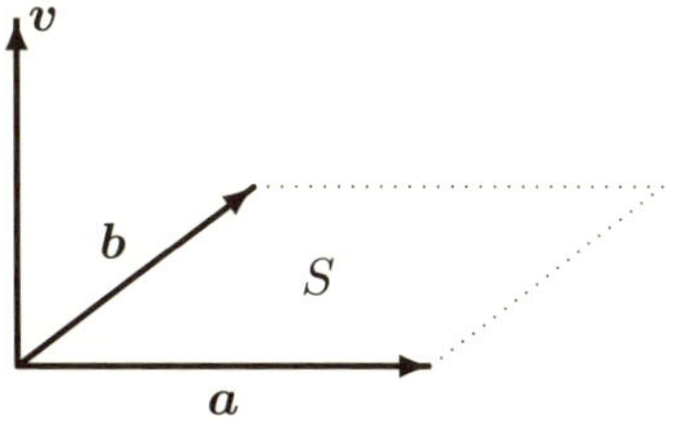

図 6.6 ベクトルの外積

注 (2) の条件は，$\boldsymbol{a}, \boldsymbol{b}, \boldsymbol{v}$ にこの順に右手の親指，人さし指，中指を合わせることができることを意味し，このとき $\boldsymbol{a}, \boldsymbol{b}, \boldsymbol{v}$ は**右手系**をなすという． ■

外積の基本性質は次のようにまとめられる．

> $\boldsymbol{a}, \boldsymbol{b}, \cdots$ をベクトル，k を実数とするとき
>
> (1) $\boldsymbol{a} \times \boldsymbol{b} = -(\boldsymbol{b} \times \boldsymbol{a})$,　　$\boldsymbol{a} \times \boldsymbol{a} = \boldsymbol{0}$
>
> (2) $(\boldsymbol{a}_1 + \boldsymbol{a}_2) \times \boldsymbol{b} = \boldsymbol{a}_1 \times \boldsymbol{b} + \boldsymbol{a}_2 \times \boldsymbol{b}$　　（分配法則）
>
> (3) $\boldsymbol{a} \times (\boldsymbol{b}_1 + \boldsymbol{b}_2) = \boldsymbol{a} \times \boldsymbol{b}_1 + \boldsymbol{a} \times \boldsymbol{b}_2$　　（分配法則）
>
> (4) $(k\boldsymbol{a}) \times \boldsymbol{b} = \boldsymbol{a} \times (k\boldsymbol{b}) = k\,(\boldsymbol{a} \times \boldsymbol{b})$

例 3　空間の基本ベクトル $\boldsymbol{e}_1, \boldsymbol{e}_2, \boldsymbol{e}_3$ の外積について次の等式が成り立つ．

$$\boldsymbol{e}_1 \times \boldsymbol{e}_2 = \boldsymbol{e}_3, \quad \boldsymbol{e}_2 \times \boldsymbol{e}_3 = \boldsymbol{e}_1, \quad \boldsymbol{e}_3 \times \boldsymbol{e}_1 = \boldsymbol{e}_2,$$
$$\boldsymbol{e}_2 \times \boldsymbol{e}_1 = -\boldsymbol{e}_3, \quad \boldsymbol{e}_3 \times \boldsymbol{e}_2 = -\boldsymbol{e}_1, \quad \boldsymbol{e}_1 \times \boldsymbol{e}_3 = -\boldsymbol{e}_2$$

■

ベクトル $\boldsymbol{a} = \begin{pmatrix} a_1 \\ a_2 \\ a_3 \end{pmatrix}$ ，$\boldsymbol{b} = \begin{pmatrix} b_1 \\ b_2 \\ b_3 \end{pmatrix}$ の外積は，

$$\boldsymbol{a} \times \boldsymbol{b} = \begin{pmatrix} a_2b_3 - a_3b_2 \\ a_3b_1 - a_1b_3 \\ a_1b_2 - a_2b_1 \end{pmatrix} \qquad (*)$$

となるが，これは形式的に次のように表すことができる．

$$\boldsymbol{a} \times \boldsymbol{b} = \begin{vmatrix} \boldsymbol{e}_1 & a_1 & b_1 \\ \boldsymbol{e}_2 & a_2 & b_2 \\ \boldsymbol{e}_3 & a_3 & b_3 \end{vmatrix} = \begin{vmatrix} a_2 & b_2 \\ a_3 & b_3 \end{vmatrix} \boldsymbol{e}_1 - \begin{vmatrix} a_1 & b_1 \\ a_3 & b_3 \end{vmatrix} \boldsymbol{e}_2 + \begin{vmatrix} a_1 & b_1 \\ a_2 & b_2 \end{vmatrix} \boldsymbol{e}_3$$

[(∗) の証明]　ベクトル $\boldsymbol{a}, \boldsymbol{b}$ を基本ベクトルの 1 次結合で

$$\boldsymbol{a} = a_1\boldsymbol{e}_1 + a_2\boldsymbol{e}_2 + a_3\boldsymbol{e}_3, \qquad \boldsymbol{b} = b_1\boldsymbol{e}_1 + b_2\boldsymbol{e}_2 + b_3\boldsymbol{e}_3$$

と表し，外積の基本性質と例 3 を用いると次の等式を得る．

$$\boldsymbol{a} \times \boldsymbol{b} = (a_1\boldsymbol{e}_1 + a_2\boldsymbol{e}_2 + a_3\boldsymbol{e}_3) \times (b_1\boldsymbol{e}_1 + b_2\boldsymbol{e}_2 + b_3\boldsymbol{e}_3)$$

$$
\begin{aligned}
&= a_1 b_1 \boldsymbol{e}_1 \times \boldsymbol{e}_1 + a_2 b_1 \boldsymbol{e}_2 \times \boldsymbol{e}_1 + a_3 b_1 \boldsymbol{e}_3 \times \boldsymbol{e}_1 \\
&\quad + a_1 b_2 \boldsymbol{e}_1 \times \boldsymbol{e}_2 + a_2 b_2 \boldsymbol{e}_2 \times \boldsymbol{e}_2 + a_3 b_2 \boldsymbol{e}_3 \times \boldsymbol{e}_2 \\
&\quad + a_1 b_3 \boldsymbol{e}_1 \times \boldsymbol{e}_3 + a_2 b_3 \boldsymbol{e}_2 \times \boldsymbol{e}_3 + a_3 b_3 \boldsymbol{e}_3 \times \boldsymbol{e}_3 \\
&= (a_2 b_3 - a_3 b_2)\boldsymbol{e}_1 + (a_3 b_1 - a_1 b_3)\boldsymbol{e}_2 + (a_1 b_2 - a_2 b_1)\boldsymbol{e}_3
\end{aligned}
$$

■

例 4 平面上に 2 つの $\boldsymbol{0}$ でないベクトル $\boldsymbol{a} = \begin{pmatrix} a_1 \\ a_2 \end{pmatrix}$, $\boldsymbol{b} = \begin{pmatrix} b_1 \\ b_2 \end{pmatrix}$ があるとし，それらの始点が原点 O になるように平行移動しておく．その平面を x_1x_2 平面とする空間の直交座標系 O-$x_1x_2x_3$ をとると，ベクトル $\boldsymbol{a}, \boldsymbol{b}$ は空間においてそれぞれ $\boldsymbol{a}^* = \begin{pmatrix} a_1 \\ a_2 \\ 0 \end{pmatrix}$, $\boldsymbol{b}^* = \begin{pmatrix} b_1 \\ b_2 \\ 0 \end{pmatrix}$ と表される．このとき，

$$
\boldsymbol{a}^* \times \boldsymbol{b}^* = \begin{vmatrix} \boldsymbol{e}_1 & a_1 & b_1 \\ \boldsymbol{e}_2 & a_2 & b_2 \\ \boldsymbol{e}_3 & 0 & 0 \end{vmatrix} = \begin{vmatrix} a_1 & b_1 \\ a_2 & b_2 \end{vmatrix} \boldsymbol{e}_3
$$

であるので，次を得る．

$$
\begin{vmatrix} a_1 & b_1 \\ a_2 & b_2 \end{vmatrix} = \pm |\boldsymbol{a}^* \times \boldsymbol{b}^*| = \pm(\boldsymbol{a}, \boldsymbol{b} \text{ を 2 辺とする平行四辺形の面積 } S)
$$

■

3 重積 空間に 3 つのベクトル $\boldsymbol{a}, \boldsymbol{b}, \boldsymbol{c}$ があるとき，$\boldsymbol{a} \times \boldsymbol{b}$ と $\boldsymbol{c}$ との内積

$$
(\boldsymbol{a} \times \boldsymbol{b}, \boldsymbol{c})
$$

を $\boldsymbol{a}, \boldsymbol{b}, \boldsymbol{c}$ の **3 重積**という．$\boldsymbol{a}, \boldsymbol{b}, \boldsymbol{c}$ を同じ始点の有向線分で表したとき，これらを 3 辺とする平行六面体を $\boldsymbol{a}, \boldsymbol{b}, \boldsymbol{c}$ で張られる平行六面体といい，その体積を V と表す（図 6.7 を参照）．平行六面体の底面積は $|\boldsymbol{a} \times \boldsymbol{b}|$,

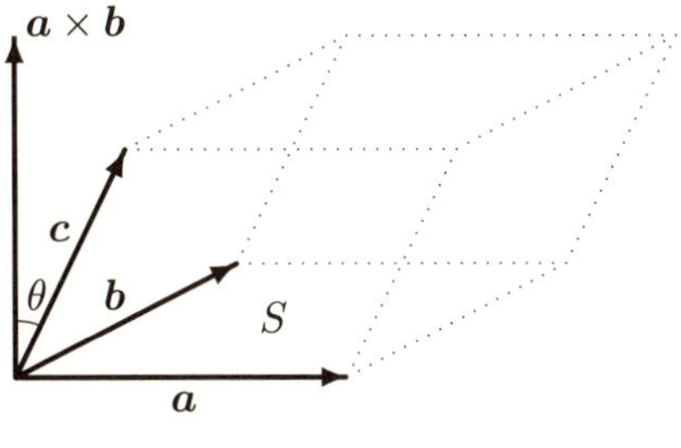

図 6.7 ベクトル 3 重積

高さは $|\boldsymbol{c}|\cdot|\cos\theta|$ であるので，

$$V = |\boldsymbol{a}\times\boldsymbol{b}|\cdot|\boldsymbol{c}|\cdot|\cos\theta| = |(\boldsymbol{a}\times\boldsymbol{b},\, \boldsymbol{c})|$$

となる．

例5　3つのベクトル $\boldsymbol{a} = \begin{pmatrix} a_1 \\ a_2 \\ a_3 \end{pmatrix}$，$\boldsymbol{b} = \begin{pmatrix} b_1 \\ b_2 \\ b_3 \end{pmatrix}$，$\boldsymbol{c} = \begin{pmatrix} c_1 \\ c_2 \\ c_3 \end{pmatrix}$ の3重積について，

$$(\boldsymbol{a}\times\boldsymbol{b},\, \boldsymbol{c}) = \begin{vmatrix} a_1 & b_1 & c_1 \\ a_2 & b_2 & c_2 \\ a_3 & b_3 & c_3 \end{vmatrix}$$

が成り立つ．なぜならば，

$$(\boldsymbol{a}\times\boldsymbol{b},\, \boldsymbol{c}) = \begin{vmatrix} a_2 & b_2 \\ a_3 & b_3 \end{vmatrix} c_1 - \begin{vmatrix} a_1 & b_1 \\ a_3 & b_3 \end{vmatrix} c_2 + \begin{vmatrix} a_1 & b_1 \\ a_2 & b_2 \end{vmatrix} c_3 = \begin{vmatrix} a_1 & b_1 & c_1 \\ a_2 & b_2 & c_2 \\ a_3 & b_3 & c_3 \end{vmatrix}$$

となるからである．■

6.2　連立1次方程式の解——一般の場合

連立1次方程式を行列で表し，その階段行列への変形を行うことにより解を求める．ここでは，一般の連立1次方程式を扱う．

連立1次方程式の解法——一般の場合　n 変数の連立1次方程式

$$\begin{cases} a_{11}x_1 + a_{12}x_2 + \cdots + a_{1n}x_n = b_1 \\ a_{21}x_1 + a_{22}x_2 + \cdots + a_{2n}x_n = b_2 \\ \qquad\cdots\cdots\cdots\cdots \\ a_{m1}x_1 + a_{m2}x_2 + \cdots + a_{mn}x_n = b_m \end{cases}$$

を考える．ここで，係数 a_{ij} と右辺の b_i が既知で，変数 x_i が未知であるとする．これを行列とベクトル

$$A = \begin{pmatrix} a_{11} & a_{12} & \cdots & a_{1n} \\ a_{21} & a_{22} & \cdots & a_{2n} \\ \cdots & \cdots & \cdots & \cdots \\ a_{m1} & a_{m2} & \cdots & a_{mn} \end{pmatrix}, \quad \boldsymbol{b} = \begin{pmatrix} b_1 \\ b_2 \\ \vdots \\ b_m \end{pmatrix}, \quad \boldsymbol{x} = \begin{pmatrix} x_1 \\ x_2 \\ \vdots \\ x_n \end{pmatrix}$$

を用いて

$$A\boldsymbol{x} = \boldsymbol{b}$$

と表すことができる．そして，A を**係数行列**といい，行列 A に列ベクトル $\boldsymbol{b}$ をつけ加えた次の形の $m \times (n+1)$ 行列を，上の連立 1 次方程式の**拡大係数行列**という．

$$(A : \boldsymbol{b}) = \left(\begin{array}{cccc|c} a_{11} & a_{12} & \cdots & a_{1n} & b_1 \\ a_{21} & a_{22} & \cdots & a_{2n} & b_2 \\ \cdots & \cdots & \cdots & \cdots & \vdots \\ a_{m1} & a_{m2} & \cdots & a_{mn} & b_m \end{array}\right)$$

上の連立 1 次方程式において，x_1 の係数 $a_{11}, a_{21}, \cdots, a_{m1}$ のいずれかは 0 でないとする．（もし $a_{11} = a_{21} = \cdots = a_{m1} = 0$ ならば，この連立 1 次方程式は変数 x_1 を含まないので，変数の数が 1 つ少ない連立 1 次方程式になる．）

さて，拡大係数行列 $(A : \boldsymbol{b})$ に対して，基本変形からなる基本手順を繰り返し行うことにより，階段行列に変形することができる．そのとき，主成分の数が r 個であったとすると，次のような形になる．

$$\left(\begin{array}{cccccccccc|c} \boxed{1} & & & & & \bigstar & & & & & d_1 \\ 0 & \cdots & 0 & \boxed{1} & & & & & & & d_2 \\ 0 & \cdots & & & \cdots & 0 & \boxed{1} & & & & \vdots \\ 0 & \cdots & & & & & \cdots & 0 & \boxed{1} & & d_r \\ 0 & \cdots & & & & & & & \cdots & 0 & d_{r+1} \\ \vdots & & & & & & & & & \vdots & \vdots \\ 0 & \cdots & & & & & & & \cdots & 0 & d_m \end{array}\right)$$

ここで，★ のある部分にはどんな数が入ってもよい．ただし，主成分がある列の他の成分はすべて 0 である．

　まず，この行列の形から $\mathrm{rank}(A) = r$ であることがわかるが，次の2つのケースがありうる．$d_{r+1}, \cdots d_m$ の中に0でないものがある場合と，$d_{r+1} = \cdots = d_m = 0$ の場合である．

ケース1：$d_{r+1}, \cdots d_m$ の中に0でないものがある場合

上記の行列の第 $r+1$ 行以下にさらに基本手順を行うことにより，次の形の階段行列に変形することができる．

$$
\begin{array}{c}
\\ \\ \\ \mathrm{r} \\ \mathrm{r+1} \\ \\ \\ \\
\end{array}
\left(\begin{array}{ccccccccc:c}
1 & & & & & \star & & & & 0 \\
0 & \cdots & 0 & 1 & & & & & & 0 \\
0 & \cdots & & & \cdots\ 0 & 1 & & & & \vdots \\
0 & \cdots & & & & & \cdots\ 0 & 1 & & 0 \\
0 & \cdots & & & & & & & \cdots\ 0 & 1 \\
0 & \cdots & & & & & & & \cdots\ 0 & 0 \\
\vdots & & & & & & & & \vdots & \vdots \\
0 & \cdots & & & & & & & \cdots\ 0 & 0
\end{array}\right)
$$

したがって，この場合は

$$\mathrm{rank}(A : \boldsymbol{b}) = r + 1 > r = \mathrm{rank}(A)$$

である．そして，この行列の第 $r+1$ 行 $(0\ \cdots\ 0 : 1)$ に対応する方程式は

$$0x_1 + 0x_2 + \cdots + 0x_n = 1$$

となる．しかし，この方程式を満たす $x_1, x_2, \cdots x_n$ は存在しないので，連立1次方程式は解をもたない．

ケース2：$d_{r+1} = \cdots = d_m = 0$ の場合

この場合，上記の拡大係数行列 $(A : \boldsymbol{b})$ は

$$\left(\begin{array}{cccccccc:c} \boxed{1} & & & & & \bigstar & & & d_1 \\ 0 & \cdots & 0 & \boxed{1} & & & & & d_2 \\ 0 & \cdots & & & \cdots\ 0 & \boxed{1} & & & \vdots \\ 0 & \cdots & & & & \cdots\ 0 & \boxed{1} & & d_r \\ 0 & \cdots & & & & & & \cdots\ 0 & 0 \\ \vdots & & & & & & & \vdots & \vdots \\ 0 & \cdots & & & & & & \cdots\ 0 & 0 \end{array}\right)$$

という形であり，これは既に階段行列である．この場合

$$\mathrm{rank}(A : \boldsymbol{b}) = r = \mathrm{rank}(A)$$

である．またこのときには，拡大係数行列の主成分を含まない列に対応する変数の値を任意に定めると，主成分を含む列に対応する変数の値は一意的に決まる．（次の例 1，例題 1 を参照.）

以上より次の定理が得られる．

定理 6.1　連立 1 次方程式が解をもつ必要十分条件は

$$\mathrm{rank}(A : \boldsymbol{b}) = \mathrm{rank}(A)$$

である．さらに，$\mathrm{rank}(A : \boldsymbol{b}) = \mathrm{rank}(A) = r$ とすると

$$\begin{cases} r = n \text{ ならば，解はただ 1 つである．} \\ r < n \text{ ならば，} (n-r) \text{ 個の任意定数を含む無数の解がある．} \end{cases}$$

例 1　§2.2 の例 1 の連立 1 次方程式

$$\begin{cases} x_1 - 3x_2 = 1 \\ 2x_1 - 6x_2 = 2 \end{cases}$$

の拡大係数行列とその階段行列への変形は

$$\left(\begin{array}{cc:c} 1 & -3 & 1 \\ 2 & -6 & 2 \end{array}\right) \longrightarrow \left(\begin{array}{cc:c} 1 & -3 & 1 \\ 0 & 0 & 0 \end{array}\right)$$

である．このとき，$\mathrm{rank}(A:\boldsymbol{b}) = \mathrm{rank}(A) = 1$ であり，<u>ケース 2</u> の場合になる．主成分を含まない列に対応する変数 x_2 の値を t とし任意に定めると，主成分を含む列に対応する変数 x_1 は

$$x_1 - 3x_2 = 1,\ x_2 = t \quad \Longrightarrow \quad x_1 = 3t + 1$$

と一意的に決まる．すなわち，§2.2 の例 1 と同じ結果が得られた．■

例 2　§2.2 の例 2 の連立 1 次方程式

$$\begin{cases} x_1 - 3x_2 = 1 \\ 2x_1 - 6x_2 = 3 \end{cases}$$

の拡大係数行列とその階段行列への変形は

$$\left(\begin{array}{cc:c} 1 & -3 & 1 \\ 2 & -6 & 3 \end{array}\right) \longrightarrow \left(\begin{array}{cc:c} 1 & -3 & 1 \\ 0 & 0 & 1 \end{array}\right) \longrightarrow \left(\begin{array}{cc:c} 1 & -3 & 0 \\ 0 & 0 & 1 \end{array}\right)$$

である．このとき，$\mathrm{rank}(A:\boldsymbol{b}) = 2 > 1 = \mathrm{rank}(A)$ であり，<u>ケース 1</u> の場合になる．したがって，解は存在しない．■

例題 1　次の連立 1 次方程式を解け．

$$\begin{cases} x_1 + 2x_2 - x_3 + 2x_4 = 3 \\ 2x_1 + 3x_2 - 4x_3 + x_4 = 2 \\ 4x_1 + 6x_2 - 8x_3 + 3x_4 = 5 \end{cases}$$

[解]　拡大係数行列とその階段行列への変形は次のようになる．

$$\left(\begin{array}{cccc:c} 1 & 2 & -1 & 2 & 3 \\ 2 & 3 & -4 & 1 & 2 \\ 4 & 6 & -8 & 3 & 5 \end{array}\right)$$

$$\longrightarrow \left(\begin{array}{cccc:c} 1 & 2 & -1 & 2 & 3 \\ 0 & -1 & -2 & -3 & -4 \\ 4 & 6 & -8 & 3 & 5 \end{array}\right) \qquad ② + ① \times (-2)$$

$$\longrightarrow \left(\begin{array}{cccc|c} 1 & 2 & -1 & 2 & 3 \\ 0 & -1 & -2 & -3 & -4 \\ 0 & -2 & -4 & -5 & -7 \end{array}\right) \qquad ③ + ① \times (-4)$$

$$\longrightarrow \left(\begin{array}{cccc|c} 1 & 2 & -1 & 2 & 3 \\ 0 & 1 & 2 & 3 & 4 \\ 0 & -2 & -4 & -5 & -7 \end{array}\right) \qquad ② \times (-1)$$

$$\longrightarrow \left(\begin{array}{cccc|c} 1 & 2 & -1 & 2 & 3 \\ 0 & 1 & 2 & 3 & 4 \\ 0 & 0 & 0 & 1 & 1 \end{array}\right) \qquad ③ + ② \times 2$$

$$\longrightarrow \left(\begin{array}{cccc|c} 1 & 0 & -5 & -4 & -5 \\ 0 & 1 & 2 & 3 & 4 \\ 0 & 0 & 0 & 1 & 1 \end{array}\right) \qquad ① + ② \times (-2)$$

$$\longrightarrow \left(\begin{array}{cccc|c} 1 & 0 & -5 & 0 & -1 \\ 0 & 1 & 2 & 0 & 1 \\ 0 & 0 & 0 & 1 & 1 \end{array}\right) \qquad \begin{array}{l} ① + ③ \times 4 \\ ② + ③ \times (-3) \end{array}$$

この最後の行列は階段行列であり，主成分は (1, 1), (2, 2), (3, 4) 成分にある．階段行列に対応する連立1次方程式は

$$\begin{cases} x_1 \qquad - 5x_3 \qquad = -1 \\ \qquad x_2 + 2x_3 \qquad = \ \ 1 \\ \qquad\qquad\qquad x_4 = \ \ 1 \end{cases}$$

である．よって，階段行列の主成分に対応しない変数 x_3 に値を任意に与えると，主成分に対応する変数 x_1, x_2, x_4 の値が決まる．すなわち，$x_3 = t$ とおくと，

$$\begin{cases} x_1 = 5t - 1 \\ x_2 = -2t + 1 \\ x_3 = t \\ x_4 = 1 \end{cases}$$

よって，解は

$$\boldsymbol{x} = \begin{pmatrix} x_1 \\ x_2 \\ x_3 \\ x_4 \end{pmatrix} = \begin{pmatrix} 5t-1 \\ -2t+1 \\ t \\ 1 \end{pmatrix} \qquad (t：任意の実数)$$

である． ■

注　例題1の解 $\boldsymbol{x}$ は

$$\boldsymbol{x} = \begin{pmatrix} -1 \\ 1 \\ 0 \\ 1 \end{pmatrix} + t\begin{pmatrix} 5 \\ -2 \\ 1 \\ 0 \end{pmatrix} \qquad (t：任意の実数)$$

と表すこともできる． ■

連立1次方程式の解が存在するための条件に関する一般的な結果が定理6.1で得られたが，特に解がただ1つのときには，定理は次の形にまとめることができる．（なぜならば，解がただ1つであるためには，拡大係数行列より得られた階段行列に，主成分に対応しない変数が存在しないこと，すなわち階段行列のすべての列に主成分が存在することであるから．）

定理 6.2　n 変数の n 連立1次方程式

$$A\boldsymbol{x} = \boldsymbol{b}$$

に解がただ1つ存在する必要十分条件は

$$\mathrm{rank}(A) = \mathrm{rank}(A:\boldsymbol{b}) = n$$

である．またそのとき，拡大係数行列 $(A:\boldsymbol{b})$ の階段行列への変形は $(E:\boldsymbol{c})$ という形になり，$\boldsymbol{c}$ は $A\boldsymbol{x} = \boldsymbol{b}$ の解である．

同次形の連立1次方程式　連立1次方程式 $A\boldsymbol{x} = \boldsymbol{b}$ において $\boldsymbol{b} = \boldsymbol{0}$ のとき，すなわち

$$A\boldsymbol{x} = \boldsymbol{0}$$

の形の連立 1 次方程式を**同次形**の連立 1 次方程式という．同次形の連立 1 次方程式を解く場合，$\boldsymbol{b} = \boldsymbol{0}$ であるので拡大係数行列ではなく，係数行列 A の階段行列への変形を考えればよい．そして，$\boldsymbol{x} = \boldsymbol{0}$ はつねにこの方程式の解であり，**自明な解**と呼ばれる．定理 6.1 より次の定理が得られる．

定理 6.3　A が $m \times n$ 行列とする．同次形の連立 1 次方程式

$$A\boldsymbol{x} = \boldsymbol{0}$$

において，A から導かれる階段行列を B とし，B の主成分の個数を r とすると，

$$\begin{cases} r = n \text{ ならば，解は自明な解 } \boldsymbol{x} = \boldsymbol{0} \text{ だけである．} \\ r < n \text{ ならば，} (n-r) \text{ 個の任意定数を含む無数の解がある．} \end{cases}$$

また，定理 6.3 より得られる次の結果は，証明なしで述べておこう．

定理 6.4　A が n 次正方行列のとき，次の (1)-(5) は同値である．

(1) $\mathrm{rank}(A) = n$.

(2) A から導かれる階段行列 B は E_n である．

(3) $A\boldsymbol{x} = \boldsymbol{b}$ は任意の n 次の列ベクトル $\boldsymbol{b}$ に対し唯一つの解を持つ．

(4) $A\boldsymbol{x} = \boldsymbol{0}$ の解は自明な解 $\boldsymbol{x} = \boldsymbol{0}$ だけである．

(5) A は正則行列である．

6.3　置換と行列式

置換　n 個の文字 $\{1, 2, \cdots, n\}$ の順番の並べかえを n 文字の**置換**という．例えば，$\{1, 2, \cdots, n\}$ を並べかえて，$i_1, i_2, \cdots, i_n$ になったとする：

$$1 \longrightarrow i_1, \quad 2 \longrightarrow i_2, \cdots\cdots, \quad n \longrightarrow i_n$$

この <u>並べかえ方</u>（σ とする）を

$$\sigma = \begin{pmatrix} 1 & 2 & \cdots & n \\ i_1 & i_2 & \cdots & i_n \end{pmatrix} = \begin{pmatrix} 1 & 2 & \cdots & n \\ \sigma(1) & \sigma(2) & \cdots & \sigma(n) \end{pmatrix}$$

と表す．つまり下の数字は上の数字の行き先を示す．

例 1　3 個の文字 1, 2, 3 の置換は次の 6 個である．

$$\begin{pmatrix}1&2&3\\1&2&3\end{pmatrix},\quad \begin{pmatrix}1&2&3\\2&3&1\end{pmatrix},\quad \begin{pmatrix}1&2&3\\3&1&2\end{pmatrix},$$
$$\begin{pmatrix}1&2&3\\2&1&3\end{pmatrix},\quad \begin{pmatrix}1&2&3\\3&2&1\end{pmatrix},\quad \begin{pmatrix}1&2&3\\1&3&2\end{pmatrix}$$

■

参考　n 文字の置換全体を S_n と表す．n 文字の置換

$$\sigma = \begin{pmatrix}1&2&\cdots&n\\i_1&i_2&\cdots&i_n\end{pmatrix}$$

は $i_1, i_2, \cdots, i_n$ が定まれば一意的に決まるから，S_n の個数は順列の個数に等しく，$n!$ である．■

置換の表し方は，上下の組合せが変わらないかぎり順序は変えてもよい．

例 2

$$\begin{pmatrix}1&2&3\\3&1&2\end{pmatrix} = \begin{pmatrix}1&3&2\\3&2&1\end{pmatrix} = \begin{pmatrix}3&1&2\\2&3&1\end{pmatrix}$$

■

次に，2 つの n 文字の置換 σ, τ の**積** $\sigma\tau$ を

$$\sigma\tau(i) = \sigma(\tau(i)) \qquad (i = 1, 2, \cdots, n)$$

と定義する．

例 3　$\sigma = \begin{pmatrix}1&2&3&4\\4&3&2&1\end{pmatrix}$, $\tau = \begin{pmatrix}1&2&3&4\\2&3&4&1\end{pmatrix}$ のとき

$$\sigma\tau = \begin{pmatrix}1&2&3&4\\4&3&2&1\end{pmatrix}\begin{pmatrix}1&2&3&4\\2&3&4&1\end{pmatrix}$$

$$
= \begin{pmatrix} 2 & 3 & 4 & 1 \\ 3 & 2 & 1 & 4 \end{pmatrix} \begin{pmatrix} 1 & 2 & 3 & 4 \\ 2 & 3 & 4 & 1 \end{pmatrix}
$$

$$
= \begin{pmatrix} 1 & 2 & 3 & 4 \\ 3 & 2 & 1 & 4 \end{pmatrix}
$$

となるが，

$$
\begin{aligned}
\tau\sigma &= \begin{pmatrix} 1 & 2 & 3 & 4 \\ 2 & 3 & 4 & 1 \end{pmatrix} \begin{pmatrix} 1 & 2 & 3 & 4 \\ 4 & 3 & 2 & 1 \end{pmatrix} \\
&= \begin{pmatrix} 4 & 3 & 2 & 1 \\ 1 & 4 & 3 & 2 \end{pmatrix} \begin{pmatrix} 1 & 2 & 3 & 4 \\ 4 & 3 & 2 & 1 \end{pmatrix} \\
&= \begin{pmatrix} 1 & 2 & 3 & 4 \\ 1 & 4 & 3 & 2 \end{pmatrix}
\end{aligned}
$$

となり，$\sigma\tau$ と $\tau\sigma$ は一般には一致しない． ■

すべての文字を動かさない置換を**単位置換**あるいは**恒等置換**といい，ε と表す．置換 σ に対して，σ で並べかえられた文字を元へ戻す置換を σ の逆置換といい，σ^{-1} と表す．すなわち，

$$
\sigma = \begin{pmatrix} 1 & 2 & \cdots & n \\ i_1 & i_2 & \cdots & i_n \end{pmatrix} \quad のとき \quad \sigma^{-1} = \begin{pmatrix} i_1 & i_2 & \cdots & i_n \\ 1 & 2 & \cdots & n \end{pmatrix}
$$

である．そして，

$$
\sigma^{-1}\sigma = \sigma\sigma^{-1} = \varepsilon
$$

が成り立つ．

置換 $\begin{pmatrix} 1 & 2 & 3 & 4 & 5 \\ 1 & 2 & 4 & 3 & 5 \end{pmatrix}$ は 3 と 4 は入れかえるが，他の文字は動かさない．このように 2 つの文字のみを入れかえる置換を**互換**という．i と j を入れかえる互換を $(i\ j)$ と書く：

$$
\begin{pmatrix} i & j \end{pmatrix} = \begin{pmatrix} 1 & 2 & \cdots & i & \cdots & j & \cdots & n \\ 1 & 2 & \cdots & j & \cdots & i & \cdots & n \end{pmatrix}
$$

互換の積をつくると，いろいろな置換をつくることができるが，逆にどんな置

換も必ずいくつかの互換の積で表せることを示すことができる．（詳しくは，線形代数の専門書を参照されたい．）

例 4　置換 $\sigma = \begin{pmatrix} 1 & 2 & 3 & 4 & 5 & 6 \\ 1 & 4 & 5 & 6 & 2 & 3 \end{pmatrix}$ を互換の積で表そう．

まず，置換 σ を左から観察し，上下の数字が初めて異なるペア 2, 4 に注目して，互換 $\begin{pmatrix} 2 & 4 \end{pmatrix}$ をつくり，下の数字の 2 と 4 を置きかえたものとの積をとると，元の σ と一致する：

$$\sigma = \begin{pmatrix} 1 & \boxed{2} & 3 & 4 & 5 & 6 \\ 1 & \boxed{4} & 5 & 6 & 2 & 3 \end{pmatrix} = \begin{pmatrix} 2 & 4 \end{pmatrix} \begin{pmatrix} 1 & 2 & 3 & 4 & 5 & 6 \\ 1 & 2 & 5 & 6 & 4 & 3 \end{pmatrix}$$

次に，右側の置換 $\begin{pmatrix} 1 & 2 & \boxed{3} & 4 & 5 & 6 \\ 1 & 2 & \boxed{5} & 6 & 4 & 3 \end{pmatrix}$ において上下の数字が初めて異なるペア 3, 5 に注目して，互換 $\begin{pmatrix} 3 & 5 \end{pmatrix}$ をつくり，下の数字の 3 と 5 を置きかえたものとの積をとると，

$$\sigma = \begin{pmatrix} 2 & 4 \end{pmatrix} \begin{pmatrix} 3 & 5 \end{pmatrix} \begin{pmatrix} 1 & 2 & 3 & 4 & 5 & 6 \\ 1 & 2 & 3 & 6 & 4 & 5 \end{pmatrix}$$

となる．これらの操作を繰り返すことにより，次を得る．

$$\begin{aligned} \sigma &= \begin{pmatrix} 2 & 4 \end{pmatrix} \begin{pmatrix} 3 & 5 \end{pmatrix} \begin{pmatrix} 1 & 2 & 3 & \boxed{4} & 5 & 6 \\ 1 & 2 & 3 & \boxed{6} & 4 & 5 \end{pmatrix} \\ &= \begin{pmatrix} 2 & 4 \end{pmatrix} \begin{pmatrix} 3 & 5 \end{pmatrix} \begin{pmatrix} 4 & 6 \end{pmatrix} \begin{pmatrix} 1 & 2 & 3 & 4 & 5 & 6 \\ 1 & 2 & 3 & 4 & 6 & 5 \end{pmatrix} \\ &= \begin{pmatrix} 2 & 4 \end{pmatrix} \begin{pmatrix} 3 & 5 \end{pmatrix} \begin{pmatrix} 4 & 6 \end{pmatrix} \begin{pmatrix} 1 & 2 & 3 & 4 & \boxed{5} & 6 \\ 1 & 2 & 3 & 4 & \boxed{6} & 5 \end{pmatrix} \\ &= \begin{pmatrix} 2 & 4 \end{pmatrix} \begin{pmatrix} 3 & 5 \end{pmatrix} \begin{pmatrix} 4 & 6 \end{pmatrix} \begin{pmatrix} 5 & 6 \end{pmatrix} \end{aligned}$$

■

置換 σ が m 個の互換の積で表されるとき

$$\operatorname{sgn}(\sigma) = (-1)^m$$

とおき，σ の**符号**といい，

$$\begin{cases} \mathrm{sgn}\,(\sigma) = 1 \text{ のとき,} & \sigma \text{ を}\textbf{偶置換} \\ \mathrm{sgn}\,(\sigma) = -1 \text{ のとき,} & \sigma \text{ を}\textbf{奇置換} \end{cases}$$

と定める．置換は必ず偶置換か奇置換のどちらかであることを示すことができる．

例 5　置換 $\sigma = \begin{pmatrix} 1 & 2 & 3 & 4 \\ 2 & 3 & 4 & 1 \end{pmatrix}$ のとき，互換の積への分解の仕方は 1 通りではない．例えば，

$$\begin{aligned} \begin{pmatrix} 1 & 2 & 3 & 4 \\ 2 & 3 & 4 & 1 \end{pmatrix} &= \begin{pmatrix} 1 & 2 \end{pmatrix}\begin{pmatrix} 2 & 3 \end{pmatrix}\begin{pmatrix} 3 & 4 \end{pmatrix} \\ &= \begin{pmatrix} 1 & 3 \end{pmatrix}\begin{pmatrix} 1 & 4 \end{pmatrix}\begin{pmatrix} 3 & 4 \end{pmatrix}\begin{pmatrix} 2 & 3 \end{pmatrix}\begin{pmatrix} 1 & 3 \end{pmatrix} \end{aligned}$$

などと何通りかで表される．しかし，いずれの場合も符号は $(-1)^3 = (-1)^5 = -1$ であり，σ は奇置換である．■

行列式　n 次正方行列

$$A = \begin{pmatrix} a_{11} & a_{12} & \cdots & a_{1n} \\ a_{21} & a_{22} & \cdots & a_{2n} \\ \cdots & \cdots & \cdots & \cdots \\ a_{n1} & a_{n2} & \cdots & a_{nn} \end{pmatrix}$$

に対して

$$\sum_{\sigma \in S_n} \mathrm{sgn}\,(\sigma)\ a_{1\,\sigma(1)}\, a_{2\,\sigma(2)} \cdots a_{n\,\sigma(n)}$$

の形の和を A の**行列式**といい，

$$|A|\,, \quad \begin{vmatrix} a_{11} & a_{12} & \cdots & a_{1n} \\ a_{21} & a_{22} & \cdots & a_{2n} \\ \cdots & \cdots & \cdots & \cdots \\ a_{n1} & a_{n2} & \cdots & a_{nn} \end{vmatrix}, \quad \det \begin{pmatrix} a_{11} & a_{12} & \cdots & a_{1n} \\ a_{21} & a_{22} & \cdots & a_{2n} \\ \cdots & \cdots & \cdots & \cdots \\ a_{n1} & a_{n2} & \cdots & a_{nn} \end{pmatrix}$$

などと表す．ここで，$\displaystyle\sum_{\sigma \in S_n}$ は S_n のあらゆる置換 σ にわたる $n!$ 個の和である．

例 6　$n = 2$ のとき，$\{1,\ 2\}$ の置換は $\begin{pmatrix} 1 & 2 \\ 1 & 2 \end{pmatrix}$ と $\begin{pmatrix} 1 & 2 \\ 2 & 1 \end{pmatrix}$ の 2 個であり，

$$\operatorname{sgn}\begin{pmatrix} 1 & 2 \\ 1 & 2 \end{pmatrix} = 1, \quad \operatorname{sgn}\begin{pmatrix} 1 & 2 \\ 2 & 1 \end{pmatrix} = -1$$

となる．したがって，

$$\begin{aligned} \begin{vmatrix} a_{11} & a_{12} \\ a_{21} & a_{22} \end{vmatrix} &= \operatorname{sgn}\begin{pmatrix} 1 & 2 \\ 1 & 2 \end{pmatrix} a_{11}\, a_{22} + \operatorname{sgn}\begin{pmatrix} 1 & 2 \\ 2 & 1 \end{pmatrix} a_{12}\, a_{21} \\ &= a_{11}\, a_{22} - a_{12}\, a_{21} \end{aligned}$$

となる．■

例 7　$n = 3$ のとき，$|A|$ を計算しよう．$\{1,\ 2,\ 3\}$ の置換は次の 6 個であり，

$$\begin{aligned} &\begin{pmatrix} 1 & 2 & 3 \\ 1 & 2 & 3 \end{pmatrix} = \varepsilon, & &\begin{pmatrix} 1 & 2 & 3 \\ 2 & 3 & 1 \end{pmatrix} = \begin{pmatrix} 1 & 2 \end{pmatrix}\begin{pmatrix} 2 & 3 \end{pmatrix}, \\ &\begin{pmatrix} 1 & 2 & 3 \\ 3 & 1 & 2 \end{pmatrix} = \begin{pmatrix} 1 & 3 \end{pmatrix}\begin{pmatrix} 2 & 3 \end{pmatrix}, & &\begin{pmatrix} 1 & 2 & 3 \\ 2 & 1 & 3 \end{pmatrix} = \begin{pmatrix} 1 & 2 \end{pmatrix}, \\ &\begin{pmatrix} 1 & 2 & 3 \\ 3 & 2 & 1 \end{pmatrix} = \begin{pmatrix} 1 & 3 \end{pmatrix}, & &\begin{pmatrix} 1 & 2 & 3 \\ 1 & 3 & 2 \end{pmatrix} = \begin{pmatrix} 2 & 3 \end{pmatrix} \end{aligned}$$

だから，1 番目から 3 番目までが偶置換で，4 番目以降が奇置換であり，

$$\begin{aligned} \begin{vmatrix} a_{11} & a_{12} & a_{13} \\ a_{21} & a_{22} & a_{23} \\ a_{31} & a_{32} & a_{33} \end{vmatrix} &= \operatorname{sgn}\begin{pmatrix} 1 & 2 & 3 \\ 1 & 2 & 3 \end{pmatrix} a_{11}\, a_{22}\, a_{33} + \operatorname{sgn}\begin{pmatrix} 1 & 2 & 3 \\ 2 & 3 & 1 \end{pmatrix} a_{12}\, a_{23}\, a_{31} \\ &\quad + \operatorname{sgn}\begin{pmatrix} 1 & 2 & 3 \\ 3 & 1 & 2 \end{pmatrix} a_{13}\, a_{21}\, a_{32} + \operatorname{sgn}\begin{pmatrix} 1 & 2 & 3 \\ 2 & 1 & 3 \end{pmatrix} a_{12}\, a_{21}\, a_{33} \\ &\quad + \operatorname{sgn}\begin{pmatrix} 1 & 2 & 3 \\ 3 & 2 & 1 \end{pmatrix} a_{13}\, a_{22}\, a_{31} + \operatorname{sgn}\begin{pmatrix} 1 & 2 & 3 \\ 1 & 3 & 2 \end{pmatrix} a_{11}\, a_{23}\, a_{32} \end{aligned}$$

$$= a_{11}\,a_{22}\,a_{33} + a_{12}\,a_{23}\,a_{31} + a_{13}\,a_{21}\,a_{32}$$
$$- a_{12}\,a_{21}\,a_{33} - a_{13}\,a_{22}\,a_{31} - a_{11}\,a_{23}\,a_{32}$$

となる. ■

例 8　次の等式（定理 3.8）を示す.

$$|A| = \begin{vmatrix} a_{11} & a_{12} & \cdots & a_{1n} \\ 0 & a_{22} & \cdots & a_{2n} \\ \vdots & \vdots & & \vdots \\ 0 & a_{n2} & \cdots & a_{nn} \end{vmatrix} = a_{11} \begin{vmatrix} a_{22} & \cdots & a_{2n} \\ \vdots & & \vdots \\ a_{n2} & \cdots & a_{nn} \end{vmatrix}$$

なぜならば,

$$|A| = \sum_{\sigma \in S_n} \mathrm{sgn}\,(\sigma)\; a_{1\,\sigma(1)}\,a_{2\,\sigma(2)} \cdots a_{n\,\sigma(n)}$$

において, $\sigma(1) \neq 1$ ならば $\sigma(k) = 1$ となる $k \neq 1$ があり, $a_{k\,\sigma(k)} = a_{k\,1} = 0$ となるから, $\sigma(1) \neq 1$ のとき $a_{1\,\sigma(1)}\,a_{2\,\sigma(2)} \cdots a_{n\,\sigma(n)} = 0$ である. だから,

$$\begin{aligned} |A| &= \sum_{\sigma \in S_n} \mathrm{sgn}\,(\sigma)\; a_{1\,\sigma(1)}\,a_{2\,\sigma(2)} \cdots a_{n\,\sigma(n)} \\ &= \sum_{\sigma(1)=1} \mathrm{sgn}\,(\sigma)\; a_{1\,\sigma(1)}\,a_{2\,\sigma(2)} \cdots a_{n\,\sigma(n)} \\ &= a_{11} \sum_{\sigma(1)=1} \mathrm{sgn}\,(\sigma)\; a_{2\,\sigma(2)} \cdots a_{n\,\sigma(n)} \end{aligned}$$

最後に, $\sigma(1) = 1$ を満たす σ は $\{2,\ 3,\ \cdots,\ n\}$ の置換であるので

$$|A| = a_{11} \begin{vmatrix} a_{22} & \cdots & a_{2n} \\ \vdots & & \vdots \\ a_{n2} & \cdots & a_{nn} \end{vmatrix}$$

である. ■

解　　答

問題 1-1

1.

(1) $\begin{pmatrix} 5 & 29 \\ 18 & -20 \end{pmatrix}$　(2) $\begin{pmatrix} 3 & 11 & 5 \\ 8 & 12 & 10 \end{pmatrix}$

2.

$$X = 3A + 2B = \begin{pmatrix} 9 & 14 & 1 \\ 8 & -1 & 6 \end{pmatrix}$$

問題 1-2

1.

(1) $\begin{pmatrix} 6 & -16 \\ 7 & -17 \end{pmatrix}$　(2) $\begin{pmatrix} 8 & -17 \\ 6 & -16 \end{pmatrix}$　(3) $\begin{pmatrix} 4 & 8 & 12 \\ 5 & 10 & 15 \\ 6 & 12 & 18 \end{pmatrix}$

(4) $\begin{pmatrix} 5 & -3 & 3 \\ -3 & 5 & -3 \\ 1 & -1 & 3 \end{pmatrix}$

2.

$$AB = \begin{pmatrix} 9 & 7 & 1 \\ 19 & 17 & 3 \end{pmatrix}, \quad BC = \begin{pmatrix} 15 & 10 \\ 10 & 4 \end{pmatrix}, \quad CA = \begin{pmatrix} 1 & 2 \\ 9 & 14 \\ 17 & 26 \end{pmatrix},$$

$CB = \begin{pmatrix} 1 & 3 & 1 \\ 11 & 13 & 3 \\ 21 & 23 & 5 \end{pmatrix}$.　そして, AC, BA は定まらない.

3.

(1) 正しい. なぜならば

$$\begin{aligned}(A + cE)(A + dE) &= A(A + dE) + cE(A + dE) \\ &= A^2 + dA + cA + cdE = A^2 + (c + d)A + cdE\end{aligned}$$

(2) 誤り．左辺を展開すると，$(A+B)^2 = A^2 + AB + BA + B^2$ となる．ここで，例えば次数 $n=2$ のとき，$A = \begin{pmatrix} 1 & 1 \\ 0 & 1 \end{pmatrix}$, $B = \begin{pmatrix} 0 & 1 \\ -1 & 0 \end{pmatrix}$ とすると，$AB = \begin{pmatrix} -1 & 1 \\ -1 & 0 \end{pmatrix}$, $BA = \begin{pmatrix} 0 & 1 \\ -1 & -1 \end{pmatrix}$ が異なるので，等号は成り立たない．

問題 1-3

1.

(1) $A^{-1} = \dfrac{1}{3}\begin{pmatrix} 3 & -2 \\ 0 & 1 \end{pmatrix}$　(2) $B^{-1} = \dfrac{1}{3}\begin{pmatrix} 1 & -2 \\ 0 & 3 \end{pmatrix}$　(3) $AB = \begin{pmatrix} 3 & 4 \\ 0 & 3 \end{pmatrix}$

$\therefore\ (AB)^{-1} = \dfrac{1}{9}\begin{pmatrix} 3 & -4 \\ 0 & 3 \end{pmatrix}$　(4) $BA = \begin{pmatrix} 3 & 12 \\ 0 & 3 \end{pmatrix}$　$\therefore\ (BA)^{-1} = \dfrac{1}{9}\begin{pmatrix} 3 & -12 \\ 0 & 3 \end{pmatrix}$

[参考] $B^{-1}A^{-1} = \dfrac{1}{9}\begin{pmatrix} 3 & -4 \\ 0 & 3 \end{pmatrix} = (AB)^{-1}$, $A^{-1}B^{-1} = \dfrac{1}{9}\begin{pmatrix} 3 & -12 \\ 0 & 3 \end{pmatrix} = (BA)^{-1}$

2.

(1) $A^T = \begin{pmatrix} 1 & 3 \\ -2 & 1 \\ 3 & -4 \end{pmatrix}$　(2) $A^TA = \begin{pmatrix} 10 & 1 & -9 \\ 1 & 5 & -10 \\ -9 & -10 & 25 \end{pmatrix}$

3.

(1) $A^2 = \begin{pmatrix} 1 & 4 \\ 0 & 1 \end{pmatrix}$,　$A^3 = \begin{pmatrix} 1 & 6 \\ 0 & 1 \end{pmatrix}$　(2) $AB = \begin{pmatrix} 4 & 3 & -5 \\ 1 & 0 & -2 \end{pmatrix}$

(3) AC は定まらない．　(4) $BC = \begin{pmatrix} -1 & 12 \\ 1 & 3 \end{pmatrix}$　(5) BA は定まらない．

(6) $B^TA = \begin{pmatrix} 2 & 5 \\ 3 & 6 \\ -1 & -4 \end{pmatrix}$　(7) $AC^T = \begin{pmatrix} 3 & 5 & -2 \\ 1 & 3 & -1 \end{pmatrix}$

章末問題●1

1.

(1) $AC = \begin{pmatrix} 4 & -9 \\ 8 & -7 \\ 6 & -11 \end{pmatrix}$, $BC = \begin{pmatrix} 6 & -5 \\ -4 & 7 \\ 10 & -15 \end{pmatrix}$　$\therefore 2AC - BC = \begin{pmatrix} 2 & -13 \\ 20 & -21 \\ 2 & -7 \end{pmatrix}$

(2) $2A - B = \begin{pmatrix} 1 & -10 \\ 10 & 9 \\ 1 & -4 \end{pmatrix}$ より $(2A - B)C = \begin{pmatrix} 2 & -13 \\ 20 & -21 \\ 2 & -7 \end{pmatrix}$

2.

$$X = \begin{pmatrix} 3 & -3 & 2 \\ 2 & 3 & 1 \end{pmatrix}, \quad Y = \begin{pmatrix} 1 & 0 & 2 \\ 3 & 0 & -2 \end{pmatrix}$$

3.

(1) $\begin{pmatrix} 3a+4b & 9-8 \\ 2a+b & 6-2 \end{pmatrix} = \begin{pmatrix} 1 & c \\ 4 & d \end{pmatrix}$ より $a = 3,\ b = -2,\ c = 1,\ d = 4$

(2) $\begin{pmatrix} -3 & a+3b \\ 10 & 2a-2b \end{pmatrix} = \begin{pmatrix} c & 5 \\ d & 6 \end{pmatrix}$ より $a = \dfrac{7}{2},\ b = \dfrac{1}{2},\ c = -3,\ d = 10$

4.

(1) $AB = \begin{pmatrix} 4 & 5 & 0 \\ 9 & -1 & 14 \end{pmatrix}$ (2) AC は定まらない. (3) $BC = \begin{pmatrix} 7 & -9 \\ 8 & 20 \end{pmatrix}$

(4) BA は定まらない. (5) $CA = \begin{pmatrix} 9 & 15 \\ 2 & -6 \\ 5 & 13 \end{pmatrix}$ (6) $CB = \begin{pmatrix} 9 & 6 & 6 \\ -2 & 8 & -12 \\ 7 & 0 & 10 \end{pmatrix}$

5.

(1) $AB = \begin{pmatrix} 2 & 4 & -2 \\ -6 & -12 & 6 \\ 10 & 20 & -10 \end{pmatrix}$ (2) $BA = -20$ (3) AC は定まらない.

(4) $A^T B^T = -20$ (5) $ABC = \begin{pmatrix} 0 & 4 & 0 \\ 0 & -12 & 0 \\ 0 & 20 & 0 \end{pmatrix}$ (6) $A^T C B^T = -12$

6.

$$A^2 = \begin{pmatrix} 0 & 0 & 1 & 4 \\ 0 & 0 & 0 & 1 \\ 0 & 0 & 0 & 0 \\ 0 & 0 & 0 & 0 \end{pmatrix}, \quad A^3 = \begin{pmatrix} 0 & 0 & 0 & 1 \\ 0 & 0 & 0 & 0 \\ 0 & 0 & 0 & 0 \\ 0 & 0 & 0 & 0 \end{pmatrix}, \quad A^4 = \begin{pmatrix} 0 & 0 & 0 & 0 \\ 0 & 0 & 0 & 0 \\ 0 & 0 & 0 & 0 \\ 0 & 0 & 0 & 0 \end{pmatrix} = O$$

7.

(1) $\begin{pmatrix} a & 0 & 0 \\ 0 & b & 0 \\ 0 & 0 & c \end{pmatrix}^n = \begin{pmatrix} a^n & 0 & 0 \\ 0 & b^n & 0 \\ 0 & 0 & c^n \end{pmatrix}$ (2) $\begin{pmatrix} a & 1 & 0 \\ 0 & a & 1 \\ 0 & 0 & a \end{pmatrix}^n = \begin{pmatrix} a^n & na^{n-1} & \frac{n(n-1)}{2}a^{n-2} \\ 0 & a^n & na^{n-1} \\ 0 & 0 & a^n \end{pmatrix}$

8. 1つ目の行列を A，2つ目の行列を B と表す．

(1) $AB = \begin{pmatrix} 1 & 0 & 0 \\ a & 1 & 0 \\ 0 & a & 0 \end{pmatrix}$，$BA = \begin{pmatrix} 0 & 0 & 0 \\ a & 1 & 0 \\ 0 & a & 1 \end{pmatrix}$，よって可換でない．

(2) $AB = \begin{pmatrix} 0 & 0 & a \\ 0 & c & 0 \\ b & 0 & 0 \end{pmatrix}$，$BA = \begin{pmatrix} 0 & 0 & b \\ 0 & c & 0 \\ a & 0 & 0 \end{pmatrix}$，よって可換でない．

(3) $AB = \begin{pmatrix} 1 & 2 & 2+b \\ a & 1 & 1+b \\ 0 & 0 & ab \end{pmatrix}$，$BA = \begin{pmatrix} 1 & 2 & 2+a \\ a & 1 & 1+a \\ 0 & 0 & ab \end{pmatrix}$，よって可換でない．

9.

(1) $A^{-1} = \begin{pmatrix} 1 & -a \\ 0 & 1 \end{pmatrix}$，　$B^{-1} = \begin{pmatrix} 1 & 0 \\ -b & 1 \end{pmatrix}$

(2) $AB = \begin{pmatrix} 1+ab & a \\ b & 1 \end{pmatrix}$　よって　$(AB)^{-1} = \begin{pmatrix} 1 & -a \\ -b & 1+ab \end{pmatrix}$

$BA = \begin{pmatrix} 1 & a \\ b & 1+ab \end{pmatrix}$　よって　$(BA)^{-1} = \begin{pmatrix} 1+ab & -a \\ -b & 1 \end{pmatrix}$

(3) $B^{-1}A^{-1} = \begin{pmatrix} 1 & -a \\ -b & 1+ab \end{pmatrix} = (AB)^{-1}$，

$A^{-1}B^{-1} = \begin{pmatrix} 1+ab & -a \\ -b & 1 \end{pmatrix} = (BA)^{-1}$

10. $(AB)^{-1} = B^{-1}A^{-1}$ を示す．$(BA)^{-1}$ についても同様である．

$$AB\left(B^{-1}A^{-1}\right) = A\left(BB^{-1}\right)A^{-1} = (AE)\,A^{-1} = AA^{-1} = E$$

$$\left(B^{-1}A^{-1}\right)AB = B^{-1}\left(A^{-1}A\right)B = \left(B^{-1}E\right)B = B^{-1}B = E$$

11. 行列 AB の (i, j) 成分を $(AB)_{ij}$ というように略記すれば，

$$\left((AB)^T\right)_{ij} = (AB)_{ji} = \sum_{\ell} (A)_{j\ell}\,(B)_{\ell i} = \sum_{\ell} \left(A^T\right)_{\ell j}\left(B^T\right)_{i\ell}$$

$$= \sum_{\ell} \left(B^T\right)_{i\ell}\left(A^T\right)_{\ell j} = \left(B^T A^T\right)_{ij} \qquad \therefore (AB)^T = B^T A^T$$

12. (1) $\left(A+A^T\right)^T = A^T + \left(A^T\right)^T = A^T + A = A + A^T$

(2) $\left(A^T A\right)^T = A^T \left(A^T\right)^T = A^T A$

(3) $\left(AA^T\right)^T = \left(A^T\right)^T A^T = AA^T$

13. A, B が対称行列とするとき,

$$AB \text{ が対称行列} \iff (AB)^T = AB \iff (B)^T (A)^T = AB$$
$$\iff BA = AB$$

14. $A^{-1}A = E$ である．この両辺の転置行列をとると, $\left(A^{-1}A\right)^T = A^T \left(A^{-1}\right)^T = E^T = E$ である．すなわち,（章末問題 3 の 5 より）A^T は正則行列で $\left(A^T\right)^{-1} = \left(A^{-1}\right)^T$.

15. $X = \begin{pmatrix} x & y \\ u & v \end{pmatrix}$ とおくと,

$$AX = XA \iff \begin{pmatrix} ax & ay \\ bu & bv \end{pmatrix} = \begin{pmatrix} ax & by \\ au & bv \end{pmatrix}$$
$$\iff \begin{cases} ay = by \\ au = bu \end{cases} \iff \begin{cases} y = 0 \\ u = 0 \end{cases}$$

よって, $X = \begin{pmatrix} x & 0 \\ 0 & v \end{pmatrix}$ の形の 2 次正方行列である．(x, v は任意の実数.)

16. $X = \begin{pmatrix} x & y \\ u & v \end{pmatrix}$ とおくと,

$$AX = XA \iff \begin{pmatrix} x+u & y+v \\ u & v \end{pmatrix} = \begin{pmatrix} x & x+y \\ u & u+v \end{pmatrix}$$
$$\iff x+u = x,\ \ y+v = x+y,\ \ v = u+v$$
$$\iff u = 0,\ \ v = x$$

よって, $X = \begin{pmatrix} x & y \\ 0 & x \end{pmatrix}$ の形の 2 次正方行列である．(x, y は任意の実数.)

問題 2-1

1.

(1) $\begin{cases} x_1 = 2 \\ x_2 = 3 \end{cases}$　(2) $\begin{cases} x_1 = 1 \\ x_2 = -2 \end{cases}$　(3) $\begin{cases} x_1 = 2 \\ x_2 = -1 \\ x_3 = 3 \end{cases}$　(4) $\begin{cases} x_1 = 3 \\ x_2 = -2 \\ x_3 = 1 \end{cases}$

問題 2-2

1. 与えられた行列を A と表す.

(1) $A \longrightarrow \begin{pmatrix} 1 & 0 & 5 \\ 0 & 1 & 1 \\ 0 & 0 & 0 \end{pmatrix}$　　(2) $A \longrightarrow \begin{pmatrix} 0 & 1 & 0 \\ 0 & 0 & 1 \\ 0 & 0 & 0 \end{pmatrix}$

(3) $A \longrightarrow \begin{pmatrix} 1 & 0 & 0 & 2 \\ 0 & 1 & 0 & -1 \\ 0 & 0 & 1 & 1 \end{pmatrix}$　　(4) A は階段行列である.

(5) $A \longrightarrow \begin{pmatrix} 1 & 0 & 0 & 0 \\ 0 & 1 & \frac{1}{2} & 0 \\ 0 & 0 & 0 & 1 \end{pmatrix}$　　(6) $A \longrightarrow \begin{pmatrix} 1 & 0 & 0 & -1 \\ 0 & 1 & 0 & \frac{1}{2} \\ 0 & 0 & 1 & 1 \end{pmatrix}$

2. 例えば, 次のような基本変形により

$$A \longrightarrow \begin{pmatrix} 0 & 1 & 3 & -2 & -1 & -1 \\ 0 & 0 & 0 & 1 & 2 & 2 \\ 0 & 0 & 0 & 0 & -1 & -2 \end{pmatrix} \quad (③ + ① \times (-1))$$

$$\longrightarrow \begin{pmatrix} 0 & 1 & 3 & 0 & 3 & 3 \\ 0 & 0 & 0 & 1 & 2 & 2 \\ 0 & 0 & 0 & 0 & 1 & 2 \end{pmatrix} \quad \begin{matrix} (① + ② \times 2) \\ \\ (③ \times (-1)) \end{matrix}$$

$$\longrightarrow \begin{pmatrix} 0 & 1 & 3 & 0 & 0 & -3 \\ 0 & 0 & 0 & 1 & 0 & -2 \\ 0 & 0 & 0 & 0 & 1 & 2 \end{pmatrix} \quad \begin{matrix} (① + ③ \times (-3)) \\ (② + ③ \times (-2)) \\ \\ \end{matrix}$$

これは階段行列であり, 例 4 と一致する.

3. 与えられた行列を A と表す.

(1) $A \longrightarrow \begin{pmatrix} 1 & 0 & 2 \\ 0 & 1 & 0 \end{pmatrix}$　よって, $\mathrm{rank}(A) = 2$

(2) $A \longrightarrow \begin{pmatrix} 1 & 0 & -1 \\ 0 & 1 & 2 \\ 0 & 0 & 0 \end{pmatrix}$　よって, $\mathrm{rank}(A) = 2$

(3) $A \longrightarrow \begin{pmatrix} 1 & 0 & 0 \\ 0 & 1 & 0 \\ 0 & 0 & 1 \end{pmatrix}$　よって, $\mathrm{rank}(A) = 3$

(4) $A \longrightarrow \begin{pmatrix} 1 & 0 & 0 & 2 \\ 0 & 1 & 0 & 0 \\ 0 & 0 & 1 & \frac{1}{3} \end{pmatrix}$　よって，$\mathrm{rank}(A) = 3$

(5) $A \longrightarrow \begin{pmatrix} 1 & 0 & 0 & -1 \\ 0 & 1 & 0 & -3 \\ 0 & 0 & 1 & 2 \end{pmatrix}$　よって，$\mathrm{rank}(A) = 3$

(6) $A \longrightarrow \begin{pmatrix} 1 & 0 & 2 & -1 \\ 0 & 1 & 0 & 1 \\ 0 & 0 & 0 & 0 \end{pmatrix}$　よって，$\mathrm{rank}(A) = 2$

問題 2-3

1. 与えられた連立 1 次方程式の拡大係数行列を $(A : \boldsymbol{b})$ と表す．

(1)　$(A : \boldsymbol{b}) = \left(\begin{array}{ccc:c} 1 & 2 & -3 & 2 \\ 1 & 3 & -5 & 2 \\ 2 & 4 & -5 & 3 \end{array}\right) \longrightarrow \left(\begin{array}{ccc:c} 1 & 0 & 0 & 3 \\ 0 & 1 & 0 & -2 \\ 0 & 0 & 1 & -1 \end{array}\right)$

よって，解は $x_1 = 3, x_2 = -2, x_3 = -1$ である．

(2)　$(A : \boldsymbol{b}) = \left(\begin{array}{ccc:c} 1 & 2 & -3 & 2 \\ 1 & 3 & -5 & 2 \\ 2 & 4 & -6 & 4 \end{array}\right) \longrightarrow \left(\begin{array}{ccc:c} 1 & 0 & 1 & 2 \\ 0 & 1 & -2 & 0 \\ 0 & 0 & 0 & 0 \end{array}\right)$

主成分に対応しない変数 x_3 を $x_3 = t$ とおくと，$x_1 = 2 - t, x_2 = 2t$ である．

(3)　$(A : \boldsymbol{b}) = \left(\begin{array}{ccc:c} 1 & 2 & -3 & 2 \\ 1 & 3 & -5 & 2 \\ 2 & 4 & -6 & 5 \end{array}\right) \longrightarrow \left(\begin{array}{ccc:c} 1 & 0 & 1 & 0 \\ 0 & 1 & -2 & 0 \\ 0 & 0 & 0 & 1 \end{array}\right)$

よって，解はない．

2. 与えられた連立 1 次方程式の拡大係数行列を $(A : \boldsymbol{b})$ と表す．

(1)　$(A : \boldsymbol{b}) = \left(\begin{array}{ccc:c} 1 & 1 & -3 & 2 \\ 1 & 3 & -5 & 4 \\ 3 & 3 & -8 & 7 \end{array}\right) \longrightarrow \left(\begin{array}{ccc:c} 1 & 0 & 0 & 3 \\ 0 & 1 & 0 & 2 \\ 0 & 0 & 1 & 1 \end{array}\right)$

よって，解は $x_1 = 3, x_2 = 2, x_3 = 1$ である．

(2)　$(A : \boldsymbol{b}) = \left(\begin{array}{ccc:c} 1 & 1 & -3 & 2 \\ 1 & 3 & -5 & 4 \\ 3 & 3 & -9 & 6 \end{array}\right) \longrightarrow \left(\begin{array}{ccc:c} 1 & 0 & -2 & 1 \\ 0 & 1 & -1 & 1 \\ 0 & 0 & 0 & 0 \end{array}\right)$

主成分に対応しない変数 x_3 を $x_3 = t$ とおくと，$x_1 = 2t+1, x_2 = t+1$ である．

$$(3)\quad (A:\boldsymbol{b}) = \left(\begin{array}{ccc:c} 1 & 1 & -3 & 2 \\ 1 & 3 & -5 & 4 \\ 3 & 3 & -9 & 5 \end{array}\right) \longrightarrow \left(\begin{array}{ccc:c} 1 & 0 & -2 & 0 \\ 0 & 1 & -1 & 0 \\ 0 & 0 & 0 & 1 \end{array}\right)$$

よって，解はない．

問題 2-4

1.

$$(1)\quad (A:E) = \left(\begin{array}{ccc:ccc} 1 & 0 & 1 & 1 & 0 & 0 \\ 1 & 1 & 0 & 0 & 1 & 0 \\ 0 & 0 & 1 & 0 & 0 & 1 \end{array}\right) \longrightarrow \left(\begin{array}{ccc:ccc} 1 & 0 & 0 & 1 & 0 & -1 \\ 0 & 1 & 0 & -1 & 1 & 1 \\ 0 & 0 & 1 & 0 & 0 & 1 \end{array}\right)$$

$$(2)\quad (B:E) = \left(\begin{array}{ccc:ccc} -1 & 1 & 0 & 1 & 0 & 0 \\ 1 & -1 & 1 & 0 & 1 & 0 \\ 0 & 1 & -1 & 0 & 0 & 1 \end{array}\right) \longrightarrow \left(\begin{array}{ccc:ccc} 1 & 0 & 0 & 0 & 1 & 1 \\ 0 & 1 & 0 & 1 & 1 & 1 \\ 0 & 0 & 1 & 1 & 1 & 0 \end{array}\right)$$

ゆえに，$A^{-1} = \begin{pmatrix} 1 & 0 & -1 \\ -1 & 1 & 1 \\ 0 & 0 & 1 \end{pmatrix}$，　$B^{-1} = \begin{pmatrix} 0 & 1 & 1 \\ 1 & 1 & 1 \\ 1 & 1 & 0 \end{pmatrix}$ である．

章末問題●2

1. 与えられた連立 1 次方程式の拡大係数行列を $(A:\boldsymbol{b})$ と表す．

$$(1)\ (A:\boldsymbol{b}) = \left(\begin{array}{ccc:c} 1 & -2 & 1 & 0 \\ 3 & -6 & 4 & 0 \end{array}\right) \longrightarrow \left(\begin{array}{ccc:c} 1 & -2 & 0 & 0 \\ 0 & 0 & 1 & 0 \end{array}\right)$$

よって，主成分に対応しない変数 x_2 を t とおくと，$x_1 = 2t, x_3 = 0$ である．

$$(2)\ (A:\boldsymbol{b}) = \left(\begin{array}{ccc:c} 1 & 1 & 2 & 2 \\ 3 & 2 & 1 & -1 \\ 2 & -1 & -1 & 3 \end{array}\right) \longrightarrow \left(\begin{array}{ccc:c} 1 & 0 & 0 & 1 \\ 0 & 1 & 0 & -3 \\ 0 & 0 & 1 & 2 \end{array}\right)$$

よって，解は $x_1 = 1, x_2 = -3, x_3 = 2$ である．

$$(3)\ (A:\boldsymbol{b}) = \left(\begin{array}{ccc:c} 1 & 1 & -1 & 2 \\ 2 & 3 & 1 & 3 \\ 3 & 5 & 3 & 5 \end{array}\right) \longrightarrow \left(\begin{array}{ccc:c} 1 & 0 & -4 & 0 \\ 0 & 1 & 3 & 0 \\ 0 & 0 & 0 & 1 \end{array}\right)$$

この階段行列の第 3 行 $(0\ \ 0\ \ 0\ :\ 1)$ に対応する方程式

$$0x_1 + 0x_2 + 0x_3 = 1$$

を満たす x_1, x_2, x_3 は存在しないので，連立 1 次方程式は解をもたない．

(4) $(A:\boldsymbol{b}) = \left(\begin{array}{ccc|c} 1 & -1 & -3 & 4 \\ 2 & -1 & -4 & 7 \\ 1 & -3 & -7 & 6 \end{array}\right) \longrightarrow \left(\begin{array}{ccc|c} 1 & 0 & -1 & 3 \\ 0 & 1 & 2 & -1 \\ 0 & 0 & 0 & 0 \end{array}\right)$

よって，主成分に対応しない変数 x_3 を t とおくと，$x_1 = t+3, x_2 = -2t-1$ である．

(5) $(A:\boldsymbol{b}) = \left(\begin{array}{ccc|c} 2 & -1 & 4 & 2 \\ 3 & 2 & 1 & 1 \\ 1 & 2 & -3 & 1 \end{array}\right) \longrightarrow \left(\begin{array}{ccc|c} 1 & 0 & 0 & 2 \\ 0 & 1 & 0 & -2 \\ 0 & 0 & 1 & -1 \end{array}\right)$

よって，解は $x_1 = 2, x_2 = -2, x_3 = -1$ である．

(6) $(A:\boldsymbol{b}) = \left(\begin{array}{ccc|c} 1 & 3 & -1 & -2 \\ 2 & 1 & -7 & 1 \\ 3 & 4 & -8 & 4 \end{array}\right) \longrightarrow \left(\begin{array}{ccc|c} 1 & 0 & -4 & 0 \\ 0 & 1 & 1 & 0 \\ 0 & 0 & 0 & 1 \end{array}\right)$

この階段行列の第 3 行 $(0\ \ 0\ \ 0 : 1)$ に対応する方程式

$$0x_1 + 0x_2 + 0x_3 = 1$$

を満たす x_1, x_2, x_3 は存在しないので，連立 1 次方程式は解をもたない．

(7) $(A:\boldsymbol{b}) = \left(\begin{array}{ccc|c} 1 & -3 & 2 & 0 \\ 2 & -6 & 6 & 2 \\ 3 & -9 & 7 & 1 \end{array}\right) \longrightarrow \left(\begin{array}{ccc|c} 1 & -3 & 0 & -2 \\ 0 & 0 & 1 & 1 \\ 0 & 0 & 0 & 0 \end{array}\right)$

よって，主成分に対応しない変数 x_2 を t とおくと，$x_1 = 3t-2, x_3 = 1$ である．

(8) $(A:\boldsymbol{b}) = \left(\begin{array}{cccc|c} 1 & 1 & 1 & 1 & 0 \\ 1 & 1 & 1 & -1 & 2 \\ 1 & 1 & -1 & 1 & -4 \\ 1 & -1 & 1 & 1 & 4 \end{array}\right) \longrightarrow \left(\begin{array}{cccc|c} 1 & 0 & 0 & 0 & 1 \\ 0 & 1 & 0 & 0 & -2 \\ 0 & 0 & 1 & 0 & 2 \\ 0 & 0 & 0 & 1 & -1 \end{array}\right)$

よって，解は $x_1 = 1, x_2 = -2, x_3 = 2, x_4 = -1$ である．

2. 与えられた連立 1 次方程式の拡大係数行列を $(A:\boldsymbol{b})$ と表す．

(1) $(A:\boldsymbol{b}) = \left(\begin{array}{ccc|c} 3 & 1 & 0 & 1 \\ 0 & 2 & -3 & a \\ 1 & -1 & 2 & b \end{array}\right) \longrightarrow \left(\begin{array}{ccc|c} 1 & 0 & 0 & b+\frac{a}{2} \\ 0 & 1 & -\frac{3}{2} & \frac{a}{2} \\ 0 & 0 & 0 & \frac{1-2a-3b}{4} \end{array}\right)$

よって，解をもつための条件は $1-2a-3b = 0$ である．

$$(2)\ (A:\boldsymbol{b}) = \left(\begin{array}{ccc|c} 1 & -2 & 1 & 1 \\ 2 & -3 & 1 & 2 \\ -2 & 4 & a & 3 \end{array}\right) \longrightarrow \left(\begin{array}{ccc|c} 1 & 0 & -1 & 1 \\ 0 & 1 & -1 & 0 \\ 0 & 0 & 2+a & 5 \end{array}\right)$$

よって，解をもつための条件は $2+a \neq 0$ である．

3.

(1) $\begin{pmatrix} 1 & 1 & -1 \\ 2 & 1 & -2 \\ 0 & 1 & -1 \end{pmatrix}$　(2) $\dfrac{1}{4}\begin{pmatrix} 2 & 1 & -2 \\ 2 & 1 & 2 \\ 2 & -1 & -2 \end{pmatrix}$　(3) $\begin{pmatrix} -4 & 3 & -1 \\ 2 & -1 & 0 \\ 1 & -1 & 1 \end{pmatrix}$

(4) $\begin{pmatrix} 1 & -1 & 0 & 0 \\ 0 & 1 & -1 & 0 \\ 0 & 0 & 1 & -1 \\ 0 & 0 & 0 & 1 \end{pmatrix}$　(5) $\begin{pmatrix} 1 & -1 & -1 & 0 \\ 0 & -3 & 0 & 1 \\ -1 & 2 & 2 & 0 \\ 0 & -2 & 0 & 1 \end{pmatrix}$

(6) $\dfrac{1}{3}\begin{pmatrix} -2 & 1 & 1 & 1 \\ 1 & -2 & 1 & 1 \\ 1 & 1 & -2 & 1 \\ 1 & 1 & 1 & -2 \end{pmatrix}$

4.

(1) $\begin{pmatrix} \frac{1}{a} & 0 & 0 \\ -\frac{1}{a^2} & \frac{1}{a} & 0 \\ \frac{1}{a^3}-\frac{1}{a^2} & -\frac{1}{a^2} & \frac{1}{a} \end{pmatrix}$　(2) $\begin{pmatrix} -\frac{1}{a}-1 & 1 & \frac{1}{a} \\ -\frac{2}{a}-1 & 1 & \frac{2}{a}-1 \\ -\frac{1}{a} & 0 & \frac{1}{a} \end{pmatrix}$

5.

$$A(\boldsymbol{x}_1+\boldsymbol{x}_0) = A\boldsymbol{x}_1 + A\boldsymbol{x}_0 = \boldsymbol{b}+\boldsymbol{0} = \boldsymbol{b}$$

となるので，$\boldsymbol{x}_1+\boldsymbol{x}_0$ は $(*)$ の解である．また $(*)$ の任意の解を $\boldsymbol{x}$ とするとき，$(*)$ の 1 つの解 $\boldsymbol{x}_1$ との差 $\boldsymbol{x}-\boldsymbol{x}_1$ は

$$A(\boldsymbol{x}-\boldsymbol{x}_1) = A\boldsymbol{x} - A\boldsymbol{x}_1 = \boldsymbol{b}-\boldsymbol{b} = \boldsymbol{0}$$

を満たすので，$\boldsymbol{x}-\boldsymbol{x}_1$ は $(**)$ の解になる．よって，$(**)$ のある解が存在し，

$$\boldsymbol{x}-\boldsymbol{x}_1 = \boldsymbol{x}_0 \quad \text{つまり} \quad \boldsymbol{x} = \boldsymbol{x}_1+\boldsymbol{x}_0$$

と表すことができる．

6.

$$AB = \begin{pmatrix} a_{11} & a_{12} & ka_{13} \\ a_{21} & a_{22} & ka_{23} \\ a_{31} & a_{32} & ka_{33} \end{pmatrix}, AC = \begin{pmatrix} a_{11} & a_{12}+ka_{11} & a_{13} \\ a_{21} & a_{22}+ka_{21} & a_{23} \\ a_{31} & a_{32}+ka_{31} & a_{33} \end{pmatrix}, AD = \begin{pmatrix} a_{13} & a_{12} & a_{11} \\ a_{23} & a_{22} & a_{21} \\ a_{33} & a_{32} & a_{31} \end{pmatrix},$$

$$BA = \begin{pmatrix} a_{11} & a_{12} & a_{13} \\ a_{21} & a_{22} & a_{23} \\ ka_{31} & ka_{32} & ka_{33} \end{pmatrix}, \ CA = \begin{pmatrix} a_{11}+ka_{21} & a_{12}+ka_{22} & a_{13}+ka_{23} \\ a_{21} & a_{22} & a_{23} \\ a_{31} & a_{32} & a_{33} \end{pmatrix},$$

$$DA = \begin{pmatrix} a_{31} & a_{32} & a_{33} \\ a_{21} & a_{22} & a_{23} \\ a_{11} & a_{12} & a_{13} \end{pmatrix}$$

B を右（左）から掛けると，第 3 列（行）が k 倍される．C を右（左）から掛けると，第 1 列（第 2 行）が k 倍が第 2 列（第 1 行）に加えられる．D を右（左）から掛けると，第 1 列（行）と第 3 列（行）が入れかわる．

問題 3-1

1. (1)　0　　(2)　−100　　(3)　32

2. 命題 3.1 の性質 [3] より，

$$\begin{vmatrix} a_{21} & a_{22} \\ a_{11} & a_{12} \end{vmatrix} = -\begin{vmatrix} a_{11} & a_{12} \\ a_{21} & a_{22} \end{vmatrix}$$

であるが，$a_{21} = a_{11}, a_{22} = a_{12}$ とすると

$$\begin{vmatrix} a_{11} & a_{12} \\ a_{11} & a_{12} \end{vmatrix} = -\begin{vmatrix} a_{11} & a_{12} \\ a_{11} & a_{12} \end{vmatrix}$$

となる．移項すると

$$2\begin{vmatrix} a_{11} & a_{12} \\ a_{11} & a_{12} \end{vmatrix} = 0 \qquad \text{つまり} \qquad \begin{vmatrix} a_{11} & a_{12} \\ a_{11} & a_{12} \end{vmatrix} = 0$$

3. 命題 3.1 の性質 [1]，[2] を用いると

$$\begin{vmatrix} a_{11}+ca_{21} & a_{12}+ca_{22} \\ a_{21} & a_{22} \end{vmatrix} = \begin{vmatrix} a_{11} & a_{12} \\ a_{21} & a_{22} \end{vmatrix} + \begin{vmatrix} ca_{21} & ca_{22} \\ a_{21} & a_{22} \end{vmatrix}$$

$$= \begin{vmatrix} a_{11} & a_{12} \\ a_{21} & a_{22} \end{vmatrix} + c\begin{vmatrix} a_{21} & a_{22} \\ a_{21} & a_{22} \end{vmatrix}$$

となるが，命題 3.2 より右辺の第 2 項は 0 である．

問題 3-2

1. (1)　15　　(2)　−6　　(3)　−1　　(4)　0

2. (1)　120　　(2)　−12　　(3)　12

3. A が正則ならば，その逆行列 A^{-1} があり，定理 3.14 より

$$|A|\left|A^{-1}\right| = \left|AA^{-1}\right| = |E| = 1$$

となるので，$|A| \neq 0$ であり，$\left|A^{-1}\right| = 1/|A|$ である．

問題 3-3

1. $A_{22} = -12,\ A_{23} = 6,\ A_{31} = -7,\ A_{32} = 14,\ A_{33} = -7$

2. (1) 1 (2) 5 (3) -8 (4) -16 (5) 64 (6) -12

問題 3-4

1.

(1) $\begin{pmatrix} 1 & 0 & -1 \\ -1 & 1 & 1 \\ 0 & 0 & 1 \end{pmatrix}$ (2) $\dfrac{1}{2}\begin{pmatrix} -1 & 1 & 1 \\ 1 & -1 & 1 \\ 1 & 1 & -1 \end{pmatrix}$ (3) $\dfrac{1}{4}\begin{pmatrix} 2 & 1 & -2 \\ 2 & 1 & 2 \\ 2 & -1 & -2 \end{pmatrix}$

2. (1) $x_1 = 2,\ x_2 = -2,\ x_3 = -1,$ (2) $x_1 = 2,\ x_2 = -3,\ x_3 = 7$

3.

(1) (*a*) $\left(\begin{array}{cc|c} 2 & -1 & 1 \\ 1 & 1 & 5 \end{array}\right) \longrightarrow \left(\begin{array}{cc|c} 1 & 1 & 5 \\ 2 & -1 & 1 \end{array}\right) \longrightarrow \left(\begin{array}{cc|c} 1 & 1 & 5 \\ 0 & -3 & -9 \end{array}\right)$

$$\longrightarrow \left(\begin{array}{cc|c} 1 & 1 & 5 \\ 0 & 1 & 3 \end{array}\right) \longrightarrow \left(\begin{array}{cc|c} 1 & 0 & 2 \\ 0 & 1 & 3 \end{array}\right) \quad \therefore \begin{pmatrix} x_1 \\ x_2 \end{pmatrix} = \begin{pmatrix} 2 \\ 3 \end{pmatrix}$$

(b) $A = \begin{pmatrix} 2 & -1 \\ 1 & 1 \end{pmatrix}$ のとき，$A^{-1} = \dfrac{1}{3}\begin{pmatrix} 1 & 1 \\ -1 & 2 \end{pmatrix}$ だから，

$$\boldsymbol{x} = A^{-1}A\boldsymbol{x} = A^{-1}\boldsymbol{b} = \frac{1}{3}\begin{pmatrix} 1 & 1 \\ -1 & 2 \end{pmatrix}\begin{pmatrix} 1 \\ 5 \end{pmatrix} = \begin{pmatrix} 2 \\ 3 \end{pmatrix}$$

(c) $|A| = 3$ なので，

$$x_1 = \frac{\begin{vmatrix} 1 & -1 \\ 5 & 1 \end{vmatrix}}{|A|} = \frac{6}{3} = 2, \quad x_1 = \frac{\begin{vmatrix} 2 & 1 \\ 1 & 5 \end{vmatrix}}{|A|} = \frac{9}{3} = 3$$

(2) (*a*) $\left(\begin{array}{ccc|c} 1 & 0 & 1 & 4 \\ 1 & 1 & 0 & 3 \\ 0 & 0 & 1 & 3 \end{array}\right) \longrightarrow \left(\begin{array}{ccc|c} 1 & 0 & 1 & 4 \\ 0 & 1 & -1 & -1 \\ 0 & 0 & 1 & 3 \end{array}\right) \longrightarrow \left(\begin{array}{ccc|c} 1 & 0 & 0 & 1 \\ 0 & 1 & 0 & 2 \\ 0 & 0 & 1 & 3 \end{array}\right)$

$\therefore x_1 = 1,\ x_2 = 2,\ x_3 = 3$

(b) $A = \begin{pmatrix} 1 & 0 & 1 \\ 1 & 1 & 0 \\ 0 & 0 & 1 \end{pmatrix}$ のとき，$A^{-1} = \begin{pmatrix} 1 & 0 & -1 \\ -1 & 1 & 1 \\ 0 & 0 & 1 \end{pmatrix}$ だから，

$$\boldsymbol{x} = A^{-1}A\boldsymbol{x} = A^{-1}\boldsymbol{b} = \begin{pmatrix} 1 & 0 & -1 \\ -1 & 1 & 1 \\ 0 & 0 & 1 \end{pmatrix}\begin{pmatrix} 4 \\ 3 \\ 3 \end{pmatrix} = \begin{pmatrix} 1 \\ 2 \\ 3 \end{pmatrix}$$

(c) $|A| = 1$ なので，

$$x_1 = \frac{\begin{vmatrix} 4 & 0 & 1 \\ 3 & 1 & 0 \\ 3 & 0 & 1 \end{vmatrix}}{|A|} = 1, \quad x_1 = \frac{\begin{vmatrix} 1 & 4 & 1 \\ 1 & 3 & 0 \\ 0 & 3 & 1 \end{vmatrix}}{|A|} = 2, \quad x_1 = \frac{\begin{vmatrix} 1 & 0 & 4 \\ 1 & 1 & 3 \\ 0 & 0 & 3 \end{vmatrix}}{|A|} = 3$$

章末問題●3

1.

(1) 4　(2) 0　(3) -77　(4) -40　(5) 24　(6) 12　(7) 22

(8) -2　(9) 14　(10) 18　(11) 7　(12) 44

2.

(1) $(a-b)(b-c)(c-a)$　(2) $a(b-c)(a-b)$　(3) $2(a+b)(b+c)(c+a)$

(4) $(a-b)(b-c)(c-a)(a+b+c)$　(5) $(a-1)^3(a+1)^3(a^2+1)^3$

(6) $(y-x)(z-x)(u-x)(z-y)(u-y)(u-z)$

3.

(1) $\begin{pmatrix} 7 & -2 & 6 \\ -3 & 1 & -3 \\ -6 & 2 & -5 \end{pmatrix}$　(2) $\dfrac{1}{6}\begin{pmatrix} 1 & 1 & 3 \\ 1 & 1 & -3 \\ 3 & -3 & -3 \end{pmatrix}$　(3) $\dfrac{1}{2}\begin{pmatrix} -1 & -1 & 1 \\ -5 & -3 & 3 \\ -2 & -2 & 1 \end{pmatrix}$

(4) $\begin{pmatrix} 1 & 0 & 0 \\ 0 & \cos\theta & \sin\theta \\ 0 & -\sin\theta & \cos\theta \end{pmatrix}$ (5) $\dfrac{1}{a^3}\begin{pmatrix} a^2 & 0 & 0 \\ -a & a^2 & 0 \\ 1-a & -a & a^2 \end{pmatrix}$ (6) $\begin{pmatrix} \frac{1}{a} & 0 & 0 \\ -\frac{1}{b} & \frac{1}{b} & 0 \\ 0 & -\frac{1}{c} & \frac{1}{c} \end{pmatrix}$

（ただし，$a \neq 0$）　（ただし，$abc \neq 0$）

(7) $\dfrac{1}{(a-1)(a+2)}\begin{pmatrix} a+1 & -1 & -1 \\ -1 & a+1 & -1 \\ -1 & -1 & a+1 \end{pmatrix}$　（ただし，$a \neq 1, -2$）

(8) $\begin{pmatrix} 1 & -1 & 0 & 0 \\ 0 & 1 & -1 & 0 \\ 0 & 0 & 1 & -1 \\ 0 & 0 & 0 & 1 \end{pmatrix}$　(9) $\begin{pmatrix} 4 & 3 & 2 & 1 \\ 3 & 3 & 2 & 1 \\ 2 & 2 & 2 & 1 \\ 1 & 1 & 1 & 1 \end{pmatrix}$

4.

(1) $x_1 = 1,\ x_2 = -2,\ x_3 = -1,$　(2) $x_1 = 2,\ x_2 = -1,\ x_3 = 3$

(3) $x_1 = 2,\ x_2 = -2,\ x_3 = -1,$　(4) $x_1 = 4,\ x_2 = -2,\ x_3 = -1$

5. $AB = E$ とすると $|A|\,|B| = |AB| = |E| = 1$. よって，$|A| \neq 0$ であり，定理 3.18 により A はその逆行列 A^{-1} をもつ．だから，

$$B = \left(A^{-1}A\right)B = A^{-1}(AB) = A^{-1}$$

6. 性質 [1] より

$$F\left[\begin{pmatrix} a & b \\ c & d \end{pmatrix}\right] = F\left[\begin{pmatrix} a & 0 \\ c & d \end{pmatrix} + \begin{pmatrix} 0 & b \\ c & d \end{pmatrix}\right]$$
$$= F\left[\begin{pmatrix} a & 0 \\ c & 0 \end{pmatrix}\right] + F\left[\begin{pmatrix} a & 0 \\ 0 & d \end{pmatrix}\right] + F\left[\begin{pmatrix} 0 & b \\ c & 0 \end{pmatrix}\right] + F\left[\begin{pmatrix} 0 & b \\ 0 & d \end{pmatrix}\right]$$

であり，性質 [2] より

$$F\left[\begin{pmatrix} a & b \\ c & d \end{pmatrix}\right] = ac\,F\left[\begin{pmatrix} 1 & 0 \\ 1 & 0 \end{pmatrix}\right] + ad\,F\left[\begin{pmatrix} 1 & 0 \\ 0 & 1 \end{pmatrix}\right] + bc\,F\left[\begin{pmatrix} 0 & 1 \\ 1 & 0 \end{pmatrix}\right]$$
$$+bd\,F\left[\begin{pmatrix} 0 & 1 \\ 0 & 1 \end{pmatrix}\right]$$

となる．また，性質 [3] より $F\left[\begin{pmatrix} 0 & 1 \\ 1 & 0 \end{pmatrix}\right] = -F\left[\begin{pmatrix} 1 & 0 \\ 0 & 1 \end{pmatrix}\right]$ であり，性質 [3] より導かれる命題 3.2 により，$F\left[\begin{pmatrix} 1 & 0 \\ 1 & 0 \end{pmatrix}\right] = 0,\ F\left[\begin{pmatrix} 0 & 1 \\ 0 & 1 \end{pmatrix}\right] = 0$ である．よって，

$$F\left[\begin{pmatrix} a & b \\ c & d \end{pmatrix}\right] = (ad - bc)\,F\left[\begin{pmatrix} 1 & 0 \\ 0 & 1 \end{pmatrix}\right]$$

となり，性質 [4] を用いて

$$\text{右辺} = ad - bc$$

7. 定理 3.8 を 3 次行列式の場合に示すが，一般の n 次行列式についても全く同様である．与えられた 3 次行列式の第 2 行と第 3 行に対して前問 6 の証明と同様の操作

により

$$\begin{vmatrix} a_{11} & a_{12} & a_{13} \\ 0 & a_{22} & a_{23} \\ 0 & a_{32} & a_{33} \end{vmatrix} = (a_{22}a_{33} - a_{23}a_{32}) \begin{vmatrix} a_{11} & a_{12} & a_{13} \\ 0 & 1 & 0 \\ 0 & 0 & 1 \end{vmatrix} = \begin{vmatrix} a_{22} & a_{23} \\ a_{32} & a_{33} \end{vmatrix} \begin{vmatrix} a_{11} & a_{12} & a_{13} \\ 0 & 1 & 0 \\ 0 & 0 & 1 \end{vmatrix}$$

を得る．さらに，命題 3.7 (①＋②$\times(-a_{12})$), (①＋③$\times(-a_{13})$) より

$$\begin{vmatrix} a_{11} & a_{12} & a_{13} \\ 0 & 1 & 0 \\ 0 & 0 & 1 \end{vmatrix} = \begin{vmatrix} a_{11} & 0 & 0 \\ 0 & 1 & 0 \\ 0 & 0 & 1 \end{vmatrix} = a_{11}$$

となり，定理 3.8 が示された．定理 3.12（$n = 3$ の場合について）は，定理 3.8 と同様に列の性質 [1]'，[2]'，[3]' と性質 [4] を用いて証明することができる．

8. 前々問 6 の証明と同様の操作により証明することができるので省略する．

9. (1) を示すが，(2) についても同様である．まず，次式が成り立つことに注意する．

$$\begin{vmatrix} a_{11} & \cdots & \cdots & a_{1j} & \cdots & \cdots & a_{1n} \\ \vdots & & & \vdots & & & \vdots \\ 0 & \cdots & 0 & a_{ij} & 0 & \cdots & 0 \\ \vdots & & & \vdots & & & \vdots \\ a_{n1} & \cdots & \cdots & a_{nj} & \cdots & \cdots & a_{nn} \end{vmatrix} = a_{ij}A_{ij}$$

なぜならば，行の性質 [3]，列の性質 [3]' を繰り返し用いると

$$\text{左辺} = (-1)^{i-1} \begin{vmatrix} 0 & \cdots & 0 & a_{ij} & 0 & \cdots & 0 \\ a_{11} & \cdots & \cdots & a_{1j} & \cdots & \cdots & a_{1n} \\ \vdots & & & \vdots & & & \vdots \\ a_{i-1,1} & \cdots & \cdots & a_{i-1,j} & \cdots & \cdots & a_{i-1,n} \\ a_{i+1,1} & \cdots & \cdots & a_{i+1,j} & \cdots & \cdots & a_{i+1,n} \\ \vdots & & & \vdots & & & \vdots \\ a_{n1} & \cdots & \cdots & a_{nj} & \cdots & \cdots & a_{nn} \end{vmatrix}$$

$$
= (-1)^{i-1}(-1)^{j-1}\begin{vmatrix} a_{ij} & 0 & \cdots & 0 & 0 & \cdots & 0 \\ a_{1j} & a_{11} & \cdots & a_{1,j-1} & a_{1,j+1} & \cdots & a_{1n} \\ \vdots & \vdots & & \vdots & \vdots & & \vdots \\ a_{i-1,j} & a_{i-1,1} & \cdots & a_{i-1,j-1} & a_{i-1,j+1} & \cdots & a_{i-1,n} \\ a_{i+1,j} & a_{i+1,1} & \cdots & a_{i+1,j-1} & a_{i+1,j+1} & \cdots & a_{i+1,n} \\ \vdots & \vdots & & \vdots & \vdots & & \vdots \\ a_{nj} & a_{n1} & \cdots & a_{n,j-1} & a_{n,j+1} & \cdots & a_{nn} \end{vmatrix}
$$

$$
= (-1)^{i-1}(-1)^{j-1}a_{ij}\begin{vmatrix} a_{11} & \cdots & a_{1,j-1} & a_{1,j+1} & \cdots & a_{1n} \\ \vdots & & \vdots & \vdots & & \vdots \\ a_{i-1,1} & \cdots & a_{i-1,j-1} & a_{i-1,j+1} & \cdots & a_{i-1,n} \\ a_{i+1,1} & \cdots & a_{i+1,j-1} & a_{i+1,j+1} & \cdots & a_{i+1,n} \\ \vdots & & \vdots & \vdots & & \vdots \\ a_{n1} & \cdots & a_{n,j-1} & a_{n,j+1} & \cdots & a_{nn} \end{vmatrix} = a_{ij}A_{ij}
$$

したがって，性質 [1] より

$$
|A| = \sum_{j=1}^{n}\begin{vmatrix} a_{11} & \cdots & \cdots & a_{1j} & \cdots & \cdots & a_{1n} \\ \vdots & & & \vdots & & & \vdots \\ 0 & \cdots & 0 & a_{ij} & 0 & \cdots & 0 \\ \vdots & & & \vdots & & & \vdots \\ a_{n1} & \cdots & \cdots & a_{nj} & \cdots & \cdots & a_{nn} \end{vmatrix} = \sum_{j=1}^{n} a_{ij}A_{ij}
$$

10.　2 次行列式について成立すると仮定し，3 次行列式について示す．$A = \begin{pmatrix} a_{11} & a_{12} & a_{13} \\ a_{21} & a_{22} & a_{23} \\ a_{31} & a_{32} & a_{33} \end{pmatrix}$ のとき，第 1 行について余因子展開すると

$$
\begin{aligned}
\left|A^T\right| &= \begin{vmatrix} a_{11} & a_{21} & a_{31} \\ a_{12} & a_{22} & a_{32} \\ a_{13} & a_{23} & a_{33} \end{vmatrix} = a_{11}\begin{vmatrix} a_{22} & a_{32} \\ a_{23} & a_{33} \end{vmatrix} - a_{21}\begin{vmatrix} a_{12} & a_{32} \\ a_{13} & a_{33} \end{vmatrix} + a_{31}\begin{vmatrix} a_{12} & a_{22} \\ a_{13} & a_{23} \end{vmatrix} \\
&= a_{11}\begin{vmatrix} a_{22} & a_{23} \\ a_{32} & a_{33} \end{vmatrix} - a_{21}\begin{vmatrix} a_{12} & a_{13} \\ a_{32} & a_{33} \end{vmatrix} + a_{31}\begin{vmatrix} a_{12} & a_{13} \\ a_{22} & a_{23} \end{vmatrix} \\
&= \begin{vmatrix} a_{11} & a_{12} & a_{13} \\ a_{21} & a_{22} & a_{23} \\ a_{31} & a_{32} & a_{33} \end{vmatrix} = |A|
\end{aligned}
$$

となる．最後に，命題 3.15（第 1 列についての余因子展開）を用いた．

11.

$$\begin{vmatrix} a_{11} & a_{12} & 0 & 0 \\ a_{21} & a_{22} & 0 & 0 \\ b_{11} & b_{12} & d_{11} & d_{12} \\ b_{21} & b_{22} & d_{21} & d_{22} \end{vmatrix} = a_{11}\begin{vmatrix} a_{22} & 0 & 0 \\ b_{12} & d_{11} & d_{12} \\ b_{22} & d_{21} & d_{22} \end{vmatrix} - a_{12}\begin{vmatrix} a_{21} & 0 & 0 \\ b_{11} & d_{11} & d_{12} \\ b_{21} & d_{21} & d_{22} \end{vmatrix}$$

$$= a_{11}a_{22}\begin{vmatrix} d_{11} & d_{12} \\ d_{21} & d_{22} \end{vmatrix} - a_{12}a_{21}\begin{vmatrix} d_{11} & d_{12} \\ d_{21} & d_{22} \end{vmatrix}$$

$$= (a_{11}a_{22} - a_{12}a_{21})\begin{vmatrix} d_{11} & d_{12} \\ d_{21} & d_{22} \end{vmatrix} = \begin{vmatrix} a_{11} & a_{12} \\ a_{21} & a_{22} \end{vmatrix}\begin{vmatrix} d_{11} & d_{12} \\ d_{21} & d_{22} \end{vmatrix}$$

が成り立つ．ただし，第 1 行についての余因子展開と定理 3.12 を用いた．第 2 の等式も同様に示すことができる．

12. $n = 2$ について示すが，一般の n についても同様である．ここで，行列の第 i 列を ⓘ' で表す．前問 11 により

$$|A|\,|B| = \begin{vmatrix} A & O \\ -E & B \end{vmatrix} = \begin{vmatrix} a_{11} & a_{12} & 0 & 0 \\ a_{21} & a_{22} & 0 & 0 \\ -1 & 0 & b_{11} & b_{12} \\ 0 & -1 & b_{21} & b_{22} \end{vmatrix}$$

$$= \begin{vmatrix} a_{11} & a_{12} & a_{11}b_{11} + a_{12}b_{21} & a_{11}b_{12} + a_{12}b_{22} \\ a_{21} & a_{22} & a_{21}b_{11} + a_{22}b_{21} & a_{21}b_{12} + a_{22}b_{22} \\ -1 & 0 & 0 & 0 \\ 0 & -1 & 0 & 0 \end{vmatrix} \quad \begin{matrix} (③' + ①' \times b_{11} \\ \quad +②' \times b_{21}) \\ (④' + ①' \times b_{12} \\ \quad +②' \times b_{22}) \end{matrix}$$

$$= (-1)^2\begin{vmatrix} -1 & 0 & 0 & 0 \\ 0 & -1 & 0 & 0 \\ a_{11} & a_{12} & a_{11}b_{11} + a_{12}b_{21} & a_{11}b_{12} + a_{12}b_{22} \\ a_{21} & a_{22} & a_{21}b_{11} + a_{22}b_{21} & a_{21}b_{12} + a_{22}b_{22} \end{vmatrix} \quad \begin{matrix} (①と③を入れ替え) \\ (②と④を入れ替え) \end{matrix}$$

$$= (-1)^2\begin{vmatrix} -E & O \\ A & AB \end{vmatrix} = (-1)^2\,|-E|\,|AB| = |AB|$$

13. (1) $|B| = 4$

(2) $|A|\,|B| = |AB| = \begin{vmatrix} -2c & 2a & 2b \\ 2c & -2a & 2b \\ 2c & 2a & -2b \end{vmatrix} = 8abc\,|B| \qquad \therefore |A| = 8abc$

問題 4-1

1. (1) 1 次独立　(2) 1 次従属　(3) 1 次独立　(4) 1 次独立
(5) 1 次独立　(6) 1 次従属

2. $c_1\boldsymbol{u}_1 + c_2\boldsymbol{u}_2 + \cdots + c_n\boldsymbol{u}_n = A\begin{pmatrix} c_1 \\ \vdots \\ c_n \end{pmatrix}$ と書けるから，$\boldsymbol{x} = \begin{pmatrix} c_1 \\ \vdots \\ c_n \end{pmatrix}$ とおくと，
$c_1\boldsymbol{u}_1 + c_2\boldsymbol{u}_2 + \cdots + c_n\boldsymbol{u}_n = \boldsymbol{0} \iff A\boldsymbol{x} = \boldsymbol{0}$. つまり，

$$\{\boldsymbol{u}_1, \ldots, \boldsymbol{u}_n\} \text{ が 1 次独立} \iff A\boldsymbol{x} = \boldsymbol{0} \text{ の解は } \boldsymbol{x} = \boldsymbol{0} \text{ のみ}$$
$$(\{\boldsymbol{u}_1, \ldots, \boldsymbol{u}_n\} \text{ が 1 次従属} \iff A\boldsymbol{x} = \boldsymbol{0} \text{ が } \boldsymbol{x} \neq \boldsymbol{0} \text{ の解も持つ})$$

したがって，定理 6.4 より結論が得られる．
3. A は n 次正方行列であるから，前問 2 により，

$$\begin{aligned} &\{\boldsymbol{u}_1, \ldots, \boldsymbol{u}_n\} \text{ が 1 次独立} \\ &\qquad \iff A \text{ から導かれる階段行列 } B \text{ の主成分の個数が } n \\ &\qquad \iff B = E \text{ (単位行列)} \\ &\qquad \iff |A| \neq 0 \text{ (定理 6.4 より)} \end{aligned}$$

4. 行列式が 0 になるのは (2) と (4) であり，前問 3 より次の結果を得る．
(1) 1 次独立　(2) 1 次従属　(3) 1 次独立　(4) 1 次従属
5. (1) $A = (a_{ij})$ とおくと

$$(\boldsymbol{u}_1 \ \ \boldsymbol{u}_2 \ \ \cdots \ \ \boldsymbol{u}_m)\begin{pmatrix} a_{11} & \ldots & a_{1n} \\ \vdots & & \vdots \\ a_{m1} & \ldots & a_{mn} \end{pmatrix} = (\boldsymbol{0} \ \ \boldsymbol{0} \ \ \cdots \ \ \boldsymbol{0})$$

両辺の第 1 成分を比較すると

$$a_{11}\boldsymbol{u}_1 + a_{21}\boldsymbol{u}_2 + \cdots + a_{m1}\boldsymbol{u}_m = \boldsymbol{0}$$

$\{\boldsymbol{u}_1, \boldsymbol{u}_2, \cdots, \boldsymbol{u}_m\}$ が 1 次独立であるから，$a_{11} = a_{21} = \cdots = a_{m1} = 0$. 第 2 成分以降も同様に $a_{ij} = 0 \quad (1 \leqq i \leqq m, 1 \leqq j \leqq n)$. すなわち，$A = O$ を得る．
(2) 右辺を左辺に移項すると

$$(\boldsymbol{u}_1 \ \ \boldsymbol{u}_2 \ \ \cdots \ \ \boldsymbol{u}_m)(A - B) = (\boldsymbol{0} \ \ \boldsymbol{0} \ \ \cdots \ \ \boldsymbol{0})$$

よって，(1) により，$A - B = O$. ゆえに $A = B$ である．

問題 4-2

1. (1) 線形写像　(2) 線形写像でない　(3) 線形写像

2. $\boldsymbol{R}^3$, $\boldsymbol{R}^2$ の標準基底をそれぞれ $\{\boldsymbol{e}_1, \boldsymbol{e}_2, \boldsymbol{e}_3\}$, $\{\boldsymbol{e}'_1, \boldsymbol{e}'_2\}$ と表すと，それらに関する表現行列 A は $\begin{pmatrix} 2 & -3 & 4 \\ 1 & 0 & -1 \end{pmatrix}$ である．

(1) まず $P = E$. $(\boldsymbol{v}_1 \ \boldsymbol{v}_2) = (\boldsymbol{e}'_1 \ \boldsymbol{e}'_2)\begin{pmatrix} 1 & 1 \\ 0 & 1 \end{pmatrix}$ より $Q = \begin{pmatrix} 1 & 1 \\ 0 & 1 \end{pmatrix}$. よって，$\{\boldsymbol{e}_1, \boldsymbol{e}_2, \boldsymbol{e}_3\}$, $\{\boldsymbol{v}_1, \boldsymbol{v}_2\}$ に関する表現行列 B は次のようになる．

$$B = Q^{-1}AP = \begin{pmatrix} 1 & -1 \\ 0 & 1 \end{pmatrix}\begin{pmatrix} 2 & -3 & 4 \\ 1 & 0 & -1 \end{pmatrix}\begin{pmatrix} 1 & 0 & 0 \\ 0 & 1 & 0 \\ 0 & 0 & 1 \end{pmatrix} = \begin{pmatrix} 1 & -3 & 5 \\ 1 & 0 & -1 \end{pmatrix}$$

(2) $(\boldsymbol{u}_1 \ \boldsymbol{u}_2 \ \boldsymbol{u}_3) = (\boldsymbol{e}_1 \ \boldsymbol{e}_2 \ \boldsymbol{e}_3)\begin{pmatrix} 1 & 1 & 1 \\ 0 & 1 & 1 \\ 0 & 0 & 1 \end{pmatrix}$ より $P = \begin{pmatrix} 1 & 1 & 1 \\ 0 & 1 & 1 \\ 0 & 0 & 1 \end{pmatrix}$. $(\boldsymbol{v}_1 \ \boldsymbol{v}_2) = (\boldsymbol{e}'_1 \ \boldsymbol{e}'_2)\begin{pmatrix} 1 & 1 \\ 1 & 2 \end{pmatrix}$ より $Q = \begin{pmatrix} 1 & 1 \\ 1 & 2 \end{pmatrix}$. よって，$\{\boldsymbol{u}_1, \boldsymbol{u}_2, \boldsymbol{u}_3\}$, $\{\boldsymbol{v}_1, \boldsymbol{v}_2\}$ に関する表現行列 B は次のようになる．

$$B = Q^{-1}AP = \begin{pmatrix} 2 & -1 \\ -1 & 1 \end{pmatrix}\begin{pmatrix} 2 & -3 & 4 \\ 1 & 0 & -1 \end{pmatrix}\begin{pmatrix} 1 & 1 & 1 \\ 0 & 1 & 1 \\ 0 & 0 & 1 \end{pmatrix} = \begin{pmatrix} 3 & -3 & 6 \\ -1 & 2 & -3 \end{pmatrix}$$

3. $\boldsymbol{R}^2$ の標準基底 $\{\boldsymbol{e}_1, \boldsymbol{e}_2\}$ に関する表現行列 A は $\begin{pmatrix} 5 & -4 \\ 3 & -2 \end{pmatrix}$ である．

(1) $(\boldsymbol{u}_1 \ \boldsymbol{u}_2) = (\boldsymbol{e}_1 \ \boldsymbol{e}_2)\begin{pmatrix} 0 & 1 \\ 1 & 0 \end{pmatrix}$ より $P = \begin{pmatrix} 0 & 1 \\ 1 & 0 \end{pmatrix}$. よって，$\{\boldsymbol{u}_1, \boldsymbol{u}_2\}$ に関する表現行列 B は次のようになる．

$$B = P^{-1}AP = \begin{pmatrix} 0 & 1 \\ 1 & 0 \end{pmatrix}\begin{pmatrix} 5 & -4 \\ 3 & -2 \end{pmatrix}\begin{pmatrix} 0 & 1 \\ 1 & 0 \end{pmatrix} = \begin{pmatrix} -2 & 3 \\ -4 & 5 \end{pmatrix}$$

(2) $(\boldsymbol{v}_1 \ \boldsymbol{v}_2) = (\boldsymbol{e}_1 \ \boldsymbol{e}_2)\begin{pmatrix} 1 & 1 \\ 1 & 2 \end{pmatrix}$ より $P = \begin{pmatrix} 1 & 1 \\ 1 & 2 \end{pmatrix}$. よって，$\{\boldsymbol{u}_1, \boldsymbol{u}_2\}$ に関する表現行列 B は次のようになる．

$$B = P^{-1}AP = \begin{pmatrix} 2 & -1 \\ -1 & 1 \end{pmatrix}\begin{pmatrix} 5 & -4 \\ 3 & -2 \end{pmatrix}\begin{pmatrix} 1 & 1 \\ 1 & 2 \end{pmatrix} = \begin{pmatrix} 1 & -5 \\ 0 & 2 \end{pmatrix}$$

4. 条件より

$$\sum_{i=1}^{n} c_i \boldsymbol{b}_i = (\boldsymbol{b}_1\ \boldsymbol{b}_2\ \ldots\ \boldsymbol{b}_n)\begin{pmatrix} c_1 \\ c_2 \\ \vdots \\ c_n \end{pmatrix} = (\boldsymbol{a}_1\ \boldsymbol{a}_2\ \ldots\ \boldsymbol{a}_n)P\begin{pmatrix} c_1 \\ c_2 \\ \vdots \\ c_n \end{pmatrix}$$

である．$\displaystyle\sum_{i=1}^{n} c_i \boldsymbol{b}_i = \boldsymbol{0}$ となるための必要十分条件は，$\boldsymbol{a}_1, \boldsymbol{a}_2, \ldots, \boldsymbol{a}_n$ の 1 次独立性より，

$$P\begin{pmatrix} c_1 \\ c_2 \\ \vdots \\ c_n \end{pmatrix} = \begin{pmatrix} 0 \\ 0 \\ \vdots \\ 0 \end{pmatrix}$$

を満たすことである．そして，この連立 1 次方程式の解が自明な解 $c_1 = c_2 = \cdots = c_n = 0$ のみであるための必要十分条件は，問題 4-1 の 3 より，$|P| \neq 0$ である．

5. (1) $\boldsymbol{v}_1 = f(\boldsymbol{u}_1)$, $\boldsymbol{v}_2 = f(\boldsymbol{u}_2)$, c を実数とすると，

$$\begin{aligned} &\boldsymbol{v}_1 + \boldsymbol{v}_2 = f(\boldsymbol{u}_1) + f(\boldsymbol{u}_2) = f(\boldsymbol{u}_1 + \boldsymbol{v}_2) \in \mathrm{Im}(f) \\ &c\boldsymbol{v}_1 = cf(\boldsymbol{u}_1) = f(c\boldsymbol{u}_1) \in \mathrm{Im}(f) \\ &\boldsymbol{0} = f(\boldsymbol{0}) \in \mathrm{Im}(f) \end{aligned}$$

(2) $\boldsymbol{u}_1$, $\boldsymbol{u}_2 \in \mathrm{Ker}(f)$, c を実数とすると，

$$\begin{aligned} &f(\boldsymbol{u}_1 + \boldsymbol{u}_2) = f(\boldsymbol{u}_1) + f(\boldsymbol{u}_2) = \boldsymbol{0} + \boldsymbol{0} = \boldsymbol{0} \quad \text{よって} \quad \boldsymbol{u}_1 + \boldsymbol{u}_2 \in \mathrm{Ker}(f) \\ &f(c\boldsymbol{u}_1) = cf(\boldsymbol{u}_1) = c\boldsymbol{0} = \boldsymbol{0} \quad \text{よって} \quad c\,\boldsymbol{u}_1 \in \mathrm{Ker}(f) \\ &f(\boldsymbol{0}) = \boldsymbol{0} \quad \text{よって} \quad \boldsymbol{0} \in \mathrm{Ker}(f) \end{aligned}$$

章末問題●4

1. (1) 1 次独立　(2) 1 次従属　(3) 1 次独立　(4) 1 次従属
(5) 1 次従属　(6) 1 次独立

2.

$$\begin{vmatrix} 1 & 1 & 1 \\ a & b & c \\ a^2 & b^2 & c^2 \end{vmatrix} = \begin{vmatrix} 0 & 0 & 1 \\ a-c & b-c & c \\ a^2-c^2 & b^2-c^2 & c^2 \end{vmatrix}$$

$$= (a-c)(b-c)\begin{vmatrix} 0 & 0 & 1 \\ 1 & 1 & c \\ a+c & b+c & c^2 \end{vmatrix} = (a-c)(b-c)\begin{vmatrix} 1 & 1 \\ a+c & b+c \end{vmatrix}$$

$$= (a-c)(b-c)\begin{vmatrix} 0 & 1 \\ a-b & b+c \end{vmatrix} = -(a-c)(b-c)(a-b) \neq 0 \quad \therefore 1 \text{ 次独立}$$

3. $k_1\boldsymbol{u}_1 + k_2\boldsymbol{u}_2 + k_3\boldsymbol{u}_3 = \boldsymbol{0}$ より

$$k_1\begin{pmatrix}1\\0\\1\end{pmatrix} + k_2\begin{pmatrix}0\\1\\0\end{pmatrix} + k_3\begin{pmatrix}1\\0\\-1\end{pmatrix} = \begin{pmatrix}0\\0\\0\end{pmatrix} \quad \text{よって} \quad \begin{cases} k_1 \quad +k_3 = 0 \\ \quad k_2 \quad\quad = 0 \\ k_1 \quad -k_3 = 0 \end{cases}$$

したがって，$k_1 = k_2 = k_3 = 0$. $\therefore$ 1 次独立であるので，基底である．

(1) $k_1\boldsymbol{u}_1 + k_2\boldsymbol{u}_2 + k_3\boldsymbol{u}_3 = \boldsymbol{a}$ より

$$k_1\begin{pmatrix}1\\0\\1\end{pmatrix} + k_2\begin{pmatrix}0\\1\\0\end{pmatrix} + k_3\begin{pmatrix}1\\0\\-1\end{pmatrix} = \begin{pmatrix}3\\3\\1\end{pmatrix} \quad \text{よって} \quad \begin{cases} k_1 \quad +k_3 = 3 \\ \quad k_2 \quad\quad = 3 \\ k_1 \quad -k_3 = 1 \end{cases}$$

したがって，$k_1 = 2,\ k_2 = 3,\ k_3 = 1$.

(2) $k_1\boldsymbol{u}_1 + k_2\boldsymbol{u}_2 + k_3\boldsymbol{u}_3 = \boldsymbol{b}$ より

$$k_1\begin{pmatrix}1\\0\\1\end{pmatrix} + k_2\begin{pmatrix}0\\1\\0\end{pmatrix} + k_3\begin{pmatrix}1\\0\\-1\end{pmatrix} = \begin{pmatrix}1\\2\\3\end{pmatrix} \quad \text{よって} \quad \begin{cases} k_1 \quad +k_3 = 1 \\ \quad k_2 \quad\quad = 2 \\ k_1 \quad -k_3 = 3 \end{cases}$$

したがって，$k_1 = 2,\ k_2 = 2,\ k_3 = -1$.

(3) $k_1\boldsymbol{u}_1 + k_2\boldsymbol{u}_2 + k_3\boldsymbol{u}_3 = \boldsymbol{x}$ より

$$k_1\begin{pmatrix}1\\0\\1\end{pmatrix} + k_2\begin{pmatrix}0\\1\\0\end{pmatrix} + k_3\begin{pmatrix}1\\0\\-1\end{pmatrix} = \begin{pmatrix}x_1\\x_2\\x_3\end{pmatrix} \quad \text{よって} \quad \begin{cases} k_1 \quad +k_3 = x_1 \\ \quad k_2 \quad\quad = x_2 \\ k_1 \quad -k_3 = x_3 \end{cases}$$

したがって，$k_1 = \dfrac{x_1 + x_3}{2},\ k_2 = x_2,\ k_3 = \dfrac{x_1 - x_3}{2}$.

4. (1) $(\boldsymbol{u}_1 \ \ \boldsymbol{u}_1 + \boldsymbol{u}_2 \ \ \boldsymbol{u}_1 + \boldsymbol{u}_2 + \boldsymbol{u}_3) = (\boldsymbol{u}_1 \ \ \boldsymbol{u}_2 \ \ \boldsymbol{u}_3)\begin{pmatrix}1 & 1 & 1\\0 & 1 & 1\\0 & 0 & 1\end{pmatrix}$. よって，問題 4-2 の 4 より，1 次独立．

(2) $(\boldsymbol{u}_1 + \boldsymbol{u}_2 + \boldsymbol{u}_3 \ \ \boldsymbol{u}_2 + \boldsymbol{u}_3 \ \ \boldsymbol{u}_1 + \boldsymbol{u}_3) = (\boldsymbol{u}_1 \ \ \boldsymbol{u}_2 \ \ \boldsymbol{u}_3)\begin{pmatrix}1 & 0 & 1\\1 & 1 & 0\\1 & 1 & 1\end{pmatrix}$. よって，問題 4-2 の 4 より，1 次独立．

(3) $(\boldsymbol{u}_1 \ \ \boldsymbol{u}_2 \ \ \boldsymbol{u}_3) = (\boldsymbol{u}_1 \ \ \boldsymbol{u}_1 + \boldsymbol{u}_2 \ \ \boldsymbol{u}_1 + \boldsymbol{u}_2 + \boldsymbol{u}_3)\begin{pmatrix}1 & -1 & 0\\0 & 1 & -1\\0 & 0 & 1\end{pmatrix}$. よって，問題

4-2 の 4 より，1 次独立.

(4) 1 次独立とは限らない．例えば，$\boldsymbol{u}_1 = \begin{pmatrix} 1 \\ 0 \end{pmatrix}$, $\boldsymbol{u}_2 = \begin{pmatrix} 0 \\ 1 \end{pmatrix}$, $\boldsymbol{u}_3 = \begin{pmatrix} 1 \\ 1 \end{pmatrix}$ は 1 次従属.

5. (1)
$$\begin{aligned}(g \circ f)(\boldsymbol{u}_1 + \boldsymbol{u}_2) &= g(f(\boldsymbol{u}_1 + \boldsymbol{u}_2)) = g(f(\boldsymbol{u}_1) + f(\boldsymbol{u}_2)) \\ &= g(f(\boldsymbol{u}_1)) + g(f(\boldsymbol{u}_2)) = (g \circ f)(\boldsymbol{u}_1) + (g \circ f)(\boldsymbol{u}_2) \\ (g \circ f)(k\boldsymbol{u}) &= g(f(k\boldsymbol{u})) = g(kf(\boldsymbol{u})) = kg(f(\boldsymbol{u})) = k(g \circ f)(\boldsymbol{u})\end{aligned}$$

(2)
$$\begin{aligned}(g \circ f)(\boldsymbol{u}_i) &= g(f(\boldsymbol{u}_i)) = g(\sum_{k=1}^{m} a_{ki}\boldsymbol{v}_k) = \sum_{k=1}^{m} a_{ki} g(\boldsymbol{v}_k) \\ &= \sum_{k=1}^{m} a_{ki} \left(\sum_{j=1}^{\ell} b_{jk} \boldsymbol{w}_j \right) = \sum_{j=1}^{\ell} \left(\sum_{k=1}^{m} b_{jk} a_{ki} \right) \boldsymbol{w}_j\end{aligned}$$

ここで，$\displaystyle\sum_{k=1}^{m} b_{jk}a_{ki}$ は行列の積 BA の (j, i) 成分であることに注意すると，$g \circ f$ の表現行列は行列 BA であることがわかる.

6. 行列 A から得られる階段行列を B とし，$A = (\boldsymbol{a}_1 \ \ldots \ \boldsymbol{a}_n)$, $B = (\boldsymbol{b}_1 \ \ldots \ \boldsymbol{b}_n)$ と列ベクトル表示する．$\boldsymbol{b}_k$ $(1 \leqq k \leqq n)$ がただ 1 通り決まることを示す．まず，$k = 1$ のとき，$\boldsymbol{a}_1 = \boldsymbol{0}$ ならば $\boldsymbol{b}_1 = \boldsymbol{0}$ で，$\boldsymbol{a}_1 \neq \boldsymbol{0}$ ならば $\boldsymbol{b}_1 = \boldsymbol{e}_1$ である．$k \geqq 2$ のときは，$\boldsymbol{a}_k$ が $\boldsymbol{a}_1, \ldots, \boldsymbol{a}_{k-1}$ の 1 次結合で表せなければ，$\boldsymbol{b}_k$ は（主成分を含む）基本ベクトルであり，$\boldsymbol{a}_k$ が $\boldsymbol{a}_1, \ldots, \boldsymbol{a}_{k-1}$ の 1 次結合で書けるときは，$\boldsymbol{b}_k$ の成分には $\boldsymbol{a}_k$ を $\boldsymbol{a}_1, \ldots, \boldsymbol{a}_{k-1}$ から順に取られた 1 次独立なベクトルの 1 次結合で書き表した係数があらわれる．（$\boldsymbol{a}_1, \ldots, \boldsymbol{a}_k$ の間に成り立つ 1 次関係と $\boldsymbol{b}_1, \ldots, \boldsymbol{b}_k$ の間に成り立つ 1 次関係は同じであることに注意.）ここで，1 次独立なベクトルの 1 次結合で書き表したベクトルの係数はただ 1 つ決まる（例題 5 を参照）ので，$\boldsymbol{b}_k$ はただ 1 つ決まる.

7. $\boldsymbol{u}_1 \in W$ で，$\boldsymbol{u}_1 \neq \boldsymbol{0}$ であるものをまずとる．$S[\boldsymbol{u}_1] = W$ なら，$\{\boldsymbol{u}_1\}$ が求める基底である．$S[\boldsymbol{u}_1] \neq W$ なら，$\boldsymbol{u}_2 \in W - S[\boldsymbol{u}_1]$ をとる．$\boldsymbol{u}_1, \boldsymbol{u}_2$ が 1 次独立であることは容易に確かめられる．$S[\boldsymbol{u}_1, \boldsymbol{u}_2] = W$ なら $\{\boldsymbol{u}_1, \boldsymbol{u}_2\}$ が求める基底である．もし $S[\boldsymbol{u}_1, \boldsymbol{u}_2] \neq W$ なら，$\boldsymbol{u}_3 \in W - S[\boldsymbol{u}_1, \boldsymbol{u}_2]$ をとる．以下，この操作を繰り返すと，この操作は $\boldsymbol{R}^n$ においては高々 n 回で終了する．この操作ではじめて $S[\boldsymbol{u}_1, \boldsymbol{u}_2, \ldots, \boldsymbol{u}_r] = W$ となったとき，$\{\boldsymbol{u}_1, \boldsymbol{u}_2, \ldots, \boldsymbol{u}_r\}$ が求める W の基底である.

8. $\boldsymbol{R}^n$ のベクトル $\boldsymbol{u}_1, \ldots, \boldsymbol{u}_r$ および $\boldsymbol{v}_1, \ldots, \boldsymbol{v}_s$ がともに W の基底であるとする．まず $r < s$ とする．$\boldsymbol{v}_1$ を $\boldsymbol{u}_1, \ldots, \boldsymbol{u}_r$ の 1 次結合で表すと，ある $\boldsymbol{u}_i$ の係数は 0 でない．例えば，$\boldsymbol{u}_1$ の係数が 0 でないとすれば，$\boldsymbol{v}_1, \boldsymbol{u}_2, \boldsymbol{u}_3, \ldots, \boldsymbol{u}_r$ が W の基底になる．次に $\boldsymbol{v}_2$ を $\boldsymbol{v}_1, \boldsymbol{u}_2, \ldots, \boldsymbol{u}_r$ の 1 次結合で表すと，ある $\boldsymbol{u}_i$ の係数は 0 でない．例えば，$\boldsymbol{u}_2$ の係数が 0 でないとすれば，$\boldsymbol{v}_1, \boldsymbol{v}_2, \boldsymbol{u}_3, \ldots, \boldsymbol{u}_r$ が W の基底になる．これ

を繰り返すと，$\boldsymbol{v}_1, \boldsymbol{v}_2, \ldots, \boldsymbol{v}_r$ が W の基底であることになるので，$r \geqq s$ である．全く同様に $r \leqq s$ でもあり，結局 $r = s$ である．

問題 5-1

1. (1) 固有値は 2, 5．それぞれの固有ベクトルは $s_1 \begin{pmatrix} 2 \\ -1 \end{pmatrix}$, $s_2 \begin{pmatrix} 1 \\ 1 \end{pmatrix}$

(2) 固有値は 1, −1．それぞれの固有ベクトルは $s_1 \begin{pmatrix} 1 \\ 1 \end{pmatrix}$, $s_2 \begin{pmatrix} 1 \\ -1 \end{pmatrix}$

(3) 固有値は 2, 3．それぞれの固有ベクトルは $s_1 \begin{pmatrix} 2 \\ 1 \end{pmatrix}$, $s_2 \begin{pmatrix} 1 \\ 1 \end{pmatrix}$

(4) 固有値は 2, 1, −1．それぞれ固有ベクトルは $s_1 \begin{pmatrix} 1 \\ 0 \\ 1 \end{pmatrix}$, $s_2 \begin{pmatrix} 1 \\ -1 \\ 1 \end{pmatrix}$, $s_3 \begin{pmatrix} 1 \\ 0 \\ -2 \end{pmatrix}$

(5) 固有値は 1 (重複度 2), −1．固有ベクトルは $s_1 \begin{pmatrix} 1 \\ 0 \\ -1 \end{pmatrix} + s_2 \begin{pmatrix} 0 \\ 1 \\ 0 \end{pmatrix}$, $s_3 \begin{pmatrix} 1 \\ 0 \\ 1 \end{pmatrix}$

(6) 固有値は 1 (重複度 2), −1．固有ベクトルは $s_1 \begin{pmatrix} 1 \\ 0 \\ 0 \end{pmatrix} + s_2 \begin{pmatrix} 0 \\ 1 \\ 2 \end{pmatrix}$, $s_3 \begin{pmatrix} 0 \\ 1 \\ 0 \end{pmatrix}$

2. $g_{A^T}(t) = \left|tE - A^T\right| = \left|(tE - A)^T\right| = |tE - A| = g_A(t)$

問題 5-2

1.

$$(P:E) = \left(\begin{array}{ccc|ccc} 1 & 1 & 0 & 1 & 0 & 0 \\ 0 & -1 & -1 & 0 & 1 & 0 \\ 1 & 1 & 1 & 0 & 0 & 1 \end{array}\right) \longrightarrow \left(\begin{array}{ccc|ccc} 1 & 1 & 0 & 1 & 0 & 0 \\ 0 & 1 & 1 & 0 & -1 & 0 \\ 0 & 0 & 1 & -1 & 0 & 1 \end{array}\right)$$

$$\longrightarrow \left(\begin{array}{ccc|ccc} 1 & 1 & 0 & 1 & 0 & 0 \\ 0 & 1 & 0 & 1 & -1 & -1 \\ 0 & 0 & 1 & -1 & 0 & 1 \end{array}\right) \longrightarrow \left(\begin{array}{ccc|ccc} 1 & 0 & 0 & 0 & 1 & 1 \\ 0 & 1 & 0 & 1 & -1 & -1 \\ 0 & 0 & 1 & -1 & 0 & 1 \end{array}\right)$$

$$\therefore\ P^{-1}AP = \begin{pmatrix} 0 & 1 & 1 \\ 1 & -1 & -1 \\ -1 & 0 & 1 \end{pmatrix} \begin{pmatrix} 1 & 1 & 1 \\ -3 & 1 & 3 \\ 3 & 1 & -1 \end{pmatrix} \begin{pmatrix} 1 & 1 & 0 \\ 0 & -1 & -1 \\ 1 & 1 & 1 \end{pmatrix} = \begin{pmatrix} 2 & 0 & 0 \\ 0 & 1 & 0 \\ 0 & 0 & -2 \end{pmatrix}$$

2. 問題 5-1 の 1 において求めた固有ベクトル $\boldsymbol{u}_1, \boldsymbol{u}_2, \cdots$ を並べた行列 P を用いて対角化する．

(1) $P = \begin{pmatrix} 2 & 1 \\ -1 & 1 \end{pmatrix}$ととると，$P^{-1}AP = \begin{pmatrix} 2 & 0 \\ 0 & 5 \end{pmatrix}$

(2) $P = \begin{pmatrix} 1 & 1 \\ 1 & -1 \end{pmatrix}$ととると，$P^{-1}AP = \begin{pmatrix} 1 & 0 \\ 0 & -1 \end{pmatrix}$

(3) $P = \begin{pmatrix} 2 & 1 \\ 1 & 1 \end{pmatrix}$ととると，$P^{-1}AP = \begin{pmatrix} 2 & 0 \\ 0 & 3 \end{pmatrix}$

(4) $P = \begin{pmatrix} 1 & 1 & 1 \\ 0 & -1 & 0 \\ 1 & 1 & -2 \end{pmatrix}$ととると，$P^{-1}AP = \begin{pmatrix} 2 & 0 & 0 \\ 0 & 1 & 0 \\ 0 & 0 & -1 \end{pmatrix}$

(5) $P = \begin{pmatrix} 1 & 0 & 1 \\ 0 & 1 & 0 \\ -1 & 0 & 1 \end{pmatrix}$ととると，$P^{-1}AP = \begin{pmatrix} 1 & 0 & 0 \\ 0 & 1 & 0 \\ 0 & 0 & -1 \end{pmatrix}$

(6) $P = \begin{pmatrix} 1 & 0 & 0 \\ 0 & 1 & 1 \\ 0 & 2 & 0 \end{pmatrix}$ととると，$P^{-1}AP = \begin{pmatrix} 1 & 0 & 0 \\ 0 & 1 & 0 \\ 0 & 0 & -1 \end{pmatrix}$

問題 5-3

1. (1) $|\boldsymbol{a}| = \sqrt{1^2 + (-2)^2 + 2^2} = 3$ だから，$\dfrac{1}{|\boldsymbol{a}|}\boldsymbol{a} = \dfrac{1}{3}\begin{pmatrix} 1 \\ -2 \\ 2 \end{pmatrix}$

(2) $|\boldsymbol{b}| = \sqrt{1^2 + (-2)^2 + 2^2 + 4^2} = 5$ だから，$\dfrac{1}{|\boldsymbol{b}|}\boldsymbol{b} = \dfrac{1}{5}\begin{pmatrix} 1 \\ -2 \\ 2 \\ 4 \end{pmatrix}$

2. ベクトルの長さの定義より

$$|\boldsymbol{a}+\boldsymbol{b}|^2 = (\boldsymbol{a}+\boldsymbol{b},\, \boldsymbol{a}+\boldsymbol{b}) = |\boldsymbol{a}|^2 + 2(\boldsymbol{a},\boldsymbol{b}) + |\boldsymbol{b}|^2,$$
$$|\boldsymbol{a}-\boldsymbol{b}|^2 = (\boldsymbol{a}-\boldsymbol{b},\, \boldsymbol{a}-\boldsymbol{b}) = |\boldsymbol{a}|^2 - 2(\boldsymbol{a},\boldsymbol{b}) + |\boldsymbol{b}|^2$$

が成り立つ．第 1 式より (1) を得る．2 式を加えると (2) を得る．また，第 1 式で $(\boldsymbol{a},\boldsymbol{b}) = 0$ とすると (3) を得る．

問題 5-4

1. (1) $\boldsymbol{u}_1 = \dfrac{1}{\sqrt{2}}\begin{pmatrix} 1 \\ 1 \\ 0 \end{pmatrix}$, $\boldsymbol{u}_2 = \begin{pmatrix} 0 \\ 0 \\ 1 \end{pmatrix}$, $\boldsymbol{u}_3 = \dfrac{1}{\sqrt{2}}\begin{pmatrix} 1 \\ -1 \\ 0 \end{pmatrix}$　(2) $\boldsymbol{u}_1 = \dfrac{1}{3}\begin{pmatrix} 2 \\ 1 \\ 2 \end{pmatrix}$, $\boldsymbol{u}_2 =$

$\frac{1}{3}\begin{pmatrix}1\\2\\-2\end{pmatrix}$, $\boldsymbol{u}_3=\frac{1}{3}\begin{pmatrix}-2\\2\\1\end{pmatrix}$　(3) $\boldsymbol{u}_1=\frac{1}{\sqrt{2}}\begin{pmatrix}0\\1\\1\end{pmatrix}$, $\boldsymbol{u}_2=\frac{1}{\sqrt{6}}\begin{pmatrix}2\\-1\\1\end{pmatrix}$, $\boldsymbol{u}_3=\frac{1}{\sqrt{3}}\begin{pmatrix}1\\1\\-1\end{pmatrix}$

(4) $\boldsymbol{u}_1=\frac{1}{2}\begin{pmatrix}1\\1\\1\\1\end{pmatrix}$, $\boldsymbol{u}_2=\frac{1}{2}\begin{pmatrix}-1\\-1\\1\\1\end{pmatrix}$, $\boldsymbol{u}_3=\frac{1}{2}\begin{pmatrix}1\\-1\\-1\\1\end{pmatrix}$, $\boldsymbol{u}_4=\frac{1}{2}\begin{pmatrix}-1\\1\\-1\\1\end{pmatrix}$

2. (1) 直交行列である．　(2) 直交行列である．

3. A が直交行列なので，$A^TA=E_2$ であり，

$$B^TB=\left(\begin{array}{c|cc}1&0&0\\\hline 0& & \\ & A^T & \\ 0 & & \end{array}\right)\left(\begin{array}{c|cc}1&0&0\\\hline 0& & \\ & A & \\ 0 & & \end{array}\right)=\left(\begin{array}{c|cc}1&0&0\\\hline 0& & \\ & A^TA & \\ 0 & & \end{array}\right)=E_3$$

となる．よって，B も直交行列であり，B^T に関する結論も明らかである．

4. $(\Rightarrow)$ は定理 5.8 の ((1) $\Rightarrow$ (2)) と同様に示すことができる．$(\Leftarrow)$ は問題 5-3 の 2(1) を用いると，$(A\boldsymbol{u},\ A\boldsymbol{v})=(1/2)(|A(\boldsymbol{u}+\boldsymbol{v})|^2-|A\boldsymbol{u}|^2-|A\boldsymbol{v}|^2)=(1/2)(|\boldsymbol{u}+\boldsymbol{v}|^2-|\boldsymbol{u}|^2-|\boldsymbol{v}|^2)=(\boldsymbol{u},\ \boldsymbol{v})$ を得るので，定理 5.8 の ((2) $\Rightarrow$ (1)) と同様に示すことができる．

問題 5-5

1. (1) 固有値は 3, -1．それぞれの固有ベクトル $s_1\begin{pmatrix}1\\-1\end{pmatrix}$, $s_2\begin{pmatrix}1\\1\end{pmatrix}$ の長さを 1 にし，並べた行列 $P=\frac{1}{\sqrt{2}}\begin{pmatrix}1&1\\-1&1\end{pmatrix}$ は直交行列で，$P^TAP=\begin{pmatrix}3&0\\0&-1\end{pmatrix}$.

(2) 固有値は 3, -2．それぞれの固有ベクトル $s_1\begin{pmatrix}2\\1\end{pmatrix}$, $s_2\begin{pmatrix}1\\-2\end{pmatrix}$ の長さを 1 にし，並べた行列 $P=\frac{1}{\sqrt{5}}\begin{pmatrix}2&1\\1&-2\end{pmatrix}$ は直交行列で，$P^TAP=\begin{pmatrix}3&0\\0&-2\end{pmatrix}$.

(3) 固有値は 5, 2, -1．固有ベクトル $s_1\begin{pmatrix}1\\2\\2\end{pmatrix}$, $s_2\begin{pmatrix}2\\1\\-2\end{pmatrix}$, $s_3\begin{pmatrix}2\\-2\\1\end{pmatrix}$ の長さを 1 にし，並べた行列 $P=\frac{1}{3}\begin{pmatrix}1&2&2\\2&1&-2\\2&-2&1\end{pmatrix}$ は直交行列で，$P^TAP=\begin{pmatrix}5&0&0\\0&2&0\\0&0&-1\end{pmatrix}$.

(4) 固有値は -1 (重複度 2), 1．それぞれの固有ベクトルを正規直交化し，並べた行

列 $P = \frac{1}{\sqrt{2}}\begin{pmatrix} 1 & 0 & 1 \\ 0 & \sqrt{2} & 0 \\ -1 & 0 & 1 \end{pmatrix}$ は直交行列で，$P^TAP = \begin{pmatrix} -1 & 0 & 0 \\ 0 & -1 & 0 \\ 0 & 0 & 1 \end{pmatrix}$.

(5) 固有値は 4, 3, 1．固有ベクトル $s_1\begin{pmatrix} 1 \\ -1 \\ -1 \end{pmatrix}$, $s_2\begin{pmatrix} 0 \\ 1 \\ -1 \end{pmatrix}$, $s_3\begin{pmatrix} 2 \\ 1 \\ 1 \end{pmatrix}$ の長さを 1 にし，並べた行列 $P = \begin{pmatrix} \frac{1}{\sqrt{3}} & 0 & \frac{2}{\sqrt{6}} \\ -\frac{1}{\sqrt{3}} & \frac{1}{\sqrt{2}} & \frac{1}{\sqrt{6}} \\ -\frac{1}{\sqrt{3}} & -\frac{1}{\sqrt{2}} & \frac{1}{\sqrt{6}} \end{pmatrix}$ は直交行列で，$P^TAP = \begin{pmatrix} 4 & 0 & 0 \\ 0 & 3 & 0 \\ 0 & 0 & 1 \end{pmatrix}$.

(6) 固有値は 2 (重複度 2), -1．それぞれの固有ベクトルを正規直交化し，並べた行列 $P = \begin{pmatrix} \frac{1}{\sqrt{2}} & \frac{1}{\sqrt{6}} & \frac{1}{\sqrt{3}} \\ -\frac{1}{\sqrt{2}} & \frac{1}{\sqrt{6}} & \frac{1}{\sqrt{3}} \\ 0 & -\frac{2}{\sqrt{6}} & \frac{1}{\sqrt{3}} \end{pmatrix}$ は直交行列で，$P^TAP = \begin{pmatrix} 2 & 0 & 0 \\ 0 & 2 & 0 \\ 0 & 0 & -1 \end{pmatrix}$.

2. (1) $x_1^2 - 6x_1x_2 + x_2^2 = \boldsymbol{x}^T\begin{pmatrix} 1 & -3 \\ -3 & 1 \end{pmatrix}\boldsymbol{x} = \boldsymbol{x}^TA\boldsymbol{x}$ であり，行列 A の固有値は 4, -2．それぞれの固有ベクトルの長さを 1 にし，並べた行列 $P = \frac{1}{\sqrt{2}}\begin{pmatrix} 1 & 1 \\ -1 & 1 \end{pmatrix}$ は直交行列で，$P^TAP = \begin{pmatrix} 4 & 0 \\ 0 & -2 \end{pmatrix}$．ゆえに，$\boldsymbol{y} = P^T\boldsymbol{x}$ とおくと，$\boldsymbol{x}^TA\boldsymbol{x} = \boldsymbol{y}^TP^TAP\boldsymbol{y} = \boldsymbol{y}^T\begin{pmatrix} 4 & 0 \\ 0 & -2 \end{pmatrix}\boldsymbol{y} = 4y_1^2 - 2y_2^2$.

(2) $2x_1^2 - 4x_1x_2 + 5x_2^2 = \boldsymbol{x}^T\begin{pmatrix} 2 & -2 \\ -2 & 5 \end{pmatrix}\boldsymbol{x} = \boldsymbol{x}^TA\boldsymbol{x}$ であり，行列 A の固有値は 6, 1．それぞれの固有ベクトルの長さを 1 にし，並べた行列 $P = \frac{1}{\sqrt{5}}\begin{pmatrix} 1 & 2 \\ -2 & 1 \end{pmatrix}$ は直交行列で，$P^TAP = \begin{pmatrix} 6 & 0 \\ 0 & 1 \end{pmatrix}$．ゆえに，$\boldsymbol{y} = P^T\boldsymbol{x}$ とおくと，$\boldsymbol{x}^TA\boldsymbol{x} = \boldsymbol{y}^TP^TAP\boldsymbol{y} = \boldsymbol{y}^T\begin{pmatrix} 6 & 0 \\ 0 & 1 \end{pmatrix}\boldsymbol{y} = 6y_1^2 + y_2^2$.

(3) $3x_1^2 + 2x_2^2 + 2x_3^2 + 2x_1x_2 + 2x_1x_3 = \boldsymbol{x}^T\begin{pmatrix} 3 & 1 & 1 \\ 1 & 2 & 0 \\ 1 & 0 & 2 \end{pmatrix}\boldsymbol{x} = \boldsymbol{x}^TA\boldsymbol{x}$ であり，行列 A の固有値は 4, 2, 1．それぞれの固有ベクトルの長さを 1 にし，並べた行列

$P=\begin{pmatrix} \frac{2}{\sqrt{6}} & 0 & \frac{1}{\sqrt{3}} \\ \frac{1}{\sqrt{6}} & \frac{1}{\sqrt{2}} & -\frac{1}{\sqrt{3}} \\ \frac{1}{\sqrt{6}} & -\frac{1}{\sqrt{2}} & -\frac{1}{\sqrt{3}} \end{pmatrix}$ は直交行列で，$P^TAP=\begin{pmatrix} 4 & 0 & 0 \\ 0 & 2 & 0 \\ 0 & 0 & 1 \end{pmatrix}$．ゆえに，$\boldsymbol{y}=P^T\boldsymbol{x}$ とおくと，$\boldsymbol{x}^TA\boldsymbol{x}=\boldsymbol{y}^TP^TAP\boldsymbol{y}=\boldsymbol{y}^T\begin{pmatrix} 4 & 0 & 0 \\ 0 & 2 & 0 \\ 0 & 0 & 1 \end{pmatrix}\boldsymbol{y}=4y_1^2+2y_2^2+y_3^2.$

(4) $2x_1x_2+2x_2x_3+2x_3x_1=\boldsymbol{x}^T\begin{pmatrix} 0 & 1 & 1 \\ 1 & 0 & 1 \\ 1 & 1 & 0 \end{pmatrix}\boldsymbol{x}=\boldsymbol{x}^TA\boldsymbol{x}$ であり，行列 A の固有値は -1 (重複度 2), 2．それぞれの固有ベクトルを正規直交化し，並べた行列 $P=\begin{pmatrix} \frac{1}{\sqrt{2}} & \frac{1}{\sqrt{6}} & \frac{1}{\sqrt{3}} \\ -\frac{1}{\sqrt{2}} & \frac{1}{\sqrt{6}} & \frac{1}{\sqrt{3}} \\ 0 & -\frac{2}{\sqrt{6}} & \frac{1}{\sqrt{3}} \end{pmatrix}$ は直交行列で，$P^TAP=\begin{pmatrix} -1 & 0 & 0 \\ 0 & -1 & 0 \\ 0 & 0 & 2 \end{pmatrix}$．ゆえに，$\boldsymbol{y}=P^T\boldsymbol{x}$ とおくと, $\boldsymbol{x}^TA\boldsymbol{x}=\boldsymbol{y}^TP^TAP\boldsymbol{y}=\boldsymbol{y}^T\begin{pmatrix} -1 & 0 & 0 \\ 0 & -1 & 0 \\ 0 & 0 & 2 \end{pmatrix}\boldsymbol{y}=-y_1^2-y_2^2+2y_3^2.$

章末問題●5

1. (1) 固有値は 1, 0, -1．それぞれの固有ベクトルは $s_1\begin{pmatrix} 1 \\ 1 \\ 2 \end{pmatrix}$, $s_2\begin{pmatrix} 0 \\ 1 \\ 1 \end{pmatrix}$, $s_3\begin{pmatrix} 0 \\ 1 \\ 0 \end{pmatrix}$.

(2) 固有値は 1 (重複度 2), 2．固有ベクトルは $s_1\begin{pmatrix} 1 \\ 1 \\ 0 \end{pmatrix}+s_2\begin{pmatrix} 1 \\ 0 \\ 1 \end{pmatrix}$, $s_3\begin{pmatrix} 0 \\ 0 \\ 1 \end{pmatrix}$.

(3) 固有値は 2, 0, -1．それぞれの固有ベクトルは $s_1\begin{pmatrix} 6 \\ 1 \\ 3 \end{pmatrix}$, $s_2\begin{pmatrix} 0 \\ 1 \\ 1 \end{pmatrix}$, $s_3\begin{pmatrix} 0 \\ 1 \\ 0 \end{pmatrix}$.

(4) 固有値は 2 (重複度 2), 0．固有ベクトルは $s_1\begin{pmatrix} 1 \\ 0 \\ 0 \end{pmatrix}+s_2\begin{pmatrix} 0 \\ 1 \\ -1 \end{pmatrix}$, $s_3\begin{pmatrix} 1 \\ 0 \\ 1 \end{pmatrix}$.

(5) 固有値は 3, 1, 0．それぞれの固有ベクトルは $s_1\begin{pmatrix} 1 \\ 0 \\ 1 \end{pmatrix}$, $s_2\begin{pmatrix} 1 \\ -1 \\ 0 \end{pmatrix}$, $s_3\begin{pmatrix} 1 \\ -3 \\ 1 \end{pmatrix}$.

2. 前問 1 において求めた固有ベクトル $\boldsymbol{u}_1, \boldsymbol{u}_2, \cdots$ を並べた行列 P を用いて対角化する．

(1) $P = \begin{pmatrix} 1 & 0 & 0 \\ 1 & 1 & 1 \\ 2 & 1 & 0 \end{pmatrix}$ とおくと，$P^{-1}AP = \begin{pmatrix} 1 & 0 & 0 \\ 0 & 0 & 0 \\ 0 & 0 & -1 \end{pmatrix}$.

(2) $P = \begin{pmatrix} 1 & 1 & 0 \\ 1 & 0 & 0 \\ 0 & 1 & 1 \end{pmatrix}$ とおくと，$P^{-1}AP = \begin{pmatrix} 1 & 0 & 0 \\ 0 & 1 & 0 \\ 0 & 0 & 2 \end{pmatrix}$.

(3) $P = \begin{pmatrix} 6 & 0 & 0 \\ 1 & 1 & 1 \\ 3 & 1 & 0 \end{pmatrix}$ とおくと，$P^{-1}AP = \begin{pmatrix} 2 & 0 & 0 \\ 0 & 0 & 0 \\ 0 & 0 & -1 \end{pmatrix}$.

(4) $P = \begin{pmatrix} 1 & 0 & 1 \\ 0 & 1 & 0 \\ 0 & -1 & 1 \end{pmatrix}$ とおくと，$P^{-1}AP = \begin{pmatrix} 2 & 0 & 0 \\ 0 & 2 & 0 \\ 0 & 0 & 0 \end{pmatrix}$.

(5) $P = \begin{pmatrix} 1 & 1 & 1 \\ 0 & -1 & -3 \\ 1 & 0 & 1 \end{pmatrix}$ とおくと，$P^{-1}AP = \begin{pmatrix} 3 & 0 & 0 \\ 0 & 1 & 0 \\ 0 & 0 & 0 \end{pmatrix}$.

3. (1) 固有値は 2, 0．それぞれの固有ベクトルは $s_1\begin{pmatrix} 1 \\ 1 \end{pmatrix}$, $s_2\begin{pmatrix} 1 \\ -1 \end{pmatrix}$．よって，$P = \begin{pmatrix} 1 & 1 \\ 1 & -1 \end{pmatrix}$ とおくと，$P^{-1}AP = \begin{pmatrix} 2 & 0 \\ 0 & 0 \end{pmatrix}$.

(2) 固有値は 1 (重複度 2)．固有ベクトルは $s_1\begin{pmatrix} 1 \\ 0 \end{pmatrix}$ となり，1 次独立なものが 1 つしかとれないので，行列は対角化できない．

(3) 固有値は 1, −1．それぞれの固有ベクトルは $s_1\begin{pmatrix} 1 \\ 0 \end{pmatrix}$, $s_2\begin{pmatrix} 1 \\ -2 \end{pmatrix}$．よって，$P = \begin{pmatrix} 1 & 1 \\ 0 & -2 \end{pmatrix}$ とおくと，$P^{-1}AP = \begin{pmatrix} 1 & 0 \\ 0 & -1 \end{pmatrix}$.

(4) 固有値は 0 (重複度 3)．固有ベクトルは $s_1\begin{pmatrix} 0 \\ 1 \\ 0 \end{pmatrix}$ となり，1 次独立なものが 1 つしかとれないので，行列は対角化できない．

(5) 固有値は 2, 1, −4．それぞれの固有ベクトルは $s_1\begin{pmatrix} 1 \\ 1 \\ 1 \end{pmatrix}$, $s_2\begin{pmatrix} 1 \\ 0 \\ 0 \end{pmatrix}$, $s_3\begin{pmatrix} 3 \\ 5 \\ -5 \end{pmatrix}$.

よって，$P = \begin{pmatrix} 1 & 1 & 3 \\ 1 & 0 & 5 \\ 1 & 0 & -5 \end{pmatrix}$ とおくと，$P^{-1}AP = \begin{pmatrix} 2 & 0 & 0 \\ 0 & 1 & 0 \\ 0 & 0 & -4 \end{pmatrix}$.

(6) 固有値は 1 (重複度 2), 2. それぞれの固有ベクトルは $s_1\begin{pmatrix}1\\1\\-1\end{pmatrix}$, $s_2\begin{pmatrix}1\\0\\-1\end{pmatrix}$ となり，1 次独立なものが 2 つしかとれないので，行列は対角化できない.

4. $A\boldsymbol{x}=\lambda\boldsymbol{x}, \boldsymbol{x}\neq\boldsymbol{0}$ とすると，$\boldsymbol{x}=A^{-1}A\boldsymbol{x}=A^{-1}(\lambda\boldsymbol{x})=\lambda A^{-1}\boldsymbol{x}$. つまり，$\lambda\neq 0$ かつ $A^{-1}\boldsymbol{x}=\lambda^{-1}\boldsymbol{x}$. よって，$1/\lambda$ は A^{-1} の固有値である.

5. $A\boldsymbol{x}=\lambda\boldsymbol{x}, \boldsymbol{x}\neq\boldsymbol{0}$ より，$A^k\boldsymbol{x}=A^{k-1}(\lambda\boldsymbol{x})=\lambda A^{k-1}\boldsymbol{x}=\cdots=\lambda^k\boldsymbol{x}$ である.

6. (1) $\boldsymbol{u}=(1\ \cdots\ 1)^T$ とすると，$A\boldsymbol{u}=\boldsymbol{u}$ なので，1 は A の固有値である.

(2) $A\boldsymbol{x}=\alpha\boldsymbol{x}, \boldsymbol{x}=(x_1\ \cdots\ x_n)^T\neq\boldsymbol{0}$ とする. $|x_1|,\cdots,|x_n|$ の最大値を $|x_k|$ とすると $|x_k|>0$ である. このとき，

$$|\lambda x_k| = \left|\sum_{j=1}^n a_{kj}x_j\right| \leqq \sum_{j=1}^n a_{kj}|x_j| \leqq |x_k|\sum_{j=1}^n a_{kj} = |x_k| \quad \therefore |\lambda| \leqq 1.$$

7. A の固有値を $\lambda_1,\cdots,\lambda_n$ とすると，$g_A(t)=(t-\lambda_1)(t-\lambda_2)\cdots(t-\lambda_n)=t^n-(\lambda_1+\cdots+\lambda_n)t^{n-1}+\cdots+(-1)^n\lambda_1\cdots\lambda_n$. よって，$g_A(0)=(-1)^n\lambda_1\cdots\lambda_n$. 他方 $g_A(0)=|-A|=(-1)^n|A|$, であるので，$|A|=\lambda_1\cdots\lambda_n$ となる.

8. $\boldsymbol{a}=\boldsymbol{0}$ のとき，$(\boldsymbol{a},\boldsymbol{b})=0$, $|\boldsymbol{a}||\boldsymbol{b}|=0$ より，題意の不等式が成り立つ. 次に $\boldsymbol{a}\neq\boldsymbol{0}$ のとき，$\boldsymbol{b}=\boldsymbol{b}-c\boldsymbol{a}+c\boldsymbol{a}$ において $c=\dfrac{(\boldsymbol{a},\boldsymbol{b})}{(\boldsymbol{a},\boldsymbol{a})}$ とおくと，$(\boldsymbol{b}-c\boldsymbol{a},\boldsymbol{a})=0$ が成り立つので，ピタゴラスの定理（問題 5-3 の 2(2)）より

$$|\boldsymbol{b}|^2=|\boldsymbol{b}-c\boldsymbol{a}|^2+|c\boldsymbol{a}|^2\geqq|c\boldsymbol{a}|^2=|c|^2|\boldsymbol{a}|^2=\frac{|(\boldsymbol{a},\boldsymbol{b})|^2}{|\boldsymbol{a}|^4}|\boldsymbol{a}|^2$$

よって，$|(\boldsymbol{a},\boldsymbol{b})|^2\leqq|\boldsymbol{b}|^2|\boldsymbol{a}|^2$ が成り立つので，平方根をとればよい. そして，等号成立 $\Longleftrightarrow \boldsymbol{b}-c\boldsymbol{a}=\boldsymbol{0}$ または $\boldsymbol{a}=\boldsymbol{0}\Longleftrightarrow\boldsymbol{b}=c\boldsymbol{a}$ または $\boldsymbol{a}=c'\boldsymbol{b}$.

9. シュワルツの不等式（定理 5.5）より

$$|\boldsymbol{a}+\boldsymbol{b}|^2=|\boldsymbol{a}|^2+2(\boldsymbol{a},\boldsymbol{b})+|\boldsymbol{b}|^2\leqq|\boldsymbol{a}|^2+2|\boldsymbol{a}||\boldsymbol{b}|+|\boldsymbol{b}|^2=(|\boldsymbol{a}|+|\boldsymbol{b}|)^2$$

そして，等号成立 $\Longleftrightarrow (\boldsymbol{a},\boldsymbol{b})=|\boldsymbol{a}||\boldsymbol{b}|\Longleftrightarrow$（定理 5.5 より）$\boldsymbol{b}=c\boldsymbol{a}\,(c\geqq 0)$ または $\boldsymbol{a}=c'\boldsymbol{b}\,(c'\geqq 0)$.

10. $P^TP=E$ であるから，P は正則行列であり，逆行列の一意性より，$P^T=P^{-1}$. よって，$PP^T=E$ すなわち $(P^T)^TP^T=E$. したがって，$P^T=P^{-1}$ は直交行列である.

11. $P^TP=Q^TQ=E$ だから，$(PQ)^T(PQ)=Q^TP^TPQ=Q^TEQ=Q^TQ=E$ が成り立つ. よって，PQ は直交行列である.

12. (1) 固有値は 3, 2, 1. 固有ベクトル $s_1\begin{pmatrix}1\\0\\1\end{pmatrix}$, $s_2\begin{pmatrix}0\\1\\0\end{pmatrix}$, $s_3\begin{pmatrix}1\\0\\-1\end{pmatrix}$ の長さを 1 に

し，並べた行列 $P = \begin{pmatrix} \frac{1}{\sqrt{2}} & 0 & \frac{1}{\sqrt{2}} \\ 0 & 1 & 0 \\ \frac{1}{\sqrt{2}} & 0 & -\frac{1}{\sqrt{2}} \end{pmatrix}$ は直交行列で，$P^T AP = \begin{pmatrix} 3 & 0 & 0 \\ 0 & 2 & 0 \\ 0 & 0 & 1 \end{pmatrix}$.

(2) 固有値は 3, 2, -1. 固有ベクトル $s_1 \begin{pmatrix} 1 \\ -1 \\ 0 \end{pmatrix}$, $s_2 \begin{pmatrix} 1 \\ 1 \\ 1 \end{pmatrix}$, $s_3 \begin{pmatrix} 1 \\ 1 \\ -2 \end{pmatrix}$ の長さを 1 にし，並べた行列 $P = \begin{pmatrix} \frac{1}{\sqrt{2}} & \frac{1}{\sqrt{3}} & \frac{1}{\sqrt{6}} \\ -\frac{1}{\sqrt{2}} & \frac{1}{\sqrt{3}} & \frac{1}{\sqrt{6}} \\ 0 & \frac{1}{\sqrt{3}} & -\frac{2}{\sqrt{6}} \end{pmatrix}$ は直交行列で，$P^T AP = \begin{pmatrix} 3 & 0 & 0 \\ 0 & 2 & 0 \\ 0 & 0 & -1 \end{pmatrix}$.

(3) 固有値は 1 (重複度 2), -1. それぞれの固有ベクトルを正規直交化し，並べた行列 $P = \begin{pmatrix} \frac{1}{\sqrt{2}} & 0 & \frac{1}{\sqrt{2}} \\ 0 & 1 & 0 \\ \frac{1}{\sqrt{2}} & 0 & -\frac{1}{\sqrt{2}} \end{pmatrix}$ は直交行列で，$P^T AP = \begin{pmatrix} 1 & 0 & 0 \\ 0 & 1 & 0 \\ 0 & 0 & -1 \end{pmatrix}$.

(4) 固有値は 4 (重複度 2), 1. それぞれの固有ベクトルを正規直交化し，並べた行列 $P = \begin{pmatrix} \frac{1}{\sqrt{2}} & \frac{1}{\sqrt{6}} & \frac{1}{\sqrt{3}} \\ -\frac{1}{\sqrt{2}} & \frac{1}{\sqrt{6}} & \frac{1}{\sqrt{3}} \\ 0 & -\frac{2}{\sqrt{6}} & \frac{1}{\sqrt{3}} \end{pmatrix}$ は直交行列で，$P^T AP = \begin{pmatrix} 4 & 0 & 0 \\ 0 & 4 & 0 \\ 0 & 0 & 1 \end{pmatrix}$.

(5) 固有値は 4, 2, -2. 固有ベクトル $s_1 \begin{pmatrix} 1 \\ -1 \\ -2 \end{pmatrix}$, $s_2 \begin{pmatrix} 1 \\ 1 \\ 0 \end{pmatrix}$, $s_3 \begin{pmatrix} 1 \\ -1 \\ 1 \end{pmatrix}$ の長さを 1 にし，並べた行列 $P = \begin{pmatrix} \frac{1}{\sqrt{6}} & \frac{1}{\sqrt{2}} & \frac{1}{\sqrt{3}} \\ -\frac{1}{\sqrt{6}} & \frac{1}{\sqrt{2}} & -\frac{1}{\sqrt{3}} \\ -\frac{2}{\sqrt{6}} & 0 & \frac{1}{\sqrt{3}} \end{pmatrix}$ は直交行列で，$P^T AP = \begin{pmatrix} 4 & 0 & 0 \\ 0 & 2 & 0 \\ 0 & 0 & -2 \end{pmatrix}$.

(6) 固有値は $2a$, 0. 固有ベクトル $s_1 \begin{pmatrix} 1 \\ -1 \end{pmatrix}$, $s_2 \begin{pmatrix} 1 \\ 1 \end{pmatrix}$ の長さを 1 にし，並べた行列 $P = \frac{1}{\sqrt{2}} \begin{pmatrix} 1 & 1 \\ -1 & 1 \end{pmatrix}$ は直交行列で，$P^T AP = \begin{pmatrix} 2a & 0 \\ 0 & 0 \end{pmatrix}$.

13. (1) $2x_1x_2 = \boldsymbol{x}^T \begin{pmatrix} 0 & 1 \\ 1 & 0 \end{pmatrix} \boldsymbol{x} = \boldsymbol{x}^T A\boldsymbol{x}$ であり，行列 A の固有値は 1, -1. それぞれの固有ベクトルの長さを 1 にし，並べた行列 $P = \frac{1}{\sqrt{2}} \begin{pmatrix} 1 & 1 \\ 1 & -1 \end{pmatrix}$ は直交行列で，$P^T AP = \begin{pmatrix} 1 & 0 \\ 0 & -1 \end{pmatrix}$. ゆえに，$\boldsymbol{y} = P^T\boldsymbol{x}$ とおくと，$\boldsymbol{x}^T A\boldsymbol{x} = \boldsymbol{y}^T P^T AP\boldsymbol{y} = \boldsymbol{y}^T \begin{pmatrix} 1 & 0 \\ 0 & -1 \end{pmatrix} \boldsymbol{y} = y_1^2 - y_2^2$.

(2) $2x_1^2+2x_2^2-2x_1x_2+2x_2x_3+2x_3x_1=\boldsymbol{x}^T\begin{pmatrix}2&-1&1\\-1&2&1\\1&1&0\end{pmatrix}\boldsymbol{x}=\boldsymbol{x}^TA\boldsymbol{x}$ であり，行列 A の固有値は 3, 2, −1. それぞれの固有ベクトルの長さを 1 にし，並べた行列 $P=\begin{pmatrix}\frac{1}{\sqrt{2}}&\frac{1}{\sqrt{3}}&\frac{1}{\sqrt{6}}\\-\frac{1}{\sqrt{2}}&\frac{1}{\sqrt{3}}&\frac{1}{\sqrt{6}}\\0&\frac{1}{\sqrt{3}}&-\frac{2}{\sqrt{6}}\end{pmatrix}$ は直交行列で，$P^TAP=\begin{pmatrix}3&0&0\\0&2&0\\0&0&-1\end{pmatrix}$. ゆえに，

$\boldsymbol{y}=P^T\boldsymbol{x}$ とおくと，$\boldsymbol{x}^TA\boldsymbol{x}=\boldsymbol{y}^TP^TAP\boldsymbol{y}=\boldsymbol{y}^T\begin{pmatrix}3&0&0\\0&2&0\\0&0&-1\end{pmatrix}\boldsymbol{y}=3y_1^2+2y_2^2-y_3^2.$

(3) $2x_1^2+2x_2^2+2x_3^2+2x_1x_2+2x_2x_3+2x_3x_1=\boldsymbol{x}^T\begin{pmatrix}2&1&1\\1&2&1\\1&1&2\end{pmatrix}\boldsymbol{x}=\boldsymbol{x}^TA\boldsymbol{x}$ であり，行列 A の固有値は 1 (重複度 2), 4. それぞれの固有ベクトルを正規直交化し，並べた行列 $P=\begin{pmatrix}\frac{1}{\sqrt{2}}&\frac{1}{\sqrt{6}}&\frac{1}{\sqrt{3}}\\-\frac{1}{\sqrt{2}}&\frac{1}{\sqrt{6}}&\frac{1}{\sqrt{3}}\\0&-\frac{2}{\sqrt{6}}&\frac{1}{\sqrt{3}}\end{pmatrix}$ は直交行列で，$P^TAP=\begin{pmatrix}1&0&0\\0&1&0\\0&0&4\end{pmatrix}$. ゆえに，

$\boldsymbol{y}=P^T\boldsymbol{x}$ とおくと，$\boldsymbol{x}^TA\boldsymbol{x}=\boldsymbol{y}^TP^TAP\boldsymbol{y}=\boldsymbol{y}^T\begin{pmatrix}1&0&0\\0&1&0\\0&0&4\end{pmatrix}\boldsymbol{y}=y_1^2+y_2^2+4y_3^2.$

14. $g_A(t)=\begin{vmatrix}t-a&-b\\-b&t-c\end{vmatrix}=t^2-(a+c)t+ac-b^2$ なので，$D=(a+c)^2-4(ac-b^2)=(a-c)^2+4b^2\geqq 0$. また，$A$ が正則でないとき，$|A|=ac-b^2=0$ であるので，$g_A(t)=t^2-(a+c)t$ となり，固有値は $0, a+c$ である．

15. 直接計算により容易に示すことができる．

16. $A=\begin{pmatrix}a&b\\c&d\end{pmatrix}$ の固有値を λ_1, λ_2 とすると，$\lambda_1+\lambda_2=a+d$, $\lambda_1\lambda_2=ad-bc$ となる．だから，$\lambda_1=\lambda_2=0$ ならば，$a+d=0, ad-bc=0$ であり，前問 15 より $A^2=O$ となる．逆に，$A\boldsymbol{x}=\lambda\boldsymbol{x}, \boldsymbol{x}\neq\boldsymbol{0}$ とする．左から A を掛けると，$A^2\boldsymbol{x}=\lambda A\boldsymbol{x}=\lambda^2\boldsymbol{x}$ であるが，$A^2=O$ という条件があれば，$\lambda^2\boldsymbol{x}=\boldsymbol{0}$ となるので，$\lambda=0$ を得る．

索　引

著者紹介

谷川 明夫（たにかわ あきお）

1982年　ワシントン大学（セントルイス）博士課程修了

現　在　大和大学理工学部 教授，Ph.D.（Dr.Science）

専門分野　応用数学

平嶋 洋一（ひらしま よういち）

1996年　京都大学大学院工学研究科博士課程 所定の指導認定退学

現　在　大阪工業大学情報科学部 准教授，博士（工学）

専門分野　応用システム科学

大学生のための
線形代数入門

Introduction to Linear Algebra for College Students

2012 年 3 月 25 日
初版 1 刷発行

2022 年 2 月 25 日
初版 9 刷発行

著 者　谷川 明夫
　　　　平嶋 洋一

発 行　**共立出版株式会社** / 南條光章
東京都文京区小日向 4-6-19
電話　03-3947-2511（代表）
〒112-0006 / 振替口座 00110-2-57035
www.kyoritsu-pub.co.jp

印 刷
製 本　錦明印刷

一般社団法人
自然科学書協会
会員

検印廃止
NDC411.3
ISBN 978-4-320-11021-2

Printed in Japan